Zur Sprache der fachexternen Massenkommunikation
Mikrochips als Pressethema

AF734063

SPRACHE
IN DER GESELLSCHAFT

BEITRÄGE ZUR SPRACHWISSENSCHAFT

Herausgegeben von Jörg Hennig, Erich Straßner und Rainer Rath

Band 25

PETER LANG
Frankfurt am Main · Berlin · Bern · New York · Paris · Wien

Wolfgang Krischke

Zur Sprache der fachexternen Massenkommunikation

Mikrochips als Pressethema

PETER LANG
Europäischer Verlag der Wissenschaften

Die Deutsche Bibliothek - CIP-Einheitsaufnahme

Krischke, Wolfgang:

Zur Sprache der fachexternen Massenkommunikation : Mikrochips als Pressethema / Wolfgang Krischke. - Frankfurt am Main ; Berlin ; Bern ; New York ; Paris ; Wien : Lang, 1998
(Sprache in der Gesellschaft ; Bd. 25)
Zugl.: Hamburg, Univ., Diss., 1997
ISBN 3-631-32875-3

D 18
ISSN 0721-4081
ISBN 3-631-32875-3

© Peter Lang GmbH
Europäischer Verlag der Wissenschaften
Frankfurt am Main 1998
Alle Rechte vorbehalten.

Das Werk einschließlich aller seiner Teile ist urheberrechtlich geschützt. Jede Verwertung außerhalb der engen Grenzen des Urheberrechtsgesetzes ist ohne Zustimmung des Verlages unzulässig und strafbar. Das gilt insbesondere für Vervielfältigungen, Übersetzungen, Mikroverfilmungen und die Einspeicherung und Verarbeitung in elektronischen Systemen.

Vorbemerkung

Die vorliegende Arbeit wurde 1997 vom Fachbereich Sprachwissenschaften der Universität Hamburg als Dissertation angenommen.

Ich danke all denen, die das Zustandekommen der Arbeit unterstützt haben. Besonders verbunden bin ich Herrn Prof. Dr. Dieter Möhn, der die Arbeit wissenschaftlich betreute. Er regte mich zur Beschäftigung mit dem Gebiet der fachexternen Kommunikation an und begleitete die Arbeit in all ihren Phasen mit seinem Rat. Mein Dank gilt auch Herrn Prof. Dr. Klaus Brinker für seine immerwährende Bereitschaft zur Diskussion und konstruktiven Kritik.

Außerdem danke ich dem Verlag Peter Lang GmbH und den Herausgebern für die Veröffentlichung dieser Arbeit in der Reihe „Sprache in der Gesellschaft".

INHALT

1. Einleitung

"Fachexterne Kommunikation" bezeichnet die Vermittlung von fachlichen Inhalten an Laien. Theoretische und praktische Kenntnisse sind bekanntlich in einer Vielzahl von Fächern organisiert: als Wissenschaften oder Handwerke, als technische, ökonomische oder administrative Wissensgebiete, als sportliche oder künstlerische Disziplinen. Zur Verständigung der Fachleute untereinander dienen diverse Fachsprachen: Deren Besonderheiten machen sich in den Terminologien deutlich bemerkbar, sie schlagen sich aber auch in der Grammatik und in den Strukturen fachlicher Texte nieder. Wer fachextern kommuniziert, berichtet also nicht einfach nur über spezielle Gegenstände, sondern hat es mit komplexen Wissenswelten zu tun, die fachsprachlich strukturiert sind. Deren Inhalte müssen einem Publikum außerhalb der Fachs vermittelt werden. Zu untersuchen, wie dieses "Wandern zwischen den Welten" sich sprachlich niederschlägt, ist das Ziel dieser Arbeit.

Die Aufgliederung von Wissens- und Handlungsbereichen in Fächer ist für sich genommen kein modernes Phänomen, doch haben sich seit der industriellen Revolution die Arbeitsteilung, der Trend zur Spezialisierung und damit einhergehend auch die Aufgliederung der Fachsprachen rapide beschleunigt. Dementsprechend hat auch die fachexterne Kommunikation vielfältige Ausprägungen hervorgebracht. Sie findet statt in Beratungs- und Verkaufsgesprächen, in Interaktionen zwischen Ärzten und Patienten, Schülern und Lehrern, beim Kontakt zwischen Klienten und Sachbearbeitern in Firmen oder Behörden. Neben diesen interpersonalen finden sich die medialen Formen fachexterner Vermittlung: Deren Träger sind beispielsweise Zeitungen, Sach- und Lehrbücher, Lexika, Handbücher, Filme, Radio- und Fernsehsendungen oder digitale Speichermedien. Die Emittenten fachexterner Kommunikation sind entweder selbst Fachleute, oder es handelt sich um professionelle Vermittler, wie Journalisten oder Sachbuchautoren, die selbst meistens nicht in den Fächern tätig sind, über die sie berichten.[1]

Die mediale fachexterne Kommunikation kann zielgruppenorientiert sein oder auf ein breites und disperses Publikum treffen wie in den sogenannten universalen Massenmedien, die thematisch nicht spezialisiert sind. Indem diese Arbeit das Thema 'Mikrochips' in den Zeitungen behandelt, widmet sie sich der letztgenannten Spielart: Es geht um einen Bereich, der dem Wissenschafts- und Technikjournalismus in den universalen Massenmedien zuzurechnen ist. Sofern der Begriff "fachexterne Kommunikation" im folgenden ohne weitergehende Angaben benutzt wird, ist er in diesem eingeschränkten Sinne zu verstehen.

---

1 Bezogen auf die arbeitsteilig erstellten medialen Kommunikate bezeichnet „Emittent" die Instanz, die den Text erstellt, also eine abstrakte Größe, die in der Regel für mehrere an der Textproduktion beteiligte Individuen (Autoren, Redakteure, etc.) steht.

Zusammen mit der Bedeutung, die die naturwissenschaftlichen und technischen Fächer für die Gesellschaft haben, wächst zugleich ihre Komplexität und Abstraktheit. In einer offenen „Informationsgesellschaft“ wird die fachexterne Massenkommunikation angesichts dieser Situation mit vielfältigen Erwartungen konfrontiert. Sie soll über das Geschehen in den Fächern informieren, es durchschaubar machen, Brücken schlagen, Inhalte verständlich aufbereiten und Orientierungen liefern. Der Wissenschaftsjournalismus ist vor allem hinsichtlich politisch brisanter Themenbereiche wie Gentechnik oder Kernenergie unter unterschiedlichen Aspekten untersucht worden. Dazu gehören die Produktionsbedingungen solcher Artikel und Sendungen, die politischen Wertungen, die sie transportieren, die Entstehung und Entwicklung der Themenbereiche und der Umgang mit fachlichen Terminologien.

In zu geringem Maße und auf einer nur schmalen Materialbasis hat man sich bisher den folgenden Fragen gewidmet: Wie sind massenmediale fachexterne Texte sprachlich-inhaltlich strukturiert, in welcher Form werden Themen umgesetzt, welche kommunikativen Ziele werden mit den Texten im einzelnen verfolgt? Diese Fragen, deren Beantwortung voraussetzt, daß man über die Ebene des Wortschatzes und einzelner aus ihren Kontexten herausgelöster Sätze hinausgeht – worauf sich einschlägige Arbeiten häufig beschränken – ziehen weitere nach sich: Wie wirken sich einerseits die fachlichen Inhalte und fachsprachlichen Formen auf die Pressetexte aus, und welche Rolle spielen andererseits die massenmedialen Produktionsbedingungen fachexterner Kommunikation, beispielsweise Kriterien der Themenwahl oder die Aktualitätsorientierung? Kurz, was macht in einem linguistischen Sinne die Fachexternalität von Texten aus, und aus welchen pragmatischen Rahmenbedingungen läßt sie sich herleiten?

Zur Beantwortung dieser Fragen soll auf der Basis von Textanalysen die vorliegende Arbeit einen Beitrag leisten. Dies setzt eine in der Forschung bisher vernachlässigte Präzisierung und Differenzierung des Begriffs "fachexterne Pressekommunikation" auf einer allgemeineren theoretischen Ebene voraus. Zu klären ist beispielsweise, ob bei jeder Bezugnahme auf fachliche Sachverhalte schon von Fachexternalität gesprochen werden kann und welche Beziehungen zu anderen relevanten Kommunikationsbereichen bestehen: Hier wären die Fächer selbst zu nennen, aber auch andere Formen fachexterner Kommunikation, wie sie beispielsweise im Zusammenhang mit der Distribution von Waren und Dienstleistungen vorkommen.

Die Fragestellung erfordert in methodischer Hinsicht, daß die fachsprachenlinguistische Perspektive durch eine textlinguistische Perspektive angereichert wird, welche die texttheoretischen Kategorien liefert, die für die Funktions- und Strukturanalyse notwendig sind. In der allgemeinen Texttheorie werden entsprechende Kategorien oft mit Hilfe einer stark deduktiven Vorgehensweise auf recht hohem Abstraktionsniveau entwickelt. Ihre Anwendung auf eine Textsammlung, die nicht für die Begründung allgemeiner texttheoretischer Kategorien zurechtgestutzt wurde, impliziert mithin auch eine Überprüfung auf deren empirische Tauglichkeit. Insofern leistet die Arbeit auch gelegentliche Beiträge zu textlinguistischen Methodendiskussionen – gewissermaßen "von unten". Es handelt sich dabei aber nur um Ergebnisse, die aus abgeleiteten Fragestellungen resultieren. Die Arbeit ist primär zu verstehen als ein Beitrag zur Linguistik der Fach- und der Pressekommunikation, nicht zur allgemeinen Texttheorie.

Die Vorgehensweise ist im wesentlichen exemplarisch. Die massenmediale fachexterne Kommunikation wird anhand eines Korpus aus Pressetexten untersucht, die sich dem Thema "Mikrochips", also den integrierten Schaltkreisen auf Halbleiterbasis widmen. Ihre Bedeutung als Steuer- und Speicherelemente in Computern und anderen digital gesteuerten Maschinen verschafft ihnen beträchtliche mediale Aufmerksamkeit. Die Bezeichnung *Mikrochip* ist kein eigentlich fachlicher Terminus, sondern selbst ein Produkt fachexterner Kommunikation. Es handelt sich um eine Ableitung auf der Basis von *Chip*, die gelegentlich in der Presse verwendet wird und auch in Sachbüchern und Universalwörterbüchern verzeichnet ist. Sie ist motiviert durch den Wunsch, eine Aktivierung der älteren Bedeutungen von *Chip* ("Spielmarke", "Kartoffelprodukt") schon durch die Wortform auszuschließen, und statt dessen durch die Parallele zu eng verwandten Begriffen wie *Mikroelektronik*, *Mikroprozessor* etc. den Bereich Informatik zu assoziieren. Hingegen ist das Wort in den Fachwörterbüchern, die für diese Arbeit herangezogen wurden, im Gegensatz zu *Chip* nicht aufgeführt.[2] *Chip* und synonym *Mikrochip* können sowohl die komplette, d.h. im Gehäuse befindliche, integrierte Schaltung bezeichnen als auch das bloße Halbleiterplättchen, auf dem eine integrierte Schaltung untergebracht ist und für das noch kein Gehäuse vorhanden ist. Die integrierten Schaltkreise werden in den Korpus-Texten unter verschiedenen Aspekten thematisiert: Es werden technische und funktionale Merkmale sowohl von Chips im allgemeinen als auch von speziellen Chiptypen behandelt, ebenso ihre Entwicklung und Produktion sowie wirtschaftliche und politische Ereignisse oder Trends, bei denen sie eine zentrale Rolle spielen.

Die doppelte Eingrenzung des Korpus auf einen bestimmten fachlichen Themenbereich und eine bestimmte Kommunikationsform, nämlich Pressetexte, ist arbeitsökonomisch und methodisch begründet: Die Beschränkung auf einen homogenen Themenbereich hat den Vorteil, daß sprachliche Unterschiede, die sich in den Texten niederschlagen, hinsichtlich ihrer kommunikativen Bedingungen untersucht werden können, ohne vorher Unterschiede "herausrechnen" zu müssen, die auf die sachlichen Spezifika verschiedener Bereiche zurückgehen. Ein mehrere Fächer umfassendes Themenspektrum hätte außerdem bedeutet, daß für die einzelnen Bereiche nur eine jeweils kleine Anzahl von Texten hätte herangezogen

---

2 DUDEN-Informatik, Schneider (1991), Schulze (1989)

werden können, wodurch die thematische Breite auf Kosten einer empirisch abgesicherten Differenziertheit der Befunde gegangen wäre. Dies ergibt sich aus dem Aufwand, den textlinguistische Analysen erfordern. Eine fachübergreifende und vergleichende Untersuchung fachexterner Kommunikation auf der Basis eines umfassenden Korpus wäre nur im Team zu bewältigen. Hinzu kommt, daß fachsprachenlinguistische Arbeiten selbstverständlich ein Mindestmaß an entsprechendem fachlichen Hintergrundwissen erfordern. Auch das legt eine Beschränkung nahe.

Warum fiel nun aber die Wahl gerade auf ein Gebiet aus der Mikroelektronik? Es empfahl sich zunächst einmal, einen fachlichen Themenbereich auszuwählen, der sich erstens hinreichend eindeutig abgrenzen läßt und der zweitens presserelevant und deshalb ausreichend mit Texten bestückt ist. Beides wird durch die "Mikrochips" erfüllt. Den Ausschlag dafür, daß diesem Themenbereich der Vorzug gegeben wurde vor anderen, die diese Bedingungen ebenfalls erfüllen, gab letzten Endes auch das persönliche Interesse an der Sache. Die Beschränkung auf Pressetexte und der Verzicht auf die Einbeziehung anderer Kommunikationsformen wie Fernseh- oder Hörfunksendungen ist ähnlich arbeitsökonomisch begründet wie die Beschränkung auf ein Themengebiet. Hinzu kommt, daß die allgemeine Textlinguistik, an deren Erkenntnisse diese Arbeit anknüpfen soll, beim gegenwärtigen Forschungsstand für schriftsprachliche Texte gesichertere Aussagen machen kann als für andere Kommunikationsformen.

2. Zur Forschungslage

Ich beschränke mich im folgenden Überblick auf Ansätze, die die fachexterne Kommunikation im Rahmen eines theoretisch begründeten Modells im Bezug zu anderen Kommunikationsbereichen einzuordnen suchen und somit hinsichtlich ihrer Brauchbarkeit für meine Fragestellung unter methodologischen und theoretischen Gesichtspunkten diskutiert werden können. Auf die große Zahl von Arbeiten, die einzelne Aspekte des Verhältnisses von Fachsprachen und Gemeinsprache untersuchen, kann hier nicht eingegangen werden.

2.1. Fachexterne Kommunikation zwischen Fachsprache und Gemeinsprache

Die Besonderheiten fachexterner Kommunikation werden in der Sprachgemeinschaft seit langem wahrgenommen – nicht nur auf seiten der rezipierenden Laien, die sich den Mühen des Verstehens unterziehen müssen, sondern auch auf seiten der Emittenten, die die fachlichen Inhalte in eine Vorstellungswelt jenseits der Fachgrenzen vermitteln sollen:

„Hernach vermeine ich, daß ein Unterschied zu machen ist unter den Arten der Zuhörer oder Leser; denn was für männiglich geredet oder geschrieben wird, als zum Exempel was man prediget, soll billig von jedermann verstanden werden, was aber für Gelehrte, für den Richter, für Staatsleute geschrieben, da kann man sich mehr Freiheit nehmen."
(Gottfried Wilhelm Leibniz, "Unvorgreifliche Gedanken, betreffend die Ausübung und Verbesserung der deutschen Sprache", hg. v. U. Pörksen, Stuttgart 1983, S. 37).

Leibniz, der sich in seinen wissenschaftlichen Abhandlungen des Französischen und Lateinischen bediente, aber gleichwohl versuchte, die prinzipielle Tauglichkeit der deutschen Sprache für den fachlichen Gebrauch nachzuweisen, betrachtet hier die Probleme fachexterner Kommunikation aus dem Blickwinkel der Fachleute. Ihnen bietet die Fachsprache "Freiheit". Sprachliche Anstrengung erfordert der Kontakt mit den Laien. Zu den ersten, die sich ihr auch in der Praxis zielgerichtet unterzogen, gehörte Christian Thomasius, der nicht nur dem Deutschen den Weg in die Universitäten bahnte, sondern mit den 1688 gegründeten "Monats-Gespräche(n)" einen Vorläufer populärwissenschaftlicher Zeitschriften schuf.[3]

Im 19. Jahrhundert, das von einer explosionsartigen Vermehrung wissenschaftlichen und technischen Wissens gekennzeichnet ist, bildet sich die Vermittlung zwischen Fachwelt und Laienwelt als eigenständige Profession heraus; die Berufe des Fachjournalisten und des Sachbuchautors entstehen. Damit wird ein Teil der

---

3 Vgl. Noelle-Neumann/Schulz/Wilke (1994: 427)

medial realisierten fachexternen Kommunikation aus den Fächern als Arbeitsbereichen hinausverlagert. Vor dem Hintergrund der seitdem kontinuierlich wachsenden wirtschaftlichen und politischen Bedeutung insbesondere der Naturwissenschaften wird immer wieder eine Verbesserung der fachexternen Kommunikation angemahnt, wobei sich entsprechende Forderungen sowohl an die Fachvertreter selbst als auch an die professionellen fachexternen Kommunikatoren, insbesondere an die Fachjournalisten, richten.[4] Problembehaftet ist nicht nur das Verhältnis zwischen Laien und Fachleuten oder zwischen Laien und journalistischen Vermittlern. Konflikte gibt es auch zwischen diesen und den Fachleuten, wenn die kommunikativen Zielvorstellungen divergieren. Ein erhellendes Beispiel hierfür bietet eine Auseinandersetzung zwischen dem Chefredakteur der populärwissenschaftlichen Zeitschrift "Bild der Wissenschaft" R. Korbmann und dem Genetiker P. Starlinger. Dieser hatte aus Protest gegen die Berichterstattung der Zeitschrift den wissenschaftlichen Beirat der Redaktion verlassen. Es waren nicht sachliche Fehler, die er der Redaktion vorwarf, sondern eine vermeintlich effekthascherische Darstellungsart, die seiner Ansicht nach eine unsachliche Meinungsbildung in der Öffentlichkeit begünstigte. Die Antwort von Korbmann ist es wert, zitiert zu werden, weil sie das Bewußtsein einer Eigenständigkeit fachexterner Pressekommunikation prägnant zum Ausdruck bringt (Starlinger/Korbmann: 33):

„Journalistische Arbeit besteht nicht im Übersetzen, sondern darin, Informationen relevant zu machen. Denn Daten und Fakten werden erst durch ihre Aufnahme im Gehirn zur Information. Was der Leser nicht liest, haben wir nicht informiert (sic!). Und da sind Stilmittel legitim. Solange aber respektable Forscher nicht akzeptieren, wie Menschen Informationen wahrnehmen, daß dabei Motivation wichtiger ist als Verständlichkeit und letzte Liebe zum Detail, werden sie immer Probleme mit den Journalisten haben."

In der Fachsprachenforschung hat man fachexterne Phänomene erst relativ spät in den Blick genommen. Den Terminus "fachexterne Kommunikation" hat Möhn (1977: 314ff., 1979b: 71) als Bestandteil des Tripels "fachintern/ interfachlich/ fachextern" in die Linguistik eingeführt. Der Sache hat man sich zwar schon davor gewidmet, trotzdem läßt sich nicht übersehen, daß die fachexterne Kommunikation in der Geschichte der Fachsprachenforschung nur allmählich eine eigene Kontur bekommen hat. In den Anfängen der Fachsprachenlinguistik, die sich um die Jahrhundertwende konstituiert, werden die unterschiedlichen Vermittlungsformen zwischen Experten und Laien und die damit verbundenen Übergänge zwischen Fach- und Gemeinsprache zunächst kaum in den Blick genommen.[5]

---

4 Vgl. etwa Brömmes Kritik (1989) an der "gnadenlosen Geheimsprache" der Medizin und der mangelnden Kompetenz der Journalisten bei der Vermittlung.

5 Für forschungshistorische und methodologische Überblicksdarstellungen s. etwa Möhn (1981 <1968>), von Hahn (1983), Möhn/Pelka (1984), Hoffmann (1985), Fluck (1985).

Allerdings ist die Fachsprachenlinguistik von Anfang an methodisch auf die Gemeinsprache bezogen, denn diese dient als Kontrastmittel, um fachsprachliche Spezifika abheben zu können. Welche kategorialen Beziehungen zwischen "Gemeinsprache", "Fachsprachen" und einer eventuell noch anzunehmenden "Gesamtsprache" anzusetzen sind, ist innerhalb und außerhalb der Fachsprachenforschung kontrovers. Noch in der Duden-Grammatik von 1973 wird hier keine Abgrenzung vorgenommen. So heißt es in der Einleitung (Duden 1973: 19):

„Diese Grammatik beschäftigt sich mit der Struktur der deutschen Hochsprache. Dabei verstehen wir unter 'Hochsprache' jene Schicht der Gemeinsprache, die in Literatur, wissenschaftlichem Schrifttum, in Presse, Rundfunk und Fernsehen, in Kirche, Universität und Schule und in allen anderen öffentlichen Bereichen verwendet oder angestrebt wird. Wer sich an dem Terminus 'Hochsprache' stößt, möge dafür den Terminus 'Standardsprache' verwenden."

Daß es vor diesem Hintergrund problematisch ist, grammatikalische Beschreibungen einer so verstandenen "Standardsprache" als Vergleichsgrößen zur Abhebung von fachsprachlichen Merkmalen heranzuziehen, liegt auf der Hand (von Hahn 1983: 111). Innerhalb der Fachsprachenlinguistik hat insbesondere die Unbestimmtheit der "Gemeinsprache" als Sammelbegriff für alles, was sich nicht den Fachsprachen zuordnen läßt, Kritik hervorgerufen. Sie gipfelt in der Forderung, auf die "Gemeinsprache" und damit auf die duale Begrifflichkeit ganz zu verzichten und statt dessen nur die Kategorie "Fachsprachlichkeit" als eine umfassende Merkmalsdimension mit unterschiedlichen Ausprägungen anzusetzen. Was früher "Gemeinsprache" hieß, wäre nun als eine schwach ausgeprägte fachsprachliche Varietät anzusehen (Kalverkämper 1989: 106). Der Vorteil einer panfachlichen gegenüber einer dualistischen Sichtweise erschließt sich allerdings nicht, da auch für die unterschiedlichen "Ausprägungen" nicht deutlich gemacht wird, wie sie empirisch festzustellen und abzugrenzen sind. So haben sich die Kategorien "Fachsprache" und "Gemeinsprache" mit ihrem begrifflichen Umfeld ("Fachleute", "Laien", "Fachkommunikation" etc.) bis heute als zentrale Bezugspunkte der Fachsprachenforschung behauptet, was auch in dem Umstand begründet liegt, daß sie an grundlegende sprachliche Erfahrungen anknüpfen: Jedes Mitglied einer Sprachgemeinschaft weiß, daß es sowohl sprachliche Mittel gibt, deren Kenntnis und Verfügbarkeit es bei allen anderen voraussetzen kann, als auch solche, die nur verwendet werden können, wenn spezielle sprachliche und sachliche Wissensbestände mit dem jeweiligen Adressaten geteilt werden (vgl. Wichter 1994: 26). Entsprechende Erfahrungen macht jedes Mitglied einer Sprachgemeinschaft sowohl in der Rolle des Experten im eigenen Fach als auch in der Rolle des Laien gegenüber der Vielzahl der anderen Fächer und deren Vertretern. Die Konzepte "Fachsprache" und "Gemeinsprache" haben sich mithin trotz unbestreitbarer definitorischer Abgrenzungsprobleme durch ihre heuristischen und forschungsmotivierenden Qualitäten bewährt und als adaptierbar an die theoretischen und methodischen Wandlungen und Weiterungen der Disziplin erwiesen.

"Fachsprache" und "Gemeinsprache" sind also als begriffliche Konstrukte zu sehen, mit denen nicht kategorial getrennte Zeichensysteme, sondern Varietäten innerhalb des übergeordneten Zeichensystems einer Gesamtsprache erfaßt werden. Beide Begriffe bekommen in den jeweiligen forschungspraktischen Kontexten ihre konkrete Bedeutung. Isoliert vorgenommene Definitionen bleiben hingegen vergleichsweise abstrakt und vage.

Unter einer systemlinguistischen Perspektive läßt sich "Fachsprache" gegenüber der Gemeinsprache als ein Subsystem charakterisieren, das durch eine spezifische Auswahl und Nutzung sprachlicher Mittel in morphologischer, lexikalischer, syntaktischer und textlicher Hinsicht gekennzeichnet ist (Möhn/Pelka 1984: 24ff.). Sprachsystematisch lassen sich exklusiv fachsprachliche Merkmale am ehesten auf der lexikalischen und morphologischen Ebene herausarbeiten, was die Relevanz deutlich macht, die die Lexik unbeschadet textlinguistisch und pragmatisch erweiterter Fragestellungen für Fachsprachen wie Fachsprachenforschung nach wie vor hat. Charakteristisch sind Wortschätze, deren Ausdrucks- und/oder Inhaltsseite vom gemeinsprachlichen Wortschatz ganz oder teilweise abweichen und die außerdem in unterschiedlichem Maße definitorisch normiert und systematisiert sind. Ihnen liegt ein spezifischer Gebrauch von Wortbildungsregeln (z.B. für mehrgliedrige Komposita, Affigierungen, Metaphorisierungen) zugrunde. Auf der syntaktischen und der textuellen Ebene ist Exklusivität kaum nachzuweisen: Hier muß man von typischen Distributionen gemeinsprachlicher Formen ausgehen. Genannt werden u.a. explizite und differenzierte Textdeklarationen, Textgliederungssignale, spezielle Verweisformen, die ein hohes Maß an logischer Verknüpfung signalisieren (z.B. Demonstrativa, Pronominaladverbien, rekurrente Ausdrücke anstelle von Pronomina und Synonyma), sowie eine Reihe von nominalen und unpersönlichen Konstruktionsmustern (z.B. Funktionsverbgefüge, Subjektschub oder agensloses Passiv).[6] Fachsprachliche Spezifik ergibt sich hier also aus einer Kombination von Merkmalen, die auf grammatischer und semantisch-funktionaler Basis zu gewinnen sind.

In pragmatischer Hinsicht läßt sich "Fachsprache" umreißen als eine Variante der "Gesamtsprache", die der Erkenntnis und der begrifflichen Bestimmung fachspezifischer Gegenstände sowie der Verständigung über sie dient und damit den besonderen kommunikativen Bedürfnissen im Fach Rechnung trägt. Die "Gemeinsprache" umfaßt als kontrastiver Begriff die Mittel der Verständigung, die weder fach- noch gruppenspezifisch abgegrenzt sind, wobei man von diversen Übergangsformen ausgehen muß. Sie ist ein Medium, das innerhalb einer Sprachgemeinschaft allgemein verfügbar ist und den alltäglichen kommunikativen Bedürfnissen dient (Wichter 1994: 26, Möhn/Pelka 1984: 24ff.). Zu fragen ist nun,

---

6 Vgl. etwa Littmann (1981), von Polenz (1981: 85ff.), von Hahn (1983: 111ff.), Möhn/Pelka (1984: 47ff.), Lüdtke (1986: 294ff.), Hoffmann (1988: 108ff.)

wo zwischen Fach- und Gemeinsprache die fachexterne Kommunikation anzusiedeln ist.

2.2. Fachexterne Kommunikation und Vertikalität

2.2.1. Das fachsprachliche Schichtenmodell

Fachexternalität als eigenständige, systematisch zu untersuchende Kommunikationsform gerät innerhalb der Fachsprachenforschung zunächst bei dem Versuch ins Blickfeld, neben einer horizontalen Gliederung von Fächern und Fachsprachen auch eine vertikal gedachte Binnendifferenzierung der jeweils einzelnen Fächer und ihrer sprachlichen Ausprägungen zu erreichen. In diesem Zusammenhang prägt Ischreyt (1965) den Begriff "Verteilersprache" und ordnet ihn demjenigen Bereich innerhalb eines Fachs zu, der mit der Distribution von Waren und Dienstleistungen befaßt ist. Die "Verteilersprache" ist eine von drei fachsprachlichen Schichten, die Ischreyt (ebd.: 38ff.) als "Theoriesprache" (Wissenschaftssprache), "Werkstattsprache" (Betriebssprache, Produktionssprache) und "Verteilersprache" (Verkaufssprache) unterscheidet. Darauf aufbauend nimmt Hoffmann (1985) eine Gliederung nach den Kriterien des Abstraktionsgrades, der Sprachform und der Kommunikationsträger vor und kommt auf fünf fachsprachliche Schichten (ebd.: 64ff.). Er unterscheidet (a) die Sprache der theoretischen Grundlagenwissenschaften, (b) die Sprache der experimentellen Wissenschaften, (c) die Sprache der angewandten Wissenschaften und der Technik, (d) die Sprache der materiellen Produktion und (e) die Sprache der Konsumtion. Die Schwierigkeiten bei der Anwendung solcher Schichtmodelle auf fachsprachliche Realitäten sind erheblich. Sie ergeben sich insbesondere durch den Abstraktionsgrad und durch die Verzahnung von horizontaler Gliederung und vertikaler Schichtung: Eine fachliche "Schicht" kann nämlich oft und u.U. angemessener als eigenständiges Fach betrachtet werden. Diese Probleme sind vielfältig diskutiert worden[7] und sollen hier nicht im einzelnen wiederholt werden. Das noch wichtigere theoretische Manko der Schichtenmodelle, nämlich die mangelhafte Unterscheidung zwischen den Kategorien "Fach" und "Institution", wird uns noch an anderer Stelle ausführlicher beschäftigen.

Für die an dieser Stelle relevante Frage nach der pragmatischen Verortung fachexterner Kommunikation ist festzuhalten, daß Hoffmann dem Vorgängermodell von Ischreyt darin folgt, daß er sich auf diejenigen Formen fachexterner Kommunikation beschränkt, die (als Verkaufs- und Beratungsgespräche, Werbetexte etc.) in den distributiven Sektoren – die in diesen Modellen als "fachliche

---

7 Vgl. von Hahn (1983: 74ff.), Möhn/Pelka (1984: 39), Wichter (1994: 15 ff.).

Schichten" angesehen werden – der produzierenden Institutionen selbst angesiedelt sind. Eine Einbeziehung von fachexternen Kommunikationsformen, die nicht der Warendistribution zugehören, in die "Verteilersprache" nimmt von Hahn vor (1980: 392):

„Als eine Art Verteilersprache könnte man auch die Sprache populärwissenschaftlicher Texte ansehen, die eine Zwischenstellung zwischen Theoriesprache und Umgangssprache einnehmen müssen."

Durch die Beschränkung auf populärwissenschaftliche Texte wird der hier angepeilte Bereich nichtdistributiver medialer Fachexternalität allerdings beträchtlich eingeengt: nämlich zum einen auf wissenschaftliche Inhalte und zum anderen auf lernzielorientierte Texte (s. Abschn. 4.1.2.5.).

Für eine adäquatere Abbildung binnenfachlicher Gliederungen schlägt von Hahn in der Folge ein dreidimensionales Modell vor (1983: 76), das eine flexiblere Kombination von Merkmalsparametern gestattet. Es enthält die Merkmalsdimensionen "Kommunikationsdistanz" (mit den Ausprägungen "weit", "mittel", "eng"), "Handlungen" (mit den Ausprägungen "Organisation", "Information", "Instruktion") und "Adressaten" (mit den Ausprägungen "Wissenschaft", "Technologie", "Vermittlung" und "Nutzung"). Fachexterne Pressekommunikation nun wäre entsprechend diesem Modell durch die Merkmalsausprägungen "weite Kommunikationsdistanz", "Informationshandlungen" und "Nutzer-Adressaten" zu bestimmen. Da im Modell nur Adressaten als Kommunikationsteilnehmer vorkommen, ergibt sich die merkwürdige Konsequenz einer Kommunikation ohne Emittenten. Begründet wird die Beschränkung auf Adressaten damit, daß "textproduzierende Instanzen in der Regel ihre Kommunikation eher adressatenspezifisch variieren, als daß sie selbst durch einen funktionsspezifischen oder berufsgruppenspezifischen Stil in allen Kommunikationssituationen und Adressatenkontakten festgelegt wären" (von Hahn 1983: 78). Eine empirische Bestätigung dieser Hypothese steht meines Wissens aus, aber selbst wenn sie zuträfe, hätte sie doch keine Relevanz für den Entwurf eines Kommunikationsmodells, denn sie bezieht sich auf Merkmale von Kommunikaten, nicht von Kommunikation. Die Logik des Kommunikationsbegriffs verlangt aber die Annahme von Adressaten und Emittenten. Nur im Rahmen dieser Logik sind letztlich auch adressatenspezifische Merkmale pragmatisch zu erklären. Diese resultieren aus Erwartungen des Emittenten bezüglich der Erwartungen seiner Adressaten.

Weitere Einwände ergeben sich bei dem Versuch, die fachexterne Kommunikation in ihrer massenmedialen Form in das Modell einzuordnen. Zwar wird der Bereich "Nutzung" noch einmal in "Anwendung - Konsum - Lerner - Klient" differenziert. Doch welcher dieser "Nutzer"-Gruppen sollen Zeitungsleser oder Fernsehzuschauer zugeordnet werden? "Lerner" sind sie allenfalls – und auch nur bei entsprechender Disposition – als Rezipienten lernzielorientierter Kommunikate (z.B. Bildungssendungen oder populärwissenschaftliche Texte), es sei denn, man bezeichnete als "lernen" jede Art von Informationsverarbeitung, wodurch der Ausdruck jede Trennschärfe verlöre. "Konsumenten" sind sie höchstens im Sinne des Konsums von Medienangeboten, was sie aber nicht von den anderen Nutzer-Gruppen unterscheidet. Außerdem sind nicht Fächer, sondern Massenmedien die Anbieter. Vor allem letzteres verweist auf das grundsätzliche Manko dieses Modells, soweit die massenmediale Kommunikation betroffen ist. Es ist wie seine Vorgänger-Modelle zu stark einer fachintern bestimmten Perspektive verhaftet und erfaßt dementsprechend nur diejenigen Formen fachexterner Kommunikation, die von den Fächern bzw. den fachlich basierten Institutionen selbst ausgehen und somit zwischen fachlichen Instanzen und Laien ohne eine zwischengeschaltete Vermittlungsinstanz stattfinden. Dabei handelt es sich um Kommunikate, die die Distribution von Waren und Dienstleistungen initiieren und begleiten und die so den Terminus "Verteilersprachen" eigentlich motivieren. Hierzu gehören Verkaufs- oder Beratungsgespräche, Gebrauchsanleitungen und teilweise auch Werbetexte, die zwar oft von externen Agenturen produziert, aber von den primären Institutionen initiiert werden.

Problematisch ist die Übernahme des Verteilerkonzepts auch bei Burger (1990), der in seiner Arbeit zur "Sprache der Massenmedien" die Massenkommunikation pauschal als "wichtigste(n) 'Verteiler' von Fachvokabular an die Gemeinsprache" bezeichnet (ebd.: 261). Dagegen spricht schon, daß bei den Massenmedien nicht von Verteilern, sondern nur von Anbietern die Rede sein kann, deren potentieller(!) Abnehmer dann auch nicht "die Gemeinsprache" ist, sondern das je einzelne Mitglied der Sprachgemeinschaft. Eine differenziertere Sicht auf mögliche Auswirkungen fachexterner Kommunikation im Wortschatzbereich findet sich bei von Polenz (1978: 137), der annimmt, daß ein Großteil medial verwendeter Fachausdrücke in den aktiven Wortschatz der Laien-Rezipienten überhaupt nicht und in den passiven Wortschatz nur unvollständig und mangelhaft verstanden eingeht.

Vor allem aber läßt diese Sichtweise die mögliche pragmalinguistische Spezifik massenmedialer fachexterner Texte unberücksichtigt, die darin begründet liegt, daß diese ihren Ausgangsort in den Medien haben, die als eigenständige Kommunikationsbereiche mit spezifischen kommunikativen und sprachlichen Normen und Verfahrensweisen zu sehen sind. Selbst in den Fällen, in denen Fachleute in den Medien unmittelbar zu Wort kommen, werden die Rahmenbedingungen von den Medien gesetzt. Diese Unabhängigkeit von den Fächern ist zu berücksichtigen, da Kommunikate nicht nur von ihren Referenzbereichen, sondern auch von ihren Produktionsbedingungen bestimmt werden. Fachexterne Kommunikation als eine bloße Transfer- und Übersetzungsagentur an den Peripherien der Fächer aufzufassen[8] , erscheint also, mindestens wenn es um ihren universalen, massenme-

---

8 Eine solche Übersetzungsfunktion schreiben z.B. auch Littmann (1982: 18ff.) und Wilke (1986: 306f.) der fachexternen Pressekommunikation zu.

dialen Sektor geht, als voreilig. Die Massenmedien sind vielmehr selbst fachliche Institutionen, in denen redaktionelle, grafische, satz- und drucktechnische sowie betriebswirtschaftliche Bereiche miteinander verzahnt sind. Dementsprechend gibt es auch hier eine fachinterne Kommunikation mit unterschiedlichen fachsprachlichen Ausprägungen (Druckersprache, Setzersprache etc.). Von diesen fachinternen Sprachformen zu unterscheiden ist die "Sprache der Massenmedien", womit die Sprache der Artikel oder Sendungen, also der Produkte des medialfachlichen Handelns bezeichnet wird. Der Begriff "Sprache der Massenmedien" legt zwar wegen der ausdruckseitigen Analogie zu Begriffen wie "Fachsprachen" oder "Sondersprachen" die Annahme nahe, daß es sich auch hier um eine abgrenzbare sprachliche Varietät handele. Dies trifft aber nur in einem eingeschränkten Sinne zu: Selbst wenn man sich auf die Druckmedien, also die "Pressesprache" beschränkt, kann unter einer systemlinguistischen Perspektive noch viel weniger als bei den Fachsprachen von einem Teilsystem die Rede sein. Lexikalische und morphologische Exklusivität ist allenfalls gelegentlichen Augenblicksbildungen zuzuschreiben, im syntaktischen Bereich lassen sich die elliptischen Formen der Schlagzeilen anführen. Ansonsten ist von spezifischen Distributionen gemeinsprachlicher Mittel auszugehen, wobei entsprechende Befunde aber auch immer nur für jeweils bestimmte Ausschnitte der Pressekommunikation gelten. Diese Heterogenität ist bedingt durch die Vielfalt der Inhalte, Quellen, Erscheinungsformen und Adressatenkreise.[9]

Pressesprachliche Eigenständigkeiten lassen sich am ehesten auf der Textebene ausmachen, wo sich spezifische Typen, Funktionen und Strukturen herausgebildet haben. Welche Bedeutung sie für die fachexterne Kommunikation im einzelnen haben, wird uns noch im Laufe der Arbeit beschäftigen (s. Abschn. 4. u. 5.). Wenn im folgenden von "Presse-" oder "Mediensprache" die Rede ist, so sind damit makro- und mikrolinguistische Merkmale in Pressetexten gemeint, die in dem eingeschränkten Sinn als spezifisch gelten können, daß sie sich aus pragmatischen Bedingungen der Pressekommunikation herleiten lassen.

An dieser Stelle gilt es jedenfalls festzuhalten, daß Pressetexte nicht nur Träger fachlicher Inhalte, sondern selbst Produkte eines fachlichen Handelns sind, das auf die sprachliche (und u.U. visuelle) Verarbeitung und Übermittlung von Realitätsausschnitten zielt. Ich werde, um begriffliche Verwirrungen zu vermeiden, den Begriff "Fach" im Verlauf der Untersuchung nicht auf die Massenmedien

---

9 So wird für tagesaktuelle Agenturtexte auf den Nachrichtenseiten eine Tendenz zu nominalen Gruppen mit einem Verbalabstraktum als Kern und angegliederten genitivischen oder präpositionalen Attributen genannt, was diese Texte syntaktisch einfach, aber semantisch komplex macht (Burger 1990: 108). Weitere Merkmale sind beispielsweise koreferentielle Varianz durch synonymische Variation oder stereotype Sachverhaltsmodalisierungen (ebd.: 115, vgl. auch Bell 1991: 66ff.) – Die Heterogenität des Forschungsfeldes "Mediensprache" schlägt sich auch darin nieder, daß entsprechende Monographien unterschiedliche empirische Aspekte und methodische Ansätze eher aneinanderreihen, als sie in ein varietätenbezogenes Modell zu integrieren.

selbst beziehen, sondern nur auf die entsprechenden Bereiche, die in den Massenmedien thematisiert werden. Doch die Eigenfachlichkeit der Publizistik gilt es als einen möglichen Faktor der Textproduktion zu berücksichtigen. Um den Blick hierauf nicht zu verstellen, empfiehlt es sich, die fachexterne Pressekommunikation nicht von vornherein einem Modell zuzuordnen, das den Ansatz der "Verteilersprache" fortsetzt. Man kann deshalb auch nicht als gegeben voraussetzen, daß die fachexterne Pressekommunikation ihren "Ausgangspunkt in der Fachwirklichkeit" hat (Beier 1983: 94). Sinnvoller ist es, von der Arbeitshypothese auszugehen, daß es sich um einen eigenständigen Sprachverwendungsbereich handelt, dessen fach- und medienbezogene Elemente es aufzudecken gilt.

2.2.2. Das Konzept der lexikologischen Vertikalität

Ist die Vertikalität im Rahmen der fachlichen Schichtenmodelle eine Achse, die in erster Linie einer binnenfachlichen Gliederung dienen soll, an deren unterem Ende dann auch die Laienwelt in den Blick kommt, so findet sich in der Fachexternalitätsforschung noch ein anderes Konzept von Vertikalität, das speziell auf die semantische Varianz fachlicher Termini zielt. Es handelt sich um ein lexikologisches Modell, das bei Wichter (1994) theoretisch ausgearbeitet ist. Den Ausgangspunkt bildet eine in der Fachsprachenlinguistik nicht eben neue Beobachtung: Neben exklusiv fachlichen Wortschatzbereichen gibt es auch solche, die von Experten und Laien gemeinsam, aber mit abgestuften Bedeutungsumfängen benutzt werden.[10]

Diese Bedeutungsumfänge umfassen nun zum einen sprachliches Wissen im engeren Sinne, wie die phonetischen und grammatischen Verwendungsregeln des Wortes. Für die Vertikalität entscheidend ist aber das Sach- und Handlungswissen, das mit einem Terminus, je nachdem, wer ihn benutzt, in unterschiedlichem Maße verbunden ist. Wichter unterscheidet drei vertikal angeordnete Niveaus (ebd.: 10, 42ff.). An unterster Stelle rangiert das Nullniveau des absoluten Laien, der mit einem gegebenen Terminus keine Bedeutung im Sinne enzyklopädischen Wissens verbindet. Das Nullniveau entspricht dem Außenfeld eines Faches. In der Mitte liegt das Niveau des informierten Laien, der mit einem Terminus ein begrenztes, möglicherweise stereotypes Wissen verbindet, beispielsweise die Kenntnis derjenigen Oberflächenmerkmale, die ein bezeichneter Gegenstand oder Sachverhalt in alltäglichen Situationen typischerweise aufweist. Dieses Niveau entspricht dem Fachumfeld. Auf dem Expertenniveau hingegen, das dem Fach selbst entspricht, umfaßt die terminologische Bedeutung auch wissenschaftliches, technisches oder handwerkliches Spezialwissen über den vom Terminus bezeichneten Gegenstand oder Sachverhalt, also beispielsweise über funktionale, chemi-

---

10 Vgl. dazu das Referenz- und Stereotypie-Konzept von Putnam (1975) und die zeichentheoretischen Arbeiten von Neubauer/Petöfi (1981), Eikmeyer/ Rieser (1981), Eikmeyer (1983).

sche oder physikalische Strukturen, die einem Objekt zugrunde liegen oder über seine Handhabung in praktischen Zusammenhängen. Diese drei Ebenen sind nun nicht als starr zu betrachten, sondern als Grobgliederung eines Bedeutungs- und Wissenskontinuums, das von oben nach unten durch eine Reduktion an wissensmäßiger Differenzierung bestimmt ist und innerhalb dessen es viele Abstufungen geben kann (ebd.: 119). Zur empirischen Eruierung dieser vertikalen Niveaus schlägt Wichter Interviews mit Experten und Laien sowie Textanalysen vor.

So bedenkenswert Wichters Ansatz nun in vielen Punkten ist, so bleibt doch ein Umstand festzuhalten, der sich von der Fragestellung der vorliegenden Arbeit her als Manko darstellt: Obwohl Wichter von "fachexterner Kommunikation" spricht, ist sein Modell nicht kommunikations-, sondern wortschatz- und wissensorientiert. Texte werden nicht als kommunikative Produkte unter einer textlinguistischen Perspektive in den Blick genommen, sondern lediglich als Quellen für die Eruierung von Wörtern und damit verknüpften Wissensbeständen (vgl. ebd.: 121). Das bedeutet aber, daß die Theorie der lexikologischen Vertikalität zu der Frage, unter welchen Bedingungen und in welchen Formen fachexterne Kommunikation realisiert wird, wenig zu sagen hat.

Die empirischen Schwächen dieses Vertikalitätsmodells, das in Wichter (1994) auf einer vornehmlich abstrakt-methodologischen Ebene präsentiert wird, werden deutlicher in seiner Fallstudie "Zur Computerwortschatz-Ausbreitung in die Gemeinsprache" (Wichter 1991), deren fachlicher Untersuchungsbereich sich mit dem der vorliegenden Arbeit berührt. Dem im Titel ausgedrückten Anspruch, die lexikalischen Auswirkungen fachexterner Kommunikation auf die Sprachgemeinschaft insgesamt zu erforschen, kann diese Untersuchung schon von ihrer Datenbasis her nicht gerecht werden. Diese besteht nämlich nicht, wie zu erwarten wäre, aus bei Laien erhobenen Sprachdaten – Interviews zur Erhebung von Laienbedeutungen finden nur als methodologischer Vorschlag Eingang (Wichter 1991: 99) – sondern aus fachexternen Texten: Neben einigen "Spiegel"-Artikeln sind dies vornehmlich Wörterbücher und Lexika. Die im Laufe der Jahre zunehmende Zahl von Computer-Termini in Universalwörterbüchern und Enzyklopädien sowie im "Spiegel" und die zunehmende Differenziertheit der Definitionen wird mit der "Ausbreitung in die Gemeinsprache" und mit einer entsprechenden Wissenszunahme in der Sprachgemeinschaft identifiziert. Doch dabei handelt es sich um einen Fehlschluß, denn ob und in welcher Weise ein Ausdruck in einem Universalwörterbuch aufgeführt wird, sagt weder etwas darüber aus, ob er überhaupt zur Gemeinsprache gehört,[11] noch darüber, wie häufig und in welchen Bedeutungen er gegebenenfalls im alltäglichen Sprachgebrauch auftaucht. Übersehen wird auch

11 Ausdrücke wie *Gerusia*, *Heortologie* oder *Pricke* – um eine willkürliche Auswahl zu präsentieren – wird man nicht schon deshalb zur Gemeinsprache zählen wollen, weil sie in einem Universalwörterbuch (Wahrig. Deutsches Wörterbuch, Gütersloh 1971) verzeichnet sind.

die Sekundär-Rolle, die Wörterbücher und Enzyklopädien in der fachexternen Kommunikation und bei der Übernahme von Fachausdrücken spielen. Es ist plausibel anzunehmen, daß Laien erste Fachwortkontakte in der Regel nicht durch Nachschlagewerke haben, sondern daß diese zu Rate gezogen werden, wenn nach solchen Fachwort-Kontakten noch Informationslücken gefüllt werden müssen. Sie sind also in diesem Sinne fachexterne Sekundär-Medien. Außerdem geht selbstverständlich nicht jedes Wort, das in einem Lexikon nachgeschlagen wird, deshalb schon in den Wortschatz des Nachschlagenden ein (wobei noch zwischen aktivem und passivem Wortschatz zu unterscheiden wäre).

Unter dem Etikett einer nicht genauer definierten "Gemeinsprache" findet eine Vermengung linguistischer und psychologischer Kategorien statt, in deren Verlauf von der Existenz sprachlicher Formen in bestimmten Texten auf sprachliches Wissen potentieller Rezipienten kurzgeschlossen wird. Was Wichter tatsächlich liefert, ist eine historische Studie lexikographischer Entwicklungen, die ihrerseits nur die Erwartungen von Wörterbuchverfassern hinsichtlich des potentiellen begrifflichen Informationsbedarfs bei Laien spiegeln. Problematisch ist deshalb auch Wichters in diesem Zusammenhang vorgenommene vertikale Unterteilung des Laienwissens, die das "Wissen der Enzyklopädien" an die oberste Stelle setzt, gefolgt vom "Spiegel-Wissen", dem "Wissen der Allgemeinlexikographie" und dem "Null-Niveau". Auch hierbei handelt es sich um eine schematische Umdeutung textueller Inhalte in kognitive Sachverhalte.

Neben den Wörterbüchern und Enzyklopädien zieht Wichter, wie erwähnt, einige "Spiegel"-Artikel heran. Für die Beschränkung auf den "Spiegel" werden keine Gründe angegeben. Sie dürften indes in der vergleichsweise leichten Zugänglichkeit dieser Periodika liegen. Es ist klar, daß sich auf der Basis von Texten einer einzigen Zeitschrift – zumal mit einem so spezifischen sprachlichen Profil – keine exemplarischen Aussagen über publizistischen, geschweige denn über den allgemeinen Sprachgebrauch machen lassen. Ebenso wie die enzyklopädischen Texte werden auch die "Spiegel"-Artikel vornehmlich als Steinbrüche für die Entnahme einzelner Wörter und Definitionen verwendet. Weder auf strukturelle oder funktionale Eigenschaften der Texte noch auf die pragmatischen und textsortenspezifischen Unterschiede, wie sie zwischen Zeitungs- und Wörterbuchtexten bestehen, wird eingegangen. Auf größere textliche Zusammenhänge wird statt dessen in Form von feuilletonistischen Wertungen verwiesen ("vorzügliche wissenschaftsjournalistische Leistungen", "geglückte Vermittlung", "blumige Erklärung" "gemessen an den Maßstäben fachexterner Information in Kurztexten (...) umfassend, systematisch, fachspezifisch und detailreich", ebd.: 12-14). Schon von ihrem Ansatz her kann Wichters Arbeit weder über die Auswirkungen der fachexternen Kommunikation auf das Sprachverhalten der Adressaten oder auf den gemeinsprachlichen Wortschatz noch über die Texte selbst als die Träger der fachexternen Kommunikation systematische Aussagen machen.

2.3. Fachexternalität als eigenständige Kommunikationsform

Das Konzept der Vertikalität sowohl im Kontext fachsprachlicher Schichtenmodelle als auch in seiner lexikologischen Ausprägung erweist sich also als wenig praktikabel, wenn es um die Untersuchung von fachexterner Kommunikation unter einer pragmalinguistischen Perspektive geht, die den Kommunikationsbegriff und den Textbegriff ernst nimmt.

Verschiedene der hier angesprochenen Probleme werden bei Möhn (1979b) und Möhn/Pelka (1984: 150ff.) vermieden: Hier bilden zum einen nicht Wörter und Syntagmen, sondern Texte den Ausgangspunkt. Zum anderen werden die massenmedialen von denjenigen Formen fachexterner Kommunikation getrennt, die im Kontext von Distributionen oder Beratungen stehen oder einen verpflichtenden Charakter haben (z.B. Lehrbücher oder Behördenschreiben). Sie werden dementsprechend als eigenständige Formen aufgefaßt, deren zugrundeliegende Aufgabe, fachliche Inhalte in eine laienhafte Vorstellungswelt zu transferieren, im Rahmen fachunabhängiger Textproduktionsinstanzen erfüllt wird.

Dieses Konzept richtet sich auch gegen die Vorstellung, daß es bei der massenmedialen fachexternen Kommunikation im wesentlichen um eine "Übersetzung" fachsprachlicher in gemeinsprachliche Ausdrücke gehe. Diese populäre Auffassung speist sich aus der Identifizierung von "Fachsprache" mit Fachwortschatz einerseits, von Schwerverständlichkeit mit isoliert betrachteten "schwierigen Wörtern" andererseits. Zweifellos spielt die Erschließung von Fachbegriffen in der fachexternen Kommunikation eine wichtige Rolle. Die kognitive Dimension dieses Vorgangs läßt sich aber nicht als ein einfacher Transfer von Inhalten von einer isolierten Sprachform zu einer anderen erfassen (s. Abschn. 5.). Vielmehr wird er hier als Bestandteil eines Aufbaus von Wissenswelten und ihrer Integration in vorhandene Wissensbestände von Laien angesehen, wobei von komplexen Vertextungsstrategien, unter Umständen unter Einbeziehung von Attraktoren auszugehen ist.[12]

Diesen theoretischen Zugriff halte ich für prinzipiell geeigneter, sich dem massenmedialen Sektor fachexterner Kommunikation zu nähern, als die Konzepte der "Verteilersprache" und der lexikologischen Vertikalität. Allerdings soll der Begriff "fachexterne Kommunikation" im Kontext dieser Untersuchung nicht in dem Maße, wie es in den genannten Arbeiten geschieht, per definitionem an eine explizite Laienorientierung im Sinne einer kognitiven Brückenfunktion der Kom-

---

12 Vgl. Möhn (1979b: 82f.). Empirische Einzelstudien im Rahmen dieses Ansatzes liegen vor zu TV-Wissenschaftssendungen (Hennig/Möhn 1983) und zum Wissenschaftsjournalismus in englischsprachigen Printmedien (Beier 1983). In beiden Fällen gilt die besondere Aufmerksamkeit den unterschiedlichen didaktisierenden und popularisierenden Merkmalen.

munikate gebunden werden. Dies würde nicht nur erfordern, im vorhinein entsprechende Textmerkmale als Indikatoren zu bestimmen, was besser einer induktiven Prozedur vorbehalten bleibt. Es würde auch mögliche andere Charakteristika und Funktionen von massenmedialen Texten, die fachliche Inhalte transferieren – z.B. Mischungen politischer und fachlicher Inhalte im Rahmen aktueller Berichterstattung – aus dem Untersuchungsbereich ausschließen oder zumindest an den Rand drängen. Es erscheint deshalb sinnvoller, Existenz, Art und Grad von Laienorientierungen als eine von mehreren offenen Fragen zu betrachten, die im Verlauf dieser Arbeit anhand des Korpus untersucht werden sollen. Die Fachexternalität des Korpus besteht zunächst einmal darin, daß fachliche Inhalte in einem nichtfachlichen Medium einem dispersen Publikum angeboten werden.

Nun muß allerdings noch der Begriff "fachliche Inhalte" präzisiert werden. Ist jede Referenz auf fachliche Gegenstände in einem nichtfachlichen Medium deshalb schon als fachextern anzusehen? Zugespitzt auf die Fragestellung dieser Arbeit: Gehört jeder Artikel, in dem Mikrochips vorkommen, deshalb schon in das fachexterne Korpus? Positiv zu beantworten wäre diese Frage, wenn man sich an der Arbeit von Brodde (1992) orientierte, die anhand eines Korpus die Genese und Entwicklung des Themas "Gentechnik" in der Presse im zeitlichen Längsschnitt untersucht. Das "Thema Gentechnik" besteht für Brodde aus allen Artikeln, die unter dem entsprechenden Stichwort archiviert sind. Damit wird die Themendefinition bewußt den Dokumentaren überlassen, ohne daß allerdings deren Kriterien deutlich gemacht würden (ebd.: 69). Das so gewonnene Korpus rechnet Brodde insgesamt der fachexternen Kommunikation zu. Das bedeutet in der Verallgemeinerung, daß potentiell jeder Pressetext, der in irgendeiner Form auf fachliche Gegenstände referiert, zur fachexternen Kommunikation zu rechnen wäre. Ich halte es demgegenüber für sinnvoller, diesen Begriff trennschärfer zu fassen: Referenz auf fachliche Gegenstände ist als eine notwendige, aber nicht hinreichende Voraussetzung anzusehen. Hinzukommen muß auch eine mit der Referenz verknüpfte fachliche Perspektive. Worin diese besteht, wird im folgenden Abschnitt im Zusammenhang mit der Korpusbildung erörtert.

3. Fachexternalität als Grundlage der Korpusbildung

In diesem Abschnitt sollen die Zusammensetzung des Korpus, der Begriff der Fachexternalität und die Definition des Themengebiets "Mikrochips" in ihrem wechselseitigen Bezug zueinander erläutert werden.

Das Korpus besteht aus Pressetexten, die dem Thema Mikrochips gewidmet sind, und anhand derer sich auf unterschiedlichen Ebenen exemplarisch ein Spektrum von Merkmalen aufzeigen läßt, die für die fachexterne Pressekommunikation spezifisch sind. Das Korpus ist also keine forschungsunabhängige Größe, sondern es setzt voraus, daß grob umrissen wird, welche Bedingungen Texte erfüllen müssen, um dem Themengebiet Mikrochips zugeordnet zu werden, was dabei unter Fachexternalität zu verstehen und wie die Spezifik entsprechender Merkmale zu bestimmen ist. Die Korpusbildung ist mithin nicht zu trennen von der stufenweisen Präzisierung der Fragestellung und der Definition von untersuchungsrelevanten Kategorien.

3.1. Das Themengebiet "Mikrochips"

Für die Korpusbildung wurden in einem mehrstufigen Auswahlverfahren Bestände ausgewertet, die in der Pressedokumentation des Hamburger Weltwirtschaftsarchivs unter den Stichwörtern "EDV", "Elektronische Bauelemente" und "Halbleiter" aus dem Zeitraum 1972-95 archiviert sind, ergänzt durch eigene Belege. Erfaßt sind überregionale (west)deutsche Tages- und Wochenzeitungen, eingeschlossen sogenannte Nachrichtenmagazine.[13]

Von den Texten, die am Ende des Auswahlverfahrens in das Korpus aufgenommen wurden, ist der weitaus größte Teil nach 1980 erschienen. Die Erscheinungsdaten bildeten aber kein Selektionskriterium. Für die Untersuchung berücksichtigt wurden sie nur im wortschatzbezogenen Teil der Arbeit und zwar unter dem Aspekt der in den Artikeln gemachten Wissensvoraussetzungen bezüglich fachlicher Termini (s. Abschn. 5.1.2.). Abgesehen davon ist die Arbeit nicht historisch orientiert: Es liegt auf der Hand, daß die Themen von Pressetexten im zeitlichen Verlauf variieren, da sie an technische, politische und wirtschaftliche Ereignisse und Entwicklungen gebunden sind. Diese Zusammenhänge – also die Genese und

13 Zeitungen der ehemaligen DDR, der Schweiz und Österreichs wurden nicht mit abgedeckt. Abgesehen von der schwierigen Datenlage und der Notwendigkeit, die Textmenge einzugrenzen, würden insbesondere die andersartigen politischen Rahmenbedingungen der DDR-Presse eine gesonderte Untersuchung erfordern. – Nachrichtenmagazine werden publizistikwissenschaftlich in der Regel unter "Zeitschriften" subsumiert, während bei wöchentlichen Periodika, die wie Tageszeitungen aufgemacht sind, die Benennung schwankt (Noelle-Neumann/ Schulz/Wilke 1994: 400). Im folgenden werden alle Korpus-Medien als "Zeitungen" bezeichnet.

Entwicklung des globalen Themengebiets – betreffen aber in erster Linie die Frage, w a n n welche Realitätsausschnitte selektiert werden. In dieser Arbeit geht es dagegen um die Frage, w i e , also mit welchen Formen und Strukturen, fachliche Realitätsausschnitte im Pressekontext vertextet werden. Für die Herausarbeitung solcher Merkmale würden die Erscheinungsdaten der Texte nur dann eine Rolle spielen, wenn sich sprachhistorisch relevante Veränderungen (z.B. in den Funktionen oder in der grammatischen oder der logisch-semantischen Struktur der Texte) feststellen ließen. Solche diachronischen Befunde liegen für das Korpus nicht vor, was angesichts des sprachhistorisch kurzen Zeitraumes auch nicht verwundert.

Bedingung für die Aufnahme in diese Textsammlung war, daß die Artikel integrierte Schaltkreise thematisieren. Diese Bedingung erfüllt ein Text nicht schon dadurch, daß in ihm unter anderem auch auf diese Gegenstände referiert wird. Vielmehr müssen sie thematisiert sein, also zum inhaltlichen Kern dieser Texte gehören. Chips sind als Gerätebausteine, Forschungsobjekte, Waren oder Bestandteile wirtschaftspolitischer Strategien in verschiedenartigste sachliche Zusammenhänge eingebunden. Sie zu thematisieren bedeutet, sie innerhalb dieser Kontexte zu fokussieren und ins Zentrum eines Textes zu stellen. Ihre Thematisierung schlägt sich bei den Korpusartikeln an der sprachlichen Oberfläche unter anderem darin nieder, daß auf sie im Kopfteil referiert wird und daß sie zu den durchlaufenden Referenzobjekten im jeweiligen Text gehören.

3.2. Die Kategorien "Fachlichkeit" und "Fachexternalität"

Die Gemeinsamkeit der Texte auf dieser Auswahlstufe bestand also zunächst nur darin, daß sie Chips bzw. Sachverhalte, in denen Chips eine zentrale Rolle spielen, fokussieren. Die inhaltlichen Perspektiven dieser Texte weisen aber eine beträchtliche Varianz auf: In den Texten werden Chips nicht nur – wie z.B. in einer Lexikoneintragung – als isolierte Objekte und Träger rein technischer Eigenschaften präsentiert, sondern auch als Resultate spezifischer Forschungs- und Produktionsprozesse, als Bestandteile von Geräten der Alltagswelt, als Gegenstände ökonomischer und politischer Interessen. Über sie wird nicht nur berichtet, sondern sie werden auch zum Gegenstand von Lageeinschätzungen, Bewertungen und Forderungen gemacht. Es sind diese unterschiedlichen Arten der Thematisierung, die bedingen, daß *Chip* nicht nur ein technisches Objekt bezeichnet, sondern in den Medien als vielfältig konnotierter Begriff fungiert, der zu den schlagzeilenträchtigen Schlüsselwörtern aus dem Vokabular der sogenannten Hochtechnologien gehört.

Die Frage bei der Korpusbildung lautete nun, welche dieser Texte, die Chips thematisieren, darüber hinaus auch das Kriterium der Fachexternalität erfüllen und so, der Fragestellung der Arbeit entsprechend, zu selektieren sind. Fachexternalität ist nicht schon dadurch gegeben, daß ein aus fachlichen Zusammenhängen stammender Gegenstand thematisiert wird, vielmehr muß das unter bestimmten inhaltlichen Perspektiven geschehen, denen wir uns im weiteren zuwenden werden. Dafür ist es jedoch zuvor nötig, den fachlichen Hintergrund des Themengebiets und im Anschluß daran die Kategorie "Fach" selbst zu präzisieren.

3.2.1. Der fachliche Hintergrund des Themengebiets

Chips sind Produkte der Mikroelektronik und der technischen Informatik. Die Abgrenzung beider Fächer gegeneinander erfolgt nicht ganz einheitlich. Teilweise wird "Mikroelektronik" im engeren Sinne als physikalisch-technisches Fach definiert, teilweise werden aber auch bestimmte Informatik-Komponenten, die vor allem den logischen Entwurf integrierter Schaltkreise betreffen, mit eingeschlossen. Nach Enderlein (1993: 32) können Mikroelektronik und technische Informatik als Zweige eines übergeordneten Fachs "Informationsverabeitungstechnik" betrachtet werden, bei der die Mikroelektronik (im engeren Sinne) die materiellen Grundlagen und die technische Informatik die logischen Baupläne liefert. Diese Kategorisierung erfaßt einerseits die Zusammengehörigkeit beider Bereiche und nimmt andererseits eine Untergliederung entlang der Grenzen vor, die durch die Unterschiedlichkeit der theoretischen Grundlagen und Begriffssysteme markiert wird. Dementsprechend wäre die technische Informatik, deren Fundament die Informations- und Schaltungstheorie bildet, für die logische und funktionelle Struktur zuständig, die Mikroelektronik, deren naturwissenschaftliches Fundament die Festkörperphysik bildet, für die technisch-materielle Realisierung. Einer solchen Abgrenzung folgen auch die Definitionen von "Informatik" in den für diese Arbeit konsultierten Lexika. Implizit, nämlich durch seinen Stichwortumfang, geschieht das im "Duden-Informatik", der *Mikroelektronik* als Lemma ebensowenig verzeichnet wie die damit verbundenen Lemmata *Elektronik*, *Halbleiter* etc. Verzeichnet sind aber *Chip* selbst sowie alle Lemmata, die für die funktionale, logische und schaltungstechnische Ebene von integrierten Schaltungen konstitutiv sind. Hingegen sind in denjenigen Lexika, deren Titel einen über "Informatik" hinausgehenden Sachbereich abstecken (Schneider 1991: "Lexikon der Informatik und Datenverarbeitung", Schulze 1989: "Computerenzyklopädie"), auch Stichwörter wie *Elektronik*, *Mikroelektronik* oder *Halbleiter* mit den entsprechenden Begriffsfeldern verzeichnet. In der Praxis der Chip-Produktion sind die Bereiche Mikroelektronik und technische Informatik eng verzahnt, was daran deutlich wird, daß zur Beschreibung von Chips sowohl die Terminologie der Elektronik als auch der Informatik benutzt wird. Wenn im folgenden abkürzend von "Mikroelektronik" als dem einschlägigen Fach die Rede ist, sind die Informatik-Komponenten einbegriffen.

3.2.2. Zum Begriff "Fach"

Ich habe bislang den Begriff "Fach" selbst unscharf gelassen und bin damit dem allgemeinen Sprachgebrauch gefolgt, wie er auch in der fachlichen Praxis selbst üblich ist. Eine schärfere begriffliche Fassung von "Fachexternalität" setzt nun aber auch voraus, daß geklärt wird, worin eigentlich die "Fachlichkeit" von Textinhalten besteht. Mit den Problemen, die der Versuch mit sich bringt, eine theoretisch konsistente Definition von "Fach" zu liefern, ohne sich in wirklichkeitsfremden Abstraktionen zu verlieren, hat sich die Fachsprachenforschung ebenso intensiv beschäftigt wie mit den Schwierigkeiten, die die Abgrenzung von Fächern gegeneinander aufwirft.[14] Deutlich geworden sind dabei die unterschiedlichen Komponenten des Begriffs: Historisch gesehen sind Fächer Resultate einer durch eine immer weiter zunehmende Arbeitsteilung und die damit einhergehende Spezialisierung bedingten Ausdifferenzierung der Gesellschaft. Als ihre historische Keimzelle (und modellhaft als Gegenpol zur fachlichen Aufgliederung moderner Gesellschaften) kann man eine ursprünglich geschlossene Hauswirtschaft annehmen, in der Nahrungsmittelproduktion und handwerkliche Tätigkeiten weitgehend vereint waren.

In systematischer Hinsicht gibt es verschiedene Versuche, den Begriff "Fach" handlungs- oder wissenstheoretisch zu fassen. Hier soll im folgenden unter "Fach" ein kognitiv basiertes, intersubjektiv verankertes System verstanden werden, in dem spezifisches, nicht der Alltagswelt zugehöriges Theorie-, Fakten- und Handlungswissen organisiert ist, gekoppelt mit einem korrespondierenden Begriffssystem und bezogen auf einen definierten Weltausschnitt und definierte Ziele. Dabei ist die Intersubjektivität dadurch gewährleistet, daß Fächer in der Regel gelehrt werden und daß fachliche Wissensbestände in einer Vielzahl von Medien gespeichert werden. Fächer werden also tradiert, unterliegen aber zugleich einem permanenten Wandel, dessen Intensität und Geschwindigkeit differiert. In kognitiver Hinsicht sind Fächer spezialisierte Systeme der Realitätswahrnehmung und -verarbeitung. In ihrem Rahmen werden bestimmte Weltausschnitte selektiert und konzeptualisiert: Es werden Merkmale von Gegenständen und Sachverhalten unter bestimmten Aspekten und Perspektiven begrifflich gefaßt und in spezifische Erkenntnis- und/oder Handlungsmodelle integriert.[15]

Deshalb sind die netzartig oder taxonomisch organisierten Begriffssysteme, die ausdrucksseitig als Terminologien oder Nomenklaturen repräsentiert sind, keine Nebenprodukte, sondern konstitutiv für die Identität von Fächern. Sie sind die fachlichen Wahrnehmungs- und Denkwerkzeuge, denn in ihnen sind die Definitionen und Konzeptualisierungen und damit die fachlichen Zugriffe auf die Welt sedimentiert:

---

14 Zur Definitionsproblematik vgl. z.B. Möhn/Pelka (1984: 34ff.), Wichter (1983: 76ff.), von Hahn (1983: 63), Hoffmann (1985: 64ff.).

15 Vgl. Möhn (1975: 172ff.), Ickler (1983: 143ff.), Hoffmann (1992: 145ff.), Baumann (1992: 127ff.).

„In seinem Fach durchschaut ein Beamter auf ein Wort hin gleich ganze Gedankenreihen, aber Dinge aus einer anderen Abteilung kann man ihm stundenlang erklären, er wird vielleicht höflich nicken, aber kein Wort verstehen.“ (F. Kafka, "Das Schloß", Frankfurt/M. 1986, S. 205)

Fachlich zu handeln bedeutet, im Rahmen eines solchen Wissenssystems und geleitet von dessen Zielen tätig zu sein. Fachliche Handlungen gehören zu Klassen regelmäßig vollzogener Handlungen, die ihrerseits auf andere Handlungen bzw. Handlungstypen hierarchisch und instrumentell bezogen sind. Fachlichkeit von Handlungen ist nicht allein durch spezifische äußerliche Merkmale definiert. Notwendig ist vielmehr die Fachlichkeit des den Handlungen zugrundeliegenden Wissenssystems. Das schließt ein, daß die Handelnden sich der Fachlichkeit der eigenen Tätigkeit bewußt sind. "Fach" und "Fachlichkeit" sind ja nicht nur wissenschaftliche Beobachter-Kategorien, sondern vor allem Konzepte, mit denen die praktisch Handelnden ihr eigenes Tun und das von anderen interpretieren. Das hängt natürlich nicht vom Gebrauch der Wortform *Fach* oder ihrer Derivate ab. Deren weite Verbreitung macht aber augenfällig, welch enorm wichtige öffentliche Rolle das dahinterstehende Konzept spielt.

"Fach" und "Fachlichkeit" sind somit von "Institutionen" und institutionellem Handeln analytisch zu unterscheiden, auch wenn faktisch beides oft zusammenfällt. Eine ungelernte Aushilfskraft in einer Fabrik handelt institutionell, aber in der Regel nicht fachlich. Das gleiche gilt für einen Roboter, auch wenn er hochkomplexe und spezialisierte Operationen ausführt. Da diesen (beim Stand der Technik) zwar algorithmisierte Wissensrepräsentationen aber weder fachliches noch sonstiges Bewußtsein zugrundeliegt, lassen sie sich nicht mit dem Konzept "Fachlichkeit" (und auch nicht mit dem Konzept "Handlung") erfassen. Daß andererseits Tätigkeiten fachlich sein können, ohne institutionell zu sein, macht das Beispiel des Privatgelehrten deutlich oder auch des Handwerkers, der Schwarzarbeit leistet. Fächer sind in Institutionen wie Betrieben, Instituten, Behörden, Universitäten etc. präsent. Deren Verhältnis zu Fächern ist das von Trägerorganisationen, in deren Rahmen fachliches Handeln stattfindet. In der Regel ist in einer Institution mehr als ein Fach präsent: Dies ergibt sich zum einen daraus, daß viele Waren und Dienstleistungen in fachlicher Hinsicht Schnittstellen-Produkte sind und zum anderen daraus, daß Institutionen neben ihren Produktions- oder Dienstleistungssektoren administrative und, sofern es sich um kommerzielle Institutionen handelt, auch betriebswirtschaftliche Abteilungen umfassen, in denen jeweils eigene Fächer repräsentiert sind. Hier setzt auch die bereits kurz angesprochene Kritik an der fachlichen Binnendifferenzierung in den fachsprachlichen Schichtenmodellen an. Der Bereich der Distribution wird dort als Schicht innerhalb eines Fachs angesehen. Diese Zuordnung beruht aber auf einer Vermengung von "Fach" und "Institution". Der Distributionsbereich ist nicht als fachliche Schicht zu begreifen, sondern als ein betrieblicher, also institutioneller Sektor, dem in fachlicher Hinsicht das Feld der Betriebswirtschaft mit seinen zahlreichen Untergliederungen zugrundeliegt. Dabei ist dieses Feld selbstverständlich nicht nur in den eigentlich distributiven Abteilungen eines Betriebs wie Marketing, Werbung, Verkauf oder Vertrieb präsent, sondern auch in Abteilungen wie Einkauf, Lagerhaltung oder Controlling, die von den Schichtenmodellen nicht berücksichtigt werden.

Zweifellos sind die Handlungen in den verschiedenen Sektoren einer Institution aufeinander bezogen. Diese institutionelle Verknüpfung bedeutet aber noch nicht notwendigerweise, daß sie auch fachlich verknüpft sind. Der Buchhalter in einem mikroelektronischen Betrieb hat zur Mikroelektronik eine institutionelle, aber keine fachliche Verbindung. Er handelt vielmehr in seinem eigenen fachlichen Rahmen, innerhalb dessen die Produkte ihrer mikroelektronischen Fachlichkeit entkleidet und zu rechnerischen Größen werden. Die Mikroelektronik, in deren Rahmen die Produkte entstehen, kann man als "Basisfach" bezeichnen und die Buchhaltung – um bei diesem Beispiel zu bleiben – als darauf bezogenes "Folgefach"[16] , in dessen Rahmen die technischen Objekte in kalkulatorische Größen transformiert werden. Solche Folgefächer liegen auch den anderen betriebswirtschaftlich basierten Abteilungen eines Betriebs zugrunde. Sie nehmen Produkte und Dienstleistungen primär hinsichtlich ihrer Warenform und ihres Geldwertes, ihrer transport- oder ihrer werberelevanten Eigenschaften in den Blick und bauen die entsprechenden Termini in ihre eigenen fachlichen Bezugssysteme ein.

Daß die Unterscheidung zwischen der Institution und den in ihr repräsentierten Fächern nicht immer deutlich genug vorgenommen wird, mag daran liegen, daß wirtschaftliche Institutionen bzw. ihre Branchen in der Regel nach den jeweiligen Basisfächern benannt werden. So ist von der chemischen, der mikroelektronischen oder der textilverarbeitenden Industrie bzw. den entsprechenden Betrieben die Rede, wodurch die anderen beteiligten Fächer sprachlich verdeckt werden. Oberflächliche sprachliche Berührungspunkte zwischen den in einer gemeinsamen Institution repräsentierten Fächern ergeben sich auch dadurch, daß die Folgefächer vielfach die Produktbezeichnungen des Basisfachs übernehmen. Es handelt sich hier aber lediglich um eine Übereinstimmung von Wortformen, die einer einheitlichen Identifizierung und Referenz dient. Sie ist kein Indiz für eine Identität der damit verbundenen Begriffe oder für fachliche Verwandtschaft.[17]

---

16 "Basisfach" und "Folgefach" sind relationale Begriffe, die jeweils die Beziehung zweier Fächer zueinander kennzeichnen. Ein Fach (a) kann in bezug auf ein Fach (b) Basisfach und in bezug auf ein Fach (c) seinerseits ein Folgefach sein.

17 Zur Unterscheidung von Begriffen als kognitiven Entitäten und Begriffsbenennungen als sprachlichen Entitäten vgl. Klix (1994: 136), zu unterschiedlichen kognitiven Zugriffen bei Verwendung identischer Wortformen vgl. Möhn (1975: 172ff.) - Es sei nur am Rande bemerkt, daß viele Kommunikationsprobleme, die in Betrieben, Behörden oder Instituten immer wieder auftreten, sich statt durch ein binnenfachliches Schichtenmodell adäquater als Folgen einer Kommunikation erklären lassen, die intrainstitutionell, aber zugleich interfachlich verläuft.

3.2.3. Zum Begriff "Fachexternalität"

Wenn wir jetzt das hier entwickelte Konzept von Fachlichkeit auf die Merkmale von Kommunikation beziehen, so ergibt sich, daß nicht bei jeder Bezugnahme auf Sachverhalte oder Gegenstände, die fachlichem Handeln entspringen, auch schon von fachlichem Informationstransfer gesprochen werden kann. Die Fachlichkeit der Referenzbereiche ist eine notwendige, aber keine hinreichende Voraussetzung. So wie für fachliches Handeln eine fachliche Perspektive und ein entsprechendes Wissenssystem des Handelnden selbst unabdingbar sind, so gehört zur fachbezogenen Kommunikation, und zwar auch fachextern, daß der Emittent die Fachlichkeit dieser Sachverhalte und ihre konzeptuelle Einbettung nachvollzieht.

Für die fachexterne Kommunikation heißt das, daß die Perspektive, die der Emittent einnimmt, nicht auf eine Laien-Perspektive beschränkt sein darf. Er darf also nicht bei den akzidentellen Merkmalen der Sachverhalte stehen bleiben, sondern muß ihre Einordnung in das fachliche Wissens-, Handlungs- und Organisationsmuster berücksichtigen. Eine rein phänomenale Beschreibung der Oberflächenmerkmale eines Mikrochips beispielsweise oder der Abläufe und Maschinen, die in einer Chipfabrik zu sehen sind, bliebe bei aller möglichen Genauigkeit laienhaft. Das Kriterium der Fachlichkeit würde eine solche Beschreibung erst dann erfüllen, wenn das Wahrgenommene zudem auf seine zugrundeliegenden Verfahrensweisen, Funktionen, Zwecke und Theorien bezogen wird.

3.2.4. Fachliche und nichtfachliche Perspektiven

Fachexternalität ist also nicht nur eine Frage des Referenzbereiches, sondern auch der gewählten Sachperspektive. Dabei ist nicht nur zwischen fachlichen und nichtfachlichen Sachperspektiven zu unterscheiden. Sofern sich in gegebenen Texten Perspektiven unterschiedlicher Fächer mischen, ist entsprechend dem Untersuchungsziel das korpusrelevante Fach mit der ihm zugehörigen Perspektive zu markieren und in seiner basis- oder folgefachlichen Beziehung zu den nicht korpusrelevanten Fächern und ihren Perspektiven zu bestimmen. Im Kontext dieser Arbeit ist das korpusrelevante Fach die Mikroelektronik. Es ist gemeint, wenn im folgenden ohne weitergehende Hinzufügungen von "Fachlichkeit" bzw. "Fachexternalität" die Rede ist. Ihm zugehörig ist eine technologisch-naturwissenschaftliche Perspektive. Nicht korpusrelevant sind die darauf bezogenen wirtschaftlichen Folgefächer, in denen Chips nicht als technische Objekte, sondern als Waren, Kalkulationsgrößen oder Börsenwerte in den Blick genommen werden.

Um nun die Textsammlung hinsichtlich ihrer fachexternen Qualität differenzieren zu können, mußten die Texte bezüglich der in ihnen realisierten Sachperspektiven untersucht werden. Ein Text kann mehrere Sachperspektiven enthalten, wobei es in der Regel eine Hauptperspektive gibt. Zu perspektivieren bedeutet in diesem Zusammenhang, von einem bestimmten Beobachterstandpunkt aus Realitätsausschnitte unter bestimmten Aspekten auszuwählen und darzustellen. Sachperspektiven finden ihren sprachlichen Niederschlag von der textuellen über die propositionale bis hinab zur lexikalischen Ebene, wo die Bezeichnungen Gegenstände nicht nur sprachlich fixieren, sondern sie durch ihre impliziten Prädikationen zugleich unter einem bestimmten Aspekt sichtbar werden lassen.[18]

Wie die Sachperspektiven textuell realisiert werden, wird im einzelnen im Zusammenhang mit den konkreten Textstrukturbeschreibungen gezeigt (s. Abschn. 4.3.4.). Hier sollen sie zunächst nur vorgestellt und mit Textausschnitten illustriert werden.

1) Die Technologie-Perspektive: Der Chip als technisch-wissenschaftliches Objekt

Chips werden als technische und wissenschaftliche Gegenstände hinsichtlich ihrer funktionalen, konstruktiven, physikalischen oder herstellungstechnischen Eigenschaften betrachtet.

Beispiel T 1
(...) *Während inzwischen Chips mit einer Kapazität von 16 Megabit auf dem Markt sind, hat eine japanische Firma unlängst den Prototyp eines Speichers mit 256 Megabit vorgestellt. Damit läßt sich auf einem Scheibchen von etwa 1,6 x 2,5 Zentimetern der Text von rund 18.000 Schreibmaschinenseiten unterbringen. Eine Speicherzelle mißt nur noch 0,67 Quadratmikrometer. Die hohe Dichte wurde dadurch erreicht, daß der Kondensator, der die elektrische Ladung speichert, und der Transistor, der den Ladungsfluß steuert, übereinander angeordnet sind.* (...)

2) Die Alltagswelt-Perspektive: Der Chip in der Alltagswelt

Diese Perspektive ist zum einen zu verstehen als eine Bezugnahme auf Vorgänge, Situationen oder technische Einrichtungen, die den Alltag der Adressaten ausmachen oder Auswirkungen auf die Gesellschaft allgemein haben.

Beispiel T 6
(...) *Mikroelektronik als ein Werkzeug der Informationsverarbeitung durchdringt bereits heute zahlreiche technische Bereiche: Ohne Chips gäbe es weder ein Antiblockiersystem noch eine elektronische Benzineinspritzung in den Kraftfahrzeugen, keine vollautomatischen Waschmaschinen im Haushalt und Produktionsstraßen in der Industrie. Chips bringen die medizinische Diagnostik voran und rationalisieren die Arbeit von Behörden und in Verwaltungen.* (...)

---

18 Vgl. von Polenz (1988: 123ff.)

Die Perspektive kann zum anderen realisiert sein als eine alltagsweltliche Sichtweise im Sinne eines nichtfachlichen Blicks auf fachliche Gegenstände.

Beispiel T 8
(...) *Zu sehen ist auf blauem Grund ein feines goldenes Plättchen, leicht schimmernd, von dünnen, regelmäßigen Adern überzogen. 10,5 Millimeter ist es lang, 7,7 Millimeter breit, gerade so groß wie der Nagel am kleinen Finger. "Damit Sie es mal sehen", sagt Steinbeck, "aber eigentlich sehen Sie ja nichts."* (...)

3) Die Persönlichkeitsperspektive: Chip-Akteure als Individuen

Für diese Perspektive spezifisch ist, daß auf Chip-Akteure, also Forscher, Techniker, Manager etc., nicht nur mit Eigennamen und Funktionsangaben referiert wird, sondern daß sie darüber hinaus hinsichtlich individueller Merkmale charakterisiert werden. Außer auf physische oder psychische Merkmale wird unter dieser Perspektive auch auf einzelne Handlungen, auf räumliche Merkmale der Wohn- oder Arbeitsplätze oder auf biographische Sachverhalte referiert.

Beispiel T 9
(...) *Den Drang nach oben und das Faible für höhere Werte muß Ilse Müller wohl von ihren Vorfahren geerbt haben. Einer der Ahnen, so weiß sie aus der Familienchronik, habe sogar beim Bau des Ulmer Münsters, dem höchsten Kirchturm der Welt, mit Hand angelegt. Auch jetzt türmt sich im Wohnzimmer der prächtigen Villa im Konstanzer Ortsteil Litzelstetten - mit Blick auf die Bodenseeinsel Mainau - wieder ein Superlativ auf den anderen. "Wir wollen einen Weltstandard setzen", tönt Ilse Müller, "und wir werden in die Computergeschichte eingehen." Große Worte und Marketing sind ihre Leidenschaft, wohl wissend, daß hinter dem Erfolg eines Mannes in der Regel auch eine Frau steht. "Bärle", flüstert die 48jährige Gattin, während sie ihrem Ehemann über die Stoppeln streicht, "du bist mal wieder nicht rasiert." Doch Otto Müller beschäftigt sich lieber mit wichtigeren Dingen* (...)

4) Die Waren-Perspektive: Der Chip als Ware

Chips werden unter dieser Perspektive betriebswirtschaftlich als Träger von Kosten, Preisen, Stückzahlen, Gewinnen und Verlusten betrachtet.

Beispiel T 13
(...) *Für die Fertigung des Chips bieten darüber hinaus Spezialisten in aller Welt ihre Dienste an. (...) Voraussichtlich werden alle auf ihre Kosten kommen, denn der Markt beispielsweise in Europa soll sich gegenüber 1987 bis 1993 auf ein*

Volumen von 1,7 Milliarden Dollar verdoppeln. Und das überdurchschnittliche Marktwachstum wird weltweit auf absehbare Zeit bei über 20 Prozent liegen (...)

5) Die Politik-Perspektive: Der Chip als Strategie- und Machtfaktor

Chips werden unter dieser Perspektive als Bestandteile von Kalkülen betrachtet, die über Begriffe wie Macht und Einflußnahme definiert werden. "Politik" ist also hier nicht nur als staatliches, sondern als strategisches Handeln im allgemeinen zu verstehen. Die Politik-Perspektive unterscheidet sich von den anderen Perspektiven dadurch, daß sie nicht nur bestimmte Realitätssegmente selektiert, sondern partiell auf Schlußfolgerungen basiert: Um A Macht über B zuzuschreiben, ist es nicht nur notwendig, daß (1.) A die faktische Möglichkeit hat, B seinen Willen aufzuzwingen, sondern auch, daß (2.) A dies selbst als eine Option sieht und (3.) B sich dessen bewußt ist und die Zwangsanwendung vermeiden will. Aus Imagegründen ist es im wirtschaftlichen und staatlichen Umfeld der Mikroelektronik wie auch anderer Branchen für A selten opportun, Machtstreben zu bekennen. Wer ihm solches zuschreibt, muß also die dafür notwendigen Motive oder Intentionen schlußfolgern bzw. unterstellen. Eine Politik-Perspektive kann der Emittent selbst einnehmen. Er kann sie aber auch als Perspektive, unter der Akteure ihre eigene Positionen und Handlungen erklären, auf ihre Stichhaltigkeit überprüfen, oder er kann über Mikrochip-Ereignisse (beispielsweise Pressekonferenzen mit Politikerbeteiligung) berichten, die aus der Tatsache resultieren, daß Akteure aus Politik und Wirtschaft Chips als politischen Faktor sehen.

Beispiel T 11
(...) *Die deutsche Industrie ist alarmiert: Europa könnte wirtschaftlich schon bald auf den Status einer japanischen Kolonie herabsinken. Die Japaner haben in der entscheidenden Zukunftsindustrie, der Chip-Produktion, einen gewaltigen Vorsprung herausgearbeitet. Wird Europa zur drittklassigen Industrieregion?* (...)

Von diesen fünf Sachperspektiven ist die Technologie-Perspektive korpusrelevant: Sie nimmt die Chips als technologische Objekte, Gerätebauteile oder Resultate von Produktionsprozessen, also als fachliche Gegenstände der Mikroelektronik in den Blick. Die Alltagswelt-Perspektive und die Persönlichkeitsperspektive haben einen Misch-Status: Sie verzahnen fachliche mit nichtfachlichen Sachverhalten. Die Waren- und eingeschränkt auch die Politik-Perspektive sind bezogen auf die Mikroelektronik folgefachlich.[19] Hier werden Chips als Handelswa-

19 Einen begrenzten fachlichen Status kann man der Politik-Perspektive zuschreiben. Zumindest Politik im engeren Sinne staatlichen Handelns ist nach den genannten Kriterien als ein Fach mit eigenständigen Kenntnissen, Verfahrensweisen und einer fachlichen Terminologie anzusehen, die die spezifischen parlamentarischen und administrativen Sachverhalte begrifflich faßt.

ren, als Objekte der Forschungsförderung oder als Machtfaktoren in wirtschaftspolitischen Zusammenhängen thematisiert, also als Größen, die in Gewinn- oder Politik-Kalküle eingesetzt werden.

Eine solche an konkreten Inhalten orientierte Differenzierung trägt weiter als eine globale Zweiteilung in "sachorientierte" und "problemorientierte" Texte, mit der verschiedentlich versucht wird, fachliche und nichtfachliche Thematisierungen wissenschaftlicher und technischer Sachverhalte in den Massenmedien zu unterscheiden und die aufgrund ihrer Abstraktheit unklar und vage bleiben muß (etwa bei Haß 1989: 207).

Auf der Basis der Sachperspektiven ließ sich nun die Textsammlung der Fragestellung entsprechend weiter eingrenzen: Fachextern ist ein Text dann, wenn in ihm die Technologie-Perspektive realisiert ist. Sofern sie ganz oder überwiegend den Text bestimmt, ist dieser "primär fachextern". Sofern sie nur Segmente des Textes bestimmt, also als Nebenperspektive realisiert ist, ist er "sekundär fachextern". 187 Texte wurden nach diesen Kriterien als primär oder sekundär fachextern eingestuft und in das Korpus aufgenommen. Artikel, die Mikrochips ausschließlich unter wirtschaftlichen, politischen oder alltagsweltlich-sozialen Aspekten behandeln, wurden als nicht fachextern im hier definierten Sinne ausgeschlossen.

3.2.5. Die Spezifik fachexterner Kommunikation und die Exemplarität des Korpus

Aus den Texten, die das Kriterium der Fachexternalität erfüllen und damit das Korpus bilden, sollte nun in einem letzten Schritt eine Belegsammlung zusammengestellt werden, die das Spektrum von linguistischen Merkmalen exemplifiziert, die als spezifisch für die massenmediale fachexterne Kommunikation gelten können. Zu diesem Zweck mußte geklärt werden, was unter "spezifisch" in diesem Zusammenhang sinnvollerweise zu verstehen ist. Damit stellte sich das "korpustheoretische Paradox" der Linguistik (Bungarten 1979: 44): Um eine solche Belegsammlung bezogen auf eine Fragestellung sinnvoll zusammenzustellen, ist ein Vorverständnis nötig, das seinerseits Wissen schon voraussetzt, welches durch die Korpusuntersuchung eigentlich erst erworben werden soll.

Um dieses Dilemma zu entschärfen, beschränkte sich die Voruntersuchung zunächst darauf, in ersten Durchläufen anhand des Textmaterials nur abstrakt zu umreißen, welche Arten von Merkmalen als spezifisch gelten können. Aus der Fragestellung ergibt sich, daß dies in erster Linie Merkmale der textuellen Ebene sein müssen, die die Themen und den Aufbau der Texte betreffen, sowie die kommunikativen Absichten, die mit ihnen verfolgt werden. Neben diesen makrolinguistischen Bereichen wurde in einem begrenzten Umfang auch die lexikalische und satzsemantische Ebene berücksichtigt, weil sich hier mikrolinguistisch anhand des Umgangs mit Termini die Rolle der Begriffs- und damit verbundenen Wissensvermittlung herausarbeiten läßt.

Als relevant anzusehen sind also sprachliche Phänomene, deren Vorhandensein nicht schon durch die Regeln des Sprachsystems selbst determiniert ist, sondern die sich als Indikatoren für die zugrundeliegenden kommunikativen Aufgaben, massenmedialen Textproduktionsbedingungen und fachlichen Referenzbereiche interpretieren lassen, welche gemeinsam die "fachexterne Pressekommunikation" als pragmalinguistisches Feld konstituieren. Daß ein Merkmal in diesem Sinne "spezifisch" ist, heißt nicht notwendigerweise, daß es exklusiv ist, nämlich ausschließlich in dem abgegrenzten Kommunikationsbereich vorkommt. Solche Exklusivität ist auch in der fachinternen Kommunikation höchstens im terminologischen Bereich nachzuweisen. Spezifische Merkmale müssen auch nicht notwendigerweise überall dort vorkommen, wo es pragmatisch gesehen möglich wäre. Kurz gesagt: Ein Merkmal muß, um für einen Kommunikationsbereich spezifisch zu sein, weder dort ausschließlich noch ausschließlich dort vorkommen, es muß aber aus den pragmatischen Rahmenbedingungen herleitbar sein. Dies ist ein Begriff von Spezifik, wie er auch der Praxis der Fach- und der Pressesprachforschung zugrundeliegt, in der Merkmale als einschlägig betrachtet werden, wenn sie sich aus Bedingungen herleiten lassen, die für die Kommunikationsbereiche kennzeichnend sind.

Nach diesen Maßgaben wurden – immer in Auseinandersetzung mit dem Textmaterial – bestehende Forschungsansätze auf ihre analytische und empirische Brauchbarkeit hin überprüft und schrittweise ein Kategorienschema entwickelt, mit dem sich die spezifischen Merkmale der Texte erfassen und einordnen lassen. Im Verlauf dieses wechselseitigen empirisch-theoretischen Vorgehens wurden die Korpustexte den Kategorien entsprechend nach übereinstimmenden Merkmalen sortiert. Daraufhin wurde eine Belegsammlung zusammengestellt, die das Spektrum textueller und lexikalischer Merkmale entsprechend diesen Kategorien exemplifizierend abdeckt. Elf Texte dieser Belegsammlung sind im Anhang abgedruckt (T1-11). Es handelt sich dabei um Texte, die die im Korpus festgestellten Funktionen, Themen und Strukturmuster, also die textlinguistische Ebene exemplifizieren und anhand derer im Verlauf der Arbeit die entsprechenden Befunde demonstriert werden. Die Belege sind, was die textthematische und -strukturelle Ebene angeht, als "idealtypisch" im methodischen Sinne anzusehen: Die Textgruppen des Korpus, die nach textthematischen und strukturellen Kriterien zusammengestellt wurden, wiesen zwar Übereinstimmungen in den Grundmustern auf. Innerhalb dieser Grundmuster bestand aber Varianz in Einzelmerkmalen. Für die Belegsammlung wurden Texte ausgesucht, die die jeweils relevanten Merkmalskonfigurationen möglichst umfassend und deutlich repräsentieren und sich deshalb auch für die exemplarisch vorgenommenen Analysen besonders eignen. Neben diesen textlinguistischen Belegen wurden außerdem für die wort- und satzsemantische Ebene weitere 16 Korpustexte ergänzend miteinbezogen, aus denen zusätzliche segmentale Belege für lexikalische und definitorische Merkmale entnommen werden. Sie sind im Anhang mit Quellenangaben aufgeführt.

Textlinguistische Arbeiten, die Funktionen und Strukturen untersuchen, nehmen in der Regel keine Repräsentativität im statistischen Sinne in Anspruch. Das liegt nicht nur am immensen Aufwand, sondern auch an den wissenschaftstheoretischen Problemen, die der Begriff der Repräsentativität im sprachwissenschaftlichen Kontext mit sich bringt (vgl. Rieger 1979: 52ff.). Auch diese Untersuchung ist nicht repräsentativ im Sinne einer Ermittlung von statistischen Werten in bezug auf Grundgesamtheiten. Ihr geht es vielmehr darum, Merkmale als Indikatoren für die Besonderheiten fachexterner Pressekommunikation auf unterschiedlichen Ebenen herauszuarbeiten. Dabei ist nicht entscheidend, wie oft solche Merkmale in der Grundgesamtheit vorkommen, sondern daß sie überhaupt vorkommen: Es ist das Spektrum von realisierten sprachlichen Möglichkeiten, das hier untersucht wird, nicht die Frage, wie häufig sie realisiert sind. Statt Repräsentativität nehme ich für das Korpus Exemplarität im Sinne von Bungarten (1979: 42f.) in Anspruch:

"Ein Korpus ist exemplarisch, wenn seine Repräsentativität nicht nachgewiesen ist, andererseits weniger formale Argumente, wie evidenter Zusammenhang, linguistische Urteile des kompetenten Forschers, fachlicher Konsensus, textuelle und pragmatische Indikatoren, für eine sinnvolle Vertreterfunktion des Korpus plädieren."

4. Die textlinguistische Untersuchungsebene

Die Textebene wirft eine Reihe von miteinander verknüpften Fragen auf, die sich etwa so umreißen lassen: Welche kommunikativen Aufgaben liegen den Korpustexten zugrunde? Aus welchen spezifischen Textthemen setzt sich das globale Themengebiet "Mikrochips" zusammen, wie sind diese Themen konzipiert und welche Realitätsausschnitte finden sich repräsentiert? Wie werden die Themen in den Texten strukturell umgesetzt? Wie schlagen sich dabei die pragmatischen Ausgangsfaktoren, nämlich die thematische Fachbezogenheit einerseits und die massenmedialen Produktionsbedingungen andererseits in den Texten nieder? Wie sind schließlich diese unterschiedlichen Fragestellungen aufeinander zu beziehen?

Um systematische Antworten zu liefern, ist es notwendig, Kategorien für eine Zuordnung und Interpretation von Textmerkmalen zu entwickeln, die eine Sortierung der Texte auf den verschiedenen angepeilten Merkmalsebenen gestatten. Zu klären ist dabei, in welcher Beziehung diese Kategorien zueinander stehen und welche Ebene den methodischen Ausgangspunkt bei der Textanalyse bilden soll. Es lag für die Untersuchung massenmedialer fachexterner Kommunikation unter den skizzierten Fragestellungen kein fertiges, "maßgeschneidertes" Instrumentarium vor. Vielmehr mußte ein solches erst entwickelt werden. Es galt also, aus dem außerordentlich großen und heterogenen Feld der Textforschung solche Ansätze auszuwählen, die sich für die genannten Fragestellungen nutzbar machen lassen. Im folgenden Forschungsüberblick werden nur solche Konzepte diskutiert, die sich entweder in dieser Hinsicht als einschlägig erwiesen haben, oder bei denen es aufgrund einer potentiellen Nähe zur Fragestellung der Arbeit geboten erscheint, zu begründen, warum eben dies nicht der Fall ist. Es versteht sich, daß damit nicht der Anspruch verbunden ist, einen Überblick über die Entwicklung der allgemeinen Texttheorie insgesamt zu geben.

4.1. Zur Forschungslage

4.1.1. Inhaltsanalytische Ansätze

Die Inhaltsanalyse hat sich als medienwissenschaftlich definierte Methode und Forschungsdomäne außerhalb der Linguistik entwickelt. Gleichwohl scheint sie auf den ersten Blick für die Fragestellung dieser Arbeit nutzbringend zu sein: Ihre Forschungsobjekte sind massenmediale Texte, und darüber hinaus ist der Wissenschafts- und Technikjournalismus ein bevorzugtes Untersuchungsfeld. Dies gilt vor allem für die Berichterstattung zu praktisch relevanten bzw. politisch kontroversen Gebieten wie Chemie, Kernenergie, Gentechnik oder Medizin.[20]

---

20 Vgl. z. B. Kepplinger/Mathes (1988), Mathes (1989) und die Auswahlbibliographie von Hömberg (1990b). Zu inhaltsanalytischen Methoden s. etwa Früh (1991), Schulz (1994a) sowie die

Bei näherem Hinsehen zeigt sich nun allerdings, daß zwischen der fachexternen Fragestellung dieser Arbeit und inhaltsanalytischen Ansätzen grundlegende theoretische und methodische Unterschiede bestehen. Das Instrumentarium der Inhaltsanalyse wurde entwickelt, um die Inhalte von Texten so zu kategorisieren, daß sie sich quantifizieren lassen. Das dahinter stehende Erkenntnisinteresse ist vielfach sozial- oder politikwissenschaftlich motiviert. Inhaltsanalytische Befunde sollen weitergehende Aussagen über politische Einstellungen und Absichten von Journalisten und über Einflüsse, die solche Faktoren auf die mediale Realitätsvermittlung haben, ermöglichen.

Der langwierige Streit über die Tauglichkeit und Objektivität inhaltsanalytischer Methoden soll hier nicht nachgezeichnet werden. Entscheidend ist vielmehr, daß Texte für die Inhaltsanalyse eine andere Rolle spielen als für textlinguistische Untersuchungen. Die Inhaltsanalyse zielt nicht primär auf Strukturen und Funktionen von Texten als sprachlich-kommunikativen Gebilden. Ihr geht es um die von ihnen transportierten Inhalte, wobei "Inhalte" als Weltausschnitte und damit verbundene Wertungen aufgefaßt werden, welche in entsprechende Kategorienschemata eingeordnet werden. Inhaltsanalytische Kategorien, die durch linguistische Termini inspiriert sind (so werden u.a. "syntaktische, referentielle, propositionale oder thematische Einheiten der Analyse" unterschieden), haben vor allem die Funktion, den quantitativen Zugriff auf sprachliche Einheiten als unterschiedlich formatierte Träger so verstandener Inhalte zu organisieren. Nun abstrahiert auch eine text- und pragmalinguistisch motivierte Fragestellung, wie sie dieser Arbeit zugrundeliegt, nicht von den Inhalten der zu untersuchenden Texte. Sie betrachtet diese aber nicht als von den sprachlichen Formen unabhängige Entitäten, die dem Text wie einem Gefäß zu entnehmen wären, sondern sie untersucht, durch welche Formen und Strukturen und unter welchen pragmatischen Bedingungen diese Inhalte durch die Texte hervorgebracht werden. In diesem Sinne ist die vorliegende Arbeit qualitativ und nicht quantitativ orientiert.

Ein Sonderfall ist die bereits erwähnte Arbeit von Brodde (1992) zum Thema Gentechnik in der Presse, insofern diese auf einer inhaltsanalytisch-linguistischen Nahtstelle angesiedelt ist. Auch Brodde geht es aber auf der Textebene nicht um eine Untersuchung der Strukturen und kommunikativen Funktionen, sondern um eine kategoriale und quantifizierende Erfassung der von den Texten transportierten Inhalte und Bewertungen, die im zeitlichen Verlauf die "Themenkarriere" der Gentechnik konstituieren. So wird auch ausdrücklich darauf verzichtet, den Begriff "Thema" für eine textlinguistische Analyse in Dienst zu nehmen (ebd.: 69f.). Zwar enthält die Arbeit auch eine linguistische Komponente. Diese zielt aber nicht auf die Textebene, sondern auf die darunter liegende lexikalische Ebene. Hier macht Brodde, ausgehend von einzelnen fachlichen und politischen Aus-

---

Bibliographie zur Inhaltsanalyse in Noelle-Neumann/Schulz/Wilke (1994: 590-594).

drücken, "Wortkarrieren" aus und identifiziert ein "Vermittlungslexikon" für den Transfer fachlicher Sachverhalte (ebd.: 88ff.). Für die terminologische Komponente fachexterner Kommunikation sind diese Befunde durchaus erhellend. Für die textuelle Untersuchungsebene, die für die vorliegende Arbeit den Ausgangspunkt bilden soll, ist das Konzept der Themenkarriere aber, ähnlich wie die rein inhaltsanalytischen Ansätze, aufgrund seiner anders gelagerten Forschungsperspektive nicht zu verwerten.

4.1.2. Textlinguistische Ansätze

Die im folgenden diskutierten Ansätze sind im Kontext der globalen textlinguistischen Entwicklung zu sehen. Diese nahm ihren Ausgangspunkt bei transphrastischen und textgrammatischen Fragestellungen und hat in ihren jüngeren Ausprägungen ihren Untersuchungsbereich beträchtlich erweitert.[21] Dies gilt zum einen für den Begriff der Textstruktur und die damit verbundenen Analysen: Wurde dieser zunächst vor allem auf die an der sprachlichen Oberfläche befindlichen syntaktischen Konnektoren und koreferentiellen Beziehungen beschränkt, so umfaßt er mittlerweile auch und vor allem das zugrundeliegende logisch-semantische Gefüge eines Textes, in dessen charakteristischem Muster sich die Entfaltung des Themas manifestiert. Im Rahmen dieser Untersuchungen werden als elementare textsemantische Einheiten der Textstruktur vielfach Propositionen angenommen. Dabei handelt es sich im Gegensatz zu Sätzen nicht um syntaktische, sondern um logisch-semantische Einheiten, genauer gesagt um Prädikat-Argument-Strukturen, die "elementaren Sachverhalten" entsprechen. Diese sind kognitiv konzeptualisierte Realitätssegmente. Sie können primär räumlich abgegrenzt sein, wie im Falle von Objekten oder zeiträumlich wie im Falle von Handlungen oder Ereignissen (vgl. Kohlmann et al. 1989: 138). Träger einer Proposition ist meistens ein Satzfragment, seltener ein vollständiger Satz. Propositionen sind die inhaltlichen Komponenten von Sätzen, während die den Sätzen zugeordneten Sprechakte als illokutive Rollen den pragmatischen Modus festlegen.[22]

Die pragmatische Komponente, transformiert von der Satz- auf die Textebene, bildet einen zweiten wichtigen textlinguistischen Ausgangspunkt: Die Kohärenz eines Textes ist außer durch sein zugrundeliegendes Thema auch durch die spezifischen Kommunikationsabsichten bedingt, die der Produzent mit ihm verfolgt. Diese bilden den theoretischen Ausgangspunkt für eine in der gegenwärtigen Textforschung stark ausgeprägte pragmalinguistische Strömung. Eine ihrer leitenden Fragestellungen ist, welche unterschiedlichen Arten von Texten es überhaupt

---

21 Für einen wissenschaftshistorischen und methodologischen Überblick vgl. z.B. Helbig (1986: 152-179), Heinemann/ Viehweger (1991: 15ff.).

22 So kann eine Proposition mit unterschiedlichen illokutiven Rollen kompatibel sein. Zur Unterscheidung von propositionalem Gehalt und illokutiver Rolle als inhaltlicher und pragmatischer Komponente von sprachlichen Äußerungen s. Searle (1970: Kap. 2), von Polenz (1988: 194ff.)

gibt und warum es sie gibt. Wesentliche Anstöße verdankt diese Forschungsrichtung der intentionalistischen Sprechakttheorie von Searle (1970, 1981). Deren Grundidee ist, daß sich sprachliche Äußerungen trotz der großen Zahl ihrer unterschiedlichen Erscheinungsformen auf wenige pragmatische Grundmuster zurückführen lassen. Dies deshalb, weil mit ihnen nur eine begrenzte Zahl von grundlegenden Zwecken verfolgt und nur bestimmte damit zusammenhängende Bezugnahmen auf die Welt und die Kommunikationspartner realisiert werden. Diese Grundmuster werden als fünf Typen von Sprechakten charakterisiert: a) assertive Sprechakte (z.B. Feststellungen, Beschreibungen, Erklärungen), die der Erweiterung des Weltwissens auf seiten des Adressaten dienen, b) direktive Sprechakte (z.B. Befehle, Bitten, Vorschläge), mit denen das Verhalten des Adressaten beeinflußt werden soll, c) kommissive Sprechakte (z.B. Versprechen, Verträge, Garantien), mit denen sich der Emittent gegenüber dem Adressaten zu etwas verpflichtet, d) expressive Sprechakte (z.B. Danksagungen, Grüße, Glückwünsche), mit denen der Emittent Gefühle zum Ausdruck bringt und e) deklarative Sprechakte (z.B. Taufen, Trauungen, Kündigungen), durch deren Vollzug institutionelle Fakten geschaffen werden.[23]

Dieser sprechakttheoretische Ansatz, der auf der Satzebene angesiedelt ist, wird in der pragmatisch ortientierten Textlinguistik auf die Textebene übertragen. Man geht hier von der Prämisse aus, daß sich die wesentlichen Charakteristika von Texten erklären lassen, wenn man sie primär als intentionale Gebilde erfaßt, mit denen spezifische Zwecke verfolgt und kommunikative Aufgaben gelöst werden. "Intention" ist hier nicht individualpsychologisch im Sinne einer "wahren Absicht" zu verstehen. Mitunter werden in den Texten nur sekundäre Intentionen manifest, die darin bestehen, die primären Intentionen, die dem Text "eigentlich" zugrunde liegen, zu verschleiern. Bei institutionellen, arbeitsteilig erstellten Texten – z.B. Behördenschreiben, Werbe-, oder Pressetexte – spielen individuelle Intentionen ohnehin nur eine begrenzte Rolle. Hier sind institutionelle Intentionen wichtig, die durch konventionalisierte Aufgaben und Normen die Textproduktion steuern. Textintentionen spielen als regulative Idee auch für das Textverstehen eine Rolle. Indem sie vom Rezipienten dem Text unterstellt werden, ist er bereit, eventuelle Kohärenzbrüche interpretativ zu überbrücken. Man nimmt nun an, daß sich die kommunikativen Intentionen in bestimmten grundlegenden Textfunktio-

---

23 Zu den Definitionskriterien der Sprechakttypen gehören die illokutionäre Rolle, das heißt die kommunikative Absicht, die ein Sprecher mit seiner Äußerung verfolgt, das im Sprechakt zum Ausdruck kommende Verhältnis von Wort und Welt sowie der mit dem Sprechakt zum Ausdruck gebrachte psychische Zustand, vgl. Searle (1981: 2-8.). Den Kern seiner Sprechakttheorie hat Searle in vielen Punkten erweitert, präzisiert und in den umfassenderen Kontext seiner intentionalistischen Philosophie eingebettet, vgl. ders. (1983: Kap. 6-9), sowie Searle/ Vanderveken (1985). Zur Kritik an Inkonsistenzen in der Kategorienbildung vgl. Brinker (1992: 102), Rolf (1993: 77).

nen niederschlagen, die eine Klassifikationsbasis für die Aufgliederung der Gesamtheit der Texte in systematisch begründete Textsorten abgeben können.

Diese allgemein-textlinguistischen Entwicklungen haben auch in den auf sprachliche Varietäten bezogenen linguistischen Teildisziplinen ihren Niederschlag gefunden. Die im Kontext dieser Arbeit relevante Linguistik der Fachsprachen und der Mediensprachen ist seit geraumer Zeit durch eine über die lexikalische und syntaktische Ebene hinausgehende Hinwendung zu makrolinguistischen Einheiten gekennzeichnet. Über die Notwendigkeit, einschlägige Textklassen, -strukturen und -funktionen zu erforschen und entsprechende Befunde mit pragmatischen und situativen Faktoren erklärend zu verknüpfen, besteht weitgehender programmatischer Konsens.[24]

Allerdings zeigt sich auch, daß die Hinwendung zu makrolinguistischen Phänomenen mit methodischen und empirischen Problemen behaftet ist. Das ist durch die strukturelle Komplexität von Texten mit ihrer Verschränkung unterschiedlicher Merkmalsebenen und durch die Varianz ihrer Erscheinungsformen bedingt. Zu konstatieren ist, daß es bisher weder in der allgemeinen noch in der varietätenbezogenen Textlinguistik gelungen ist, einen einheitlichen theoretischen Rahmen und ein stabiles methodisches Instrumentarium zu entwickeln, das für eine breite empirische Textforschung, in der alle relevanten Merkmalsebenen miteinander verzahnt werden, effektiv einsetzbar wäre. Statt eines überschaubaren Kanons und einer konsistenten Terminologie gibt es ein sehr pluralistisches Angebot, aus dem es das für die jeweiligen Fragestellungen, Textarten und Kommunikationsbereiche Passende auszusuchen gilt – wobei eben die praktische Arbeit oft erst zeigt, was das Passende ist. Angesichts des gegebenen Forschungsstandes ist ein selektives und instrumentalisierendes Verfahren legitim im Kontext einer Arbeit, der es nicht um Theorien-Exegese geht, sondern darum, bestehende Ansätze für empirische Fragen nutzbar zu machen. Selbstverständlich muß ein solches Vorgehen methodisch aus der Fragestellung heraus begründet werden. Das soll im folgenden durch die Diskussion textlinguistischer Ansätze geschehen.

4.1.2.1. Die Funktionen der Gebrauchstexte bei Brinker (1992)

Brinkers Forschungsansatz ist integrativ: Er zielt auf eine Deskription und Explikation sowohl der pragmatischen als auch der thematischen und strukturellen Komponenten schriftlicher Gebrauchstexte. Darunter werden nichtliterarische Texte ohne besonderen ästhetischen Anspruch verstanden (Brinker 1992: 20).[25]

---

24 Im fachsprachlichen Bereich wären hier beispielsweise zu nennen: von Hahn (1983), Möhn/ Pelka (1984), Hoffmann (1985), Gläser (1990), Möhn (1991), Baumann (1992). Zu textlinguistischen Ansätzen in der Fachsprachenforschung aus übersetzungswissenschaftlicher Sicht s. Arntz (1988). Für den pressesprachlichen Bereich s. z.B. Bell (1991), Burger (1990), Lüger (1995).

25 Vgl. auch Dimter (1981: 35), Rolf (1993: 126f.)

Dabei ist die leitende Perspektive pragmalinguistisch (ebd.:16). Die Untersuchung thematischer und struktureller Textmerkmale auf den unterschiedlichen Ebenen wird verknüpft mit der übergeordneten Frage, welche Zwecke Emittenten mit ihren Texten verfolgen. Dementsprechend wird als oberste Klassifikationsebene die der Textfunktionen angesetzt. Ihr werde ich mich in diesem Abschnitt widmen und die thematischen und strukturellen Komponenten dieses Ansatzes weiter unten diskutieren (s. Abschn. 4.1.2.7.)

In Anlehnung an die Sprechaktklassifikation von Searle unterscheidet Brinker fünf textuelle Grundfunktionen, auf die sich die Gesamtheit der Gebrauchstexte aufteilen lassen soll. Es sind dies die Informationsfunktion, die Appellfunktion, die Obligationsfunktion, die Kontaktfunktion und die Deklarationsfunktion (ebd.: 104ff.). Die Informationsfunktion umfaßt Texte, deren Hauptzweck in der Vermittlung von Faktenwissen besteht. Die Appellfunktion wird durch Texte realisiert, deren zugrundeliegende Intention in der Beeinflussung von Einstellungen oder von Handlungsbereitschaften beim Adressaten besteht. Die Obligationsfunktion umfaßt Texte, mit denen der Emittent gegenüber dem Adressaten eine Verpflichtung eingeht. Die Kontaktfunktion liegt sogenannten Partizipationstexten zugrunde, die primär der Herstellung oder Aufrechterhaltung gesellschaftlicher Beziehungen dienen. Die Deklarationsfunktion wird durch Texte umgesetzt, die institutionelle Realitäten schaffen. Indem die Textfunktionen hier durchgängig über die Art der kommunikativen Beziehung definiert werden, die der Emittent mit seinem Text zum Adressaten herstellen will, werden verschiedene Inkonsistenzen vermieden, die der Searleschen Sprechakttypologie dadurch anhaften, daß dort teilweise die Art der Interaktion, teilweise aber auch die Art der thematisierten Sachverhalte für die Definition herangezogen wird.[26]

Brinker vertritt die Position, daß mit der textlinguistischen Modifikation des sprechakttheoretischen Konzepts auch methodisch die Satzebene verlassen wird, auf der die Sprechakttheorie originär angesiedelt ist. Das heißt, daß die Textfunktion nicht als Addition der Illokutionen der einzelnen Sätze und Satzfragmente, aus denen der Text besteht, zu begreifen ist und sich auch nicht über entsprechende Häufigkeiten ermitteln läßt. Daraus folgt, daß die Textfunktion aus einer Analyse des Textganzen als einer komplexen sprachlichen Handlung zu erschließen ist (ebd.: 92ff.). Dem ist im Prinzip zuzustimmen. Allerdings muß modifizierend angemerkt werden, daß u.U. auch einzelnen Sätzen oder Satzfragmenten im Textzusammenhang illokutive Rollen zugewiesen werden können (Rolf 1993: 151). Beispielsweise lassen sich in einem Text Feststellungen, Erläuterungen oder Begründungen unterscheiden. Entscheidend ist allerdings, daß solche pragmatischen Zuordnungen nur im Kontext des Gesamttextes möglich sind. Sie ergeben

26 Vgl. Brinker (1992: 102ff.), dazu auch Rolf (1993: 77f.)

sich eher vor dem Hintergrund seiner kommunikativen Grundfunktion, als daß sie umgekehrt als isolierte Illokutionen diese Grundfunktion konstituieren.

Bezieht man die Textfunktionen nun auf journalistische Texte, so erweisen sich die Obligations- und die Deklarationsfunktion als nicht einschlägig. Das Verhältnis zwischen journalistischen Emittenten und ihren Adressaten ist weder institutionell noch juristisch definiert, sondern eher als ein unverbindliches Dienstleistungsverhältnis zu charakterisieren, in dem Textangebote gemacht werden. Aus der Definition der Informations- und der Appellfunktion ergibt sich deutlich, daß journalistische Texte hier einzuordnen sind. Dabei ermöglicht das der Appellfunktion zugeschriebene Merkmal der (intendierten) Meinungs- oder Verhaltensbeeinflussung auch eine Zuordnung von kommentierenden und wertenden Artikeln mit meinungsbildender Intention.

Eine gesonderte Betrachtung erfordert die Kontaktfunktion: Die Herstellung und Pflege des Emittenten-Adressaten-Kontakts ist zwar angesichts des dispersen Publikums eine wichtige Aufgabe in massenmedialen Texten ("Leser-Blatt-Bindung"). Doch eine dominierende kontaktive Textfunktion, wie Brinker sie sogenannten Partizipationstexten (z.B. Kondolenzbriefe, Glückwunschkarten) zuordnet (ebd.: 118), mit denen der Emittent gesellschaftliche Konventionen erfüllt, gehört weder zu den kommunikativen Aufgaben journalistischer Texte, noch ist sie mit der Anonymität des Publikums vereinbar. Während "Kontakt" bei Brinker vornehmlich sozial definiert ist, ist der Begriff im Zusammenhang mit der massenmedialen Kommunikation im Sinne einer Kontaktherstellung durch Attraktoren und Aufmerksamkeitswerte aufzufassen, die tendenziell jeder Pressetext aufweist. Eine Ausgrenzung einer eigenen Klasse "kontaktherstellender" Texte in diesem Sinne ist deshalb nicht machbar, ohne daß es zu Kreuzklassifizierungen kommt. Vielmehr ist für massenmediale Texten von einer permanenten und latenten Intention der Kontaktherstellung auszugehen, die der Informations- und der Appellfunktion untergeordnet ist und sich in unterschiedlichen Merkmalen niederschlagen kann.[27]

Das funktionale Schema, das Brinker vorschlägt, ermöglicht es, die Korpustexte innerhalb der Gesamtheit der Gebrauchstexte als informativ und appellativ zu verorten. Da es sich hierbei aber um weite Kategorien handelt, die sehr unterschiedliche Arten von Texten umfassen, bedürfen sie einer Ausdifferenzierung, um zu einer aussagekräftigen und medienspezifischen Aufgliederung des Korpus zu gelangen. In diesem Zusammenhang wird auch die Frage zu klären sein, ob

---

27 Für die Kontaktherstellung relevant sind bsplw. Bebilderungen, Layouts und die typographische und sprachliche Gestaltung von Schlagzeilen. Für die fachexterne Kommunikation sind außerdem laienorientierte Strukturen und Wortformen zu nennen, die als Attraktoren wirken (s. Abschn. 4.2.4. u. 5.2). Zum komplementären Charakter der Kontaktfunktion vgl. Möhn (1991: 196).

und ggf. welche Arten von funktionalen Mischungen in einem Text vorkommen können.

4.1.2.2. Die Gebrauchstextsorten bei Rolf (1993)

Rolfs Ziel ist eine umfassende und detaillierte pragmalinguistische Klassifikation, die alle schriftlichen Gebrauchstexte erfaßt. Brinkers funktionale Klassifikation wird hier aufgenommen mit dem Ziel einer Erweiterung und Differenzierung (Rolf 1993: 119). Allerdings ist Rolfs Ansatz nicht integrativ, da die thematische und strukturelle Ebene der Texte ausgespart wird (ebd.: 120).

Auch Rolf geht von fünf grundlegenden Textfunktionen aus. Für sie werden allerdings statt der Brinkerschen Kategorienbezeichnungen die Searleschen Sprechakttypenbezeichnungen eingesetzt. Die Rede ist dementsprechend von assertiven, direktiven, expressiven, kommissiven und deklarativen Textsorten. Damit soll zum einen die enge Anbindung an das Searlesche Konzept auch terminologisch deutlich gemacht werden. Zum anderen sind nach Rolfs Ansicht diese Bezeichnungen besser geeignet, die gemeinten Textfunktionen zu charakterisieren. So sei vor allem der Begriff "Appellfunktion" zu schwach, um beispielsweise die Funktion eines Antrages oder Gesetzes wiederzugeben (ebd.: 79). Dieses Argument läßt sich nun allerdings umkehren: "Direktiv" – das von Rolf bevorzugte begriffliche Pendant – kann man wiederum als zu stark ansehen, um beispielsweise die Funktion einer Werbeanzeige wiederzugeben, die in Rolfs Schema zu den direktiven Textsorten gehört (ebd.: 250). Letztlich ist diese Terminologiekritik insofern müßig, als keiner der in Frage kommenden Termini von der vortheoretischen Bedeutung her, die er oder seine Wortwurzel hat, auf eine solche Textsortenklassifikation ausgelegt ist. Entscheidend ist vielmehr die texttheoretische Definition, die diesen Termini gegeben wird.

Die fünf Funktionen, die die übergeordneten Handlungszwecke von Texten repräsentieren, bilden die oberste Ebene in Rolfs Klassifikation. Diese wird auf zwei untergeordneten Kriterien-Ebenen differenziert, die beide funktional definiert sein sollen. Hierbei handelt es sich um die durch die Texte realisierte "Art und Weise der Zielerreichung", die mit Bezeichnungen wie "darstellend" oder "bindend" erfaßt wird sowie um die "vorliegenden oder als erfüllt hingestellten Bedingungen" der Textkommunikation, die mit Benennungen wie "bei Option" oder "bei Kontrollgewalt auf seiten des Textproduzenten" spezifiziert werden (ebd.: 171). Die unterste Ebene besteht aus den von Rolf zusammengestellten 2.100 lexikalisierten alltagssprachlichen Textnamen, die für ihn die empirische Basis bilden. Das Klassifikationsschema umfaßt auf diese Weise vier, teilweise auch fünf Kategorisierungsebenen.

Die Verzweigungen dieses Schemas können hier nicht im einzelnen nachgezeichnet werden. Sie sollen aber für die Klasse der assertiven Texte anhand der ersten

Subkategorisierungsebene, die durch die "Art und Weise der Zielerreichung" definiert ist, skizziert und problematisiert werden. Auf dieser Ebene teilen sich die assertiven Texte auf in "transmittierende", "darstellende" und "indizierende" Subtextsorten (ebd.:172ff.). Bei transmittierenden Texten steht nach Rolf im Vordergrund, d a ß (und nicht wie) ein bestimmter Sachverhalt übermittelt wird, wobei es sich um eindimensionale, ohne sprachlichen Aufwand zu kennzeichnende Sachverhalte handeln soll. Zu dieser Textgruppe zählen u.a. *Kurznachrichten, Pressemeldungen, Zeitungsnotizen* oder *Sensationsnachrichten* (ebd.: 178) - was auch immer im einzelnen darunter zu verstehen sein mag.

Darstellende Texte hingegen werden als inhaltlich mehrdimensional gekennzeichnet: Sie sollen komplexe ineinander verschränkte Sachverhalte vermitteln. Hier geht es nicht nur um das 'daß' sondern auch um das 'wie' der Informationsvermittlung. Dazu zählt Rolf vor allem Textsorten, deren Benennungen als Kompositumsbestandteil *-bericht* oder *-schilderung* enthalten (ebd.: 185f.).

Zu den indizierenden Texten schließlich zählen beispielsweise Kinoprogramme oder Dienstpläne (ebd.: 208f.). Sie sollen durch eine Aneinanderreihung voneinander unabhängiger Einzelinhalte gekennzeichnet sein und sich von den transmittierenden und den darstellenden Texten darüber hinaus durch ihre Anonymität unterscheiden: Emittenten und Adressaten der Texte wissen nichts voneinander (ebd.: 174, 203).

Diese Textsortenabgrenzungen, auf deren weitere Untergliederungen hier nicht eingegangen werden soll, weisen schon auf dieser Klassifikationsebene Probleme hinsichtlich ihrer Trennschärfe auf. So ist die Anonymität der indizierenden Texte keineswegs nur für diese kennzeichnend. Anonymität und Dispersität des Publikums sind vielmehr in unterschiedlichem Umfang auch für viele massenmediale Texte bestimmend, die bei Rolf zu den transmittierenden bzw. darstellenden Texten gerechnet werden. Auch die Unterscheidung zwischen dem 'daß' und dem 'wie' von Sachverhaltsvermittlungen, die die darstellenden von den transmittierenden Texten trennen soll, ist nicht recht nachvollziehbar: Alle kommunikativen Aufgaben, die die Vermittlung von Sachverhalten umfassen, implizieren selbstverständlich unabhängig vom Umfang des Kommunikats einen bestimmten Modus der Sachverhaltsvermittlung, der sich dementsprechend in den Texten niederschlägt. Ein 'daß' ohne ein 'wie' gibt es nicht, und deshalb gibt es auch keine Textsorten, bei denen das 'wie' irrelevant sein könnte. Allerdings gibt es unterschiedliche Komplexitätsgrade in der inhaltlichen Präsentation. Diese Feststellung, die Rolf selbst trifft, führt auf ein methodologisches Problem in seinem Ansatz. Für viele der genannten Merkmale, die die Subkategorien unterhalb der obersten Ebene der Handlungszwecke definieren sollen, ist zu bezweifeln, daß es sich bei ihnen tatsächlich um funktionale Merkmale handelt, wie von Rolf postuliert. Eher gehören sie zur thematischen oder strukturellen Ebene, teilweise kennzeichnen sie auch die in den Texten zum Tragen kommenden auktorialen Rollen und die Sachperspektiven der Emittenten. Diese Merkmale sind somit zwar durchaus relevant für eine Charakterisierung von Texten, sie sind aber adäquat nur in einem textlinguistischen Konzept zu erfassen, das die funktionale Ebene durch eben die Aspekte erweitert, die Rolf in seinem Schema explizit ausschließen will.

Das entscheidende Problem aber stellt die empirische Grundlegung des Rolfschen Kategorienschemas dar, genauer gesagt die Frage, wie konkrete Texte den Kategorien zuzuordnen sind. Rolf bezieht sich, wie bereits erwähnt, auf alltagssprachliche Textsortenbezeichnungen als Ausgangspunkt, ohne aber untersuchen zu wollen, nach welchen Kriterien solche alltagssprachlichen Textklassifikationen erfolgen. Er versucht nicht, "aufzudecken, welche verschiedenen Aspekte von Textsorten durch ihre Bezeichnungen hervorgehoben" werden (ebd.: 135). Es wird also eingeräumt, daß bei der Alltagsklassifikation von Texten solche unterschiedlichen Aspekte zum Tragen kommen können.[28] Zugleich und im partiellen Widerspruch dazu geht Rolf nun aber von der pauschalen "Annahme" aus, "daß alle Bezeichnungen für Gebrauchstextsorten als Textfunktionsbezeichnungen aufzufassen sind" (ebd.), daß sie also doch nur einen der möglichen textuellen Aspekte bezeichnen und zwar denjenigen, der sie mit der angestrebten pragmalinguistischen Typologisierung kompatibel macht, weshalb sie denn auch als Basiseinheiten für eine solche dienen können. Hierbei handelt es sich nun um eine weitreichende Annahme, die zunächst bewiesen werden müßte, anstatt ihre Richtigkeit als gegeben vorauszusetzen.[29] Und selbst wenn der Beweis gelänge, wäre noch im einzelnen zu untersuchen, in welchen Beziehungen jeweils die alltagssprachlichen Bezeichnungen und die von ihnen repräsentierten Konzepte zu sprachtheoretisch zu begründenden funktionalen Kategorien stehen. Es handelt sich hier im Grunde um drei als getrennt zu betrachtende Forschungsprogramme: erstens die Untersuchung vortheoretischer Textsortenkonzepte, die sich selbstverständlich nicht in der Zusammenstellung lexikalisierter Textsortenbezeichnungen erschöpfen dürfte. Vielmehr müßte mit Hilfe von Klassifikationstests und Interviews erforscht wer-

---

28 Vgl. Dimter (1981), wo produzentenbezogene, funktionale und inhaltliche Definitionsbestandteile unterschieden werden (ebd.: 39f., 52f., 94). Vgl. dazu auch Brinker (1992: 128ff.)

29 Auch darum ist es problematisch, mit diesem Argument die Überlegenheit kommunikationstheoretisch orientierter über strukturell orientierte Textsortenuntersuchungen zu begründen wie z.B. bei Brinker (1992: 132). Doch selbst wenn die Annahme zuträfe: Ein Forschungsansatz ist nicht am Grad seiner Übereinstimmung mit vortheoretischen Vorstellungen zu messen, sondern daran, inwieweit in seinem Rahmen die ihn leitende Fragestellung beantwortet werden kann. "Textklasse" oder "Textsorte" sind zunächst nur abstrakte taxonomische Begriffe, die abhängig von der Fragestellung definitorisch zu füllen sind. Pragmalinguistische Ansätze sind trivialerweise genau dann überlegen, wenn ihnen, wie auch in der vorliegenden Arbeit, pragmalinguistische Fragestellungen vorausgehen. Daß diese aber unter einem allgemeinen wissenschaftstheoretischen Blickwinkel höher zu bewerten sind als strukturelle, syntaktische oder lexikalische Fragestellungen, wird zumindest in dieser Arbeit nicht behauptet.

den, welche Extensionen diese Bezeichnungen in der Sprachgemeinschaft tatsächlich haben und wie gegebenenfalls mit Texten umgegangen wird, für die es keine oder schwankende Bezeichnungskonventionen gibt. Davon zu trennen ist zweitens die Erstellung einer eigenständigen, theoretisch basierten Textsortenklassifikation auf pragmalinguistischer Basis und drittens die Untersuchung etwaiger sprachtheoretisch relevanter Beziehungen zwischen den Befunden der beiden vorgenannten Untersuchungen.

Nun gesteht Rolf zwar zu, daß man es hierbei mit methodologisch zu unterscheidenden Fragestellungen zu tun hat, ohne allerdings praktische Konsequenzen zu ziehen. Vielmehr sieht er durch die Bezugnahme auf alltagssprachliche Textsortenbezeichnungen den "empirischen Gehalt" seiner Textsortenklassifikation gewährleistet (ebd.: 144). Diese Vorstellung von "Empirie" ist in zweierlei Hinsicht fragwürdig: Sie ist nicht auf konkrete Texte, sondern auf metatextuelle Konzepte der Sprachgemeinschaft bezogen, setzt also an die Stelle einer textlinguistisch relevanten Empirie eine alltagssemantisch-psychologische Empirie, und sie beruht darüber hinausgehend, wie gesagt, wiederum auf der unbewiesenen Annahme, daß alle diese vortheoretischen Textsortenkonzepte funktional motiviert und außerdem hinreichend konsistent und disjunkt definiert seien. Aber Homogenität und Stringenz in diesem wissenschaftlichen Sinne sind für alltägliche Benennungspraktiken nicht verbindlich. Hier zählen vielmehr durch die unmittelbare Praxis bedingte Unterscheidungskriterien, zu denen auch die situative Monosemierung mehrdeutiger Bezeichnungen gehört. Man stelle sich einen Biologen vor, der die Empirie seiner Taxonomie mit ihrer Verwurzelung in volkstümlichen Naturklassifikationen begründet, und deshalb die Delphine zu den Fischen rechnet. Diese Analogie ist auch dann zulässig, wenn man in Rechnung stellt, daß es sich bei Texten um Artefakte und nicht um natürliche Gegenstände handelt. In beiden Fällen gehorchen alltägliche und wissenschaftliche Benennungen unterschiedlichen Zielen und deren jeweiliger Logik, was nicht ausschließt, daß es Berührungspunkte geben kann.

Das eben Gesagte läßt sich an den für die vorliegende Arbeit relevanten publizistischen Textnamen wie *Bericht, Meldung, Kommentar* oder *Nachricht* zeigen, die auch bei Rolf übernommen werden (ebd.:178). Es handelt sich hierbei um eine äußerst heterogene Nomenklatur ohne zugrundeliegende linguistisch kohärente Zuordnungskriterien. Sie beruht auf einer wechselnden Mischung von Kriterien wie Artikellänge, Plazierung, Themenbereich, Autorenintentionen oder Neuigkeitswert, die oft ihrerseits nur vage bestimmt sind. Diese Bezeichnungen, die sich in der Praxis entwickelt haben und sich dort auch durch ihre Flexibilität in unterschiedlichen Kontexten bewähren, sind untereinander nicht klar abgegrenzt und subsumieren jeweils Artikel, die oft höchstens durch vage Familienähnlichkeiten miteinander verbunden sind. Das machen auch die Definitionsversuche in journalistischen Handbüchern deutlich, wo die unklare Abgrenzung der Kategorien durchaus gesehen wird.[30]

Als besonders "schillernd" (Reumann 1994: 97) erweist sich der *Bericht*. Der Ausdruck wird einerseits für aktuelle Texte verwendet, die nach dem "Pyramidenprinzip" aufgebaut sind, demzufolge das Aktuellste und Wichtigste am Anfang stehen soll, um die Texte von hinten kürzen zu können. Andererseits wird *Bericht* aber auch als Sammelname und teilweise als Spartenbezeichnung verwendet, unter die Texte mit unterschiedlichsten Strukturen fallen, die in anderen Kontexten als *Features*, *Hintergrund* etc. benannt werden. *Meldung* wiederum bezeichnet vielfach aktuell-politische, einspaltige Texte mit Schlagzeile, die gleichfalls nach dem Pyramidenprinzip aufgebaut sind, so daß hier ein typographisches und quantitatives Kriterium eingeführt wird, das dann *Bericht* auf Artikel eingrenzt, die über mehr als eine Spalte gehen und mehrgliedrige Kopfteile haben. Unscharf werden auch *Glosse*, *Kommentar*, *Kolumne* oder *Nachricht* verwendet. *Nachricht* bezeichnet sowohl aktuelle Sachverhalte bzw. deren Mitteilung als auch unterschiedliche Textformen, die solche Mitteilungen transportieren. Darüber hinaus fungiert *Nachricht* als Name für Sparten mit inhaltlich und strukturell recht unterschiedlichen Texten. Indem durch konkrete Situationen die jeweils überhaupt in Frage kommenden Textbereiche stark eingegrenzt und die jeweils relevanten Definitionsmerkmale hervorgehoben werden, lassen sich derartige Bezeichnungen in der Praxis monosemieren. Eine Textsortenklassifikation muß aber unabhängig von solchen situativen Kontexten funktionieren. Indem die publizistischen Textsortenkonzepte Eingang in Rolfs Klassifikationsschema finden, werden auch die mit ihnen verbundenen Probleme übernommen. So werden beispielsweise *Zeitungsartikel* und *Berichte* zwei unterschiedlichen Textsortengruppen zugeordnet (ebd.: 185, 202), obwohl die Extensionen dieser Ausdrücke sich überschneiden bzw. je nach Gebrauchskontext auch im Verhältnis der Hyponymie zueinander stehen können.

Publizistische Eigendeklarationen von Textsortenzugehörigkeiten, die verbal (*Eigener Bericht*, *Die Meinung*) oder typographisch (z.B. durch abgesetzte Schrifttypen im Kopfteil) realisiert werden, bilden nicht nur in meinem Korpus die Ausnahme. Sie sind in der Publizistik generell seltener anzutreffen und viel weniger differenziert als beispielsweise in vielen Texten der fachinternen Kommunikation. Dies bedeutet natürlich, daß entsprechende Indikatoren für eine Textsortenbestimmung weitgehend ausfallen. Für einen Großteil der Korpustexte, wie der publizistischen Texte generell, ist unterbestimmt, welche journalistischen Textsortennamen in Frage kämen. In der redaktionsinternen Kommunikation spielen Textsortenabgrenzungen ohnehin nur eine begrenzte Rolle. Hier werden

---

30 Vgl. etwa Brendel/Grobe (1976: 50f.), Reumann (1994: 94f.). - Die texttypologischen Schwächen publizistischer Textbezeichnungen aus linguistischer Sicht konstatiert Simmler (1993). Vgl. auch die Kritik an der medienlinguistischen Textklassifikation von Lüger (1995) in der vorliegenden Arbeit (Abschn. 4.1.2.4.)

aus der Produzentenperspektive heraus vielfach textsortenunspezifische Bezeichnungen verwendet (*Stück*, *Text*, *Skript*, *Artikel*, *Geschichte*). Aber selbst wenn alle Texte mit Deklarationen versehen wären, würde das den untersuchenden Linguisten nicht der Notwendigkeit entheben, sie auf ihre Konsistenz hinsichtlich seiner eigenen Fragestellung zu überprüfen. Dazu gehört auch, daß die pragmatischen und semantischen Kontexte solcher Deklarationen untersucht werden. Erst vor diesem Hintergrund ist ihnen ein indikatorischer Wert zuzusprechen. Ob dieser generell so hoch einzuschätzen ist, wie Rolf annimmt (ebd.: 146), ist zumindest fraglich: Will man beispielsweise Anzeigentexte in der Presse, die typographisch und strukturell wie redaktionelle Informationstexte präsentiert werden, hinsichtlich ihres Werbecharakters abgrenzen, kann man sich natürlich darauf beziehen, daß *Anzeige* darüber steht. Dieser Befund ist aber nicht nur trivial, sondern auch akzidentiell: Was geschieht, wenn solche deklarativen Abgrenzungen nicht mehr vorgenommen werden (was in Anzeigenblättern teilweise ja schon der Fall ist)? Mutiert dann derselbe Text zum Informationstext?

Die genannten Probleme sieht Rolf insbesondere für den massenmedialen Bereich auch (ebd.: 144), ohne aber deshalb auf publizistische Textbezeichnungen als Klassifikationsbasis zu verzichten. Er setzt erstens den indikatorischen Wert von Eigendeklarationen voraus und zieht zweitens die Konsequenz, möglichst nur solche Texte zu berücksichtigen, die mit einer Textsortenbezeichnung als Eigendeklaration versehen sind, wodurch natürlich große Textmengen ausgegrenzt werden. Auf diese Weise ließen sich "unerquickliche" Fragen vermeiden, wie z.B. "ob es sich bei einem entsprechenden Text denn um einen Bericht oder eine Reportage, eine Nachricht oder eine Meldung, einen Kommentar oder eine Glosse handele und so weiter" (ebd.: 145). Das Problem wird also gelöst, indem es teilweise ausgeblendet, teilweise unklaren vortheoretischen Benennungspraktiken überantwortet wird – ein einigermaßen erstaunlicher Weg für eine sich als empirisch verstehende Arbeit.

Ob ein solches Vorgehen akzeptabel ist im großen und ambitionierten Rahmen einer Typologie sämtlicher Gebrauchstexte, in der Pressetexte nur einen Ausschnitt bilden, soll hier nicht diskutiert werden. Klar ist, daß für eine Fragestellung, die sich gerade auf diese Texte konzentriert, ein solcher Weg nicht beschritten werden kann. Dies bedeutet, daß die Subkategorisierungen in Rolfs Schema für die Fragestellung dieser Arbeit nicht anwendbar sind. Für die oberste Ebene wiederum, die die grundlegenden Textfunktionen umfaßt, bringt Rolfs Ansatz gegenüber den Kategorien, wie sie bei Brinker definiert sind, keine wesentlichen Neuerungen.

4.1.2.3. Die Pressetextsorten bei Burger (1990)

Burger geht es um eine funktionale Klassifikation speziell von Pressetexten (Burger 1990: 322ff.). Dabei bedient er sich der Kategorien von Brinker, wobei er die Informations- und die Appellfunktion als medienrelevant annimmt. Da diese aber, wie Burger richtig feststellt, für eine aussagekräftige Einteilung zu allgemein sind, definiert er "Meldungen", "Berichte" und "Reportagen" als drei Textsorten, in denen sich die Informationsfunktion medienspezifisch ausprägt (ebd.: 328ff.):

I. Meldungen: Texte, die mitteilen, was sich ereignet hat und die beantworten, wo, wann, wie und weshalb etwas passiert ist und wer daran beteiligt war.

II. Berichte: Texte, die mitteilen, (a) wie ein Ereignis verlaufen ist, (b) wie einzelne Aspekte des Ereignisses zusammenhängen, (c) welche Folgen das Ereignis hat, (d) was dem Ereignis vorausgegangen ist, (e) in welchen sozialen, historischen, politischen und kulturellen Zusammenhängen das Ereignis steht.

III. Reportagen: Texte, die mitteilen, (a) was der Berichtende gesehen, gehört und erlebt hat, (b) aus welcher Perspektive das Ereignis dargestellt wird, (c) was der Berichtende recherchiert hat, (d) in welchen politischen, historischen, sozialen und kulturellen Zusammenhängen er das Ereignis sieht, (e) welche Rolle er bei der Recherche gespielt hat, (f) auf welche Weise er das Berichtete erlebt hat.

Dabei ist zugelassen, daß "Berichte" auch Merkmale von "Meldungen" und "Reportagen" Merkmale sowohl von "Meldungen" als auch von "Berichten" aufweisen. Burger führt zweifellos wichtige Merkmale für seine Textsorten an, und es ist zu begrüßen, daß er die publizistischen Textnamen nicht einfach nur übernimmt, sondern definiert. Allerdings läßt sich nicht übersehen, daß die Definitionen nicht trennscharf sind: Die Kriterien unter (II) sind lediglich ausführlichere Paraphrasen der bereits für (I) formulierten Kriterien. Damit gibt die Klassifikation nur die vortheoretische und vage Unterscheidung wieder, daß "Berichte" irgendwie ausführlicher sind als "Meldungen". Hinzu kommt, daß die für "Reportagen" unter (III) angeführten Kriterien inkonsistent zu denen von (I) und (II) sind. Hier wird nämlich eine Merkmalsdimension eingeführt, die die Rolle des Emittenten und seinen Blickwinkel auf den Sachverhalt umfaßt. Diese Merkmalsdimension wäre dann konsequenterweise auch auf (I) und (II) anzuwenden: Der Unterschied besteht ja nicht darin, daß die in "Meldungen" und "Berichten" mitgeteilten "objektiven" Fakten einen ontologisch anderen Status hätten als die in "Reportagen" mitgeteilten "subjektiven" Fakten. Vielmehr geht es um unterschiedliche Aspektualisierungen der Realität, die für alle drei Textsorten herauszuarbeiten wären.

Undeutlich bleibt auch, wo in diesem Schema die appellative Funktion angesiedelt ist. Anscheinend wird sie einer weiteren Textklasse, den "Kommentaren" zugeordnet. Mit ihnen tut Burger sich schwer. Er ordnet sie halbherzig und in Klammern den "Berichten" zu (ebd.: 329). Begründet wird dies mit der vermeintlich in der gesamten Presse zu beobachtenden Kluft zwischen der deklarierten

Norm, die "Berichte" und "Kommentare" trennt und der faktischen Vermischung dieser Textformen. Ob allerdings das eine Textbeispiel, das Burger heranzieht, schon eine solch generalisierende Aussage zuläßt, darf bezweifelt werden. Wenn sie aber zutrifft, dann müßte konsequenterweise gefragt werden, welchen Wert Kategorien wie "Berichte", "Kommentare" etc. überhaupt noch als primäre textlinguistische Einteilungen haben.

Hinzu kommen zwei andere Einwände: Burger konstatiert zwar, daß zwischen seinen funktionalen Textsorten "Mischformen" bestehen, aber er weist diesen keinen systematischen Ort in seiner Textklassifizierung zu. Das Schema krankt außerdem daran, daß nur ereignisorientierte Texte in den Blick genommen werden. Texte, die Objekte, Zustände oder Trends thematisieren und die in meinem Korpus eine entscheidende Rolle spielen, bleiben ebenso unterbelichtet wie die gesamte appellative Merkmalsdimension.

4.1.2.4. Die Pressetextsorten bei Lüger (1995)

Auch Lüger geht es um eine Klassifikation von Pressetexten unter einem primär funktionalen Gesichtspunkt. Zwar spricht er nicht von "Funktionen", sondern von "Intentionstypen" (1995: 54, 64), meint aber der Sache nach dasselbe. Den grundlegenden Textintentionen entsprechen in Lügers Schema "Textklassen". Unterschieden werden auf dieser obersten Ebene folgende fünf Textklassen (66ff.):

1. Informationsbetonte Texte, die Wissen über Sachverhalte vermitteln sollen (*Nachricht*, *Meldung*, *Bericht*, *Reportage*, *Problemdarstellung*, *Wetterbericht*)

2. Meinungsbetonte Texte, die bewerten (*Kommentar, Glosse, Kritik*)

3. Auffordernde Texte, die appellieren und auf eine Veränderung von Einstellungen zielen

4. Instruierend-anweisende Texte, die Informationen für den Handlungsbedarf vermitteln (*Handlungsanleitungen, Ratgebungen*)

5. Kontaktorientierte Texte, die in erster Linie eine Beziehung zum Adressaten herstellen sollen (Hierzu zählt Lüger groß aufgemachte und bebilderte Frontseitenartikel.)

Die informationsbetonten Texte wären in etwa der informativen Funktion bei Brinker bzw. der assertiven Funktion bei Rolf zuzuordnen. Irritieren muß allerdings in einer intentional verstandenen Textklassifikation die Einführung der "meinungsbetonten" Texte als eigene Kategorie: "Meinen" bezeichnet einen Gewißheitsgrad, aber keine Intention (eine solche wäre erst die Absicht des Emittenten, eine Meinungsbildung beim Adressaten herbeizuführen) und ist auch nicht, wie Lüger annimmt, mit "bewerten" gleichzusetzen, denn zu "bewerten" bedeutet, Personen, Objekte oder Sachverhalte einer Skala zuzuordnen, die zwischen zwei Polen wie "gut"/ "schlecht" oder "wichtig"/ "unwichtig" gespannt ist. Die Unterscheidung zwischen informations- und meinungsbetonten Texten ist denn auch nicht theoretisch hergeleitet, sondern beruht auf dem Wunsch, die "klassische Unterscheidung" im Journalismus zwischen "Tatsachenmitteilungen" und "Kommentaren" beizubehalten (ebd.: 69). Im Widerspruch dazu konstatiert Lüger jedoch an anderer Stelle, daß eben diese Unterscheidungen in der Praxis hinfällig seien (ebd.: 152).

Unscharf ist auch die Abgrenzung dieser Textklasse zu den auffordernden Texten, die mit der appellativen Funktion gleichzusetzen sind, in denen aber selbstverständlich gleichfalls "Meinungen" und "Bewertungen" zum Ausdruck kommen. Ähnlich unklar verhält es sich mit den "instruierend-anweisenden Texten". Stellt man, wie Lüger es tut, ihren informativen Charakter in den Vordergrund, dann müßten sie als ein Spezialfall der informationsbetonten Texte angesehen werden. Problematisch ist die Annahme einer eigenständigen Klasse von kontaktorientierenden Texten, wenn man wie Lüger "Kontakt" als Attraktorintention definiert. Viel eher handelt es sich hierbei um informative oder appellative Texte, bei denen die in Pressetexten generell vorhandenen Attraktor-Merkmale besonders stark hervorgehoben sind (s. Abschn. 4.1.2.1.)

Die "Textklassen" untergliedert Lüger in "Textsorten", die als "Schemata" oder "Kompositionsmuster" aufgefaßt werden (ebd.: 74f.). Die Spezifik der Textsorten wird einmal bestimmt über die "Handlungssequenzen" im Sinne einer Aufeinanderfolge einzelner Illokutionen, zugleich aber auch als "Gliederung von Sinneinheiten" (ebd.: 79). Abgesehen von der Problematik, Textmuster als Illokutionsfolgen aufzufassen (s. Abschn. 4.1.2.1.), überkreuzt sich hier eine illokutiv-pragmatisch definierte mit einer inhaltlich-strukturell definierten Ebene.

Zur Differenzierung der Textklassen in Textsorten orientiert sich Lüger eng an journalistischen und sonstigen alltagssprachlichen Textbezeichnungen. So kreiert er für die informationsbetonten Texte eine Fülle von Textsorten, die "Meldungen", "harte" und "weiche Nachrichten", "Berichte", "Reportagen", "Problemdarstellungen", "zeitgeschichtliche Darstellungen", "Wetterberichte" und "Sachinterviews" umfaßt (ebd.: 89ff.). Für die meinungsbetonten Texte werden "Kommentar", "Glosse", "Kritik" und "Meinungsinterview" angeführt. Die instruierend-anweisenden Texte umfassen "Ratgebungen" und "Handlungsanleitungen". Für die Definition dieser "Textsorten" werden je nach Bedarf pragmatische, inhaltliche oder strukturelle Kriterien in unterschiedlichen Mischungsverhältnissen herangezogen, so daß eine klare Abgrenzung unmöglich wird. Andererseits werden weder für die Klasse der kontaktorientierten noch der auffordernden Texte überhaupt Textsorten angegeben. Letztere werden als Texte charakterisiert, in denen

Appelle unmittelbar, d.h. als direkte Sprechakte formuliert sind (ebd: 145). Lüger sieht zwar auch, daß in der Presse viele Aufforderungen als indirekte Sprechakte realisiert werden, zieht aber nicht die Konsequenz, das Kriterium der Direktheit als untauglich zu verwerfen (vgl. ebd.: 147). Ähnliche Widersprüchlichkeiten finden sich vielfach, z.B. beim "informationsbetonten" Bericht, der nach Lüger aber auch Bewertungen umfassen kann. Diese würden ihn dann aber eigentlich für die "meinungsbetonten" Texte qualifizieren. Argumentative Strukturen werden für den "Kommentar" als Spezifikum angegeben, aber zugleich auch beim "Bericht" konstatiert, womit auch hier die Grenze zwischen den informations- und den meinungsbetonten Texten verschwimmt.

Die Inhomogenität der Typologisierung im einzelnen nachzuweisen, erübrigt sich insofern, als Lüger sie selbst einräumt (ebd.: 152f.). Sie resultiert zu einem Gutteil aus der Heranziehung publizistischer Textbezeichnungen. Daß mit ihnen Kategorienprobleme nicht gelöst, sondern reproduziert werden, wurde bereits ausgeführt. Das Problem liegt nicht etwa darin, daß Lüger Mischformen feststellt, sondern daß diese auf der funktionalen Ebene nicht in einem vorher konsistent definierten Kategorienschema über die Feststellung von Dominanzen oder hybriden Formen verortet werden. Statt dessen dienen "Mischformen" als Ad-hoc-Argument für Heterogenitäten, die schon im Kategorienschema selbst begründet liegen.

Generell ist an den medienlinguistischen Texttypologien von Lüger wie auch von Burger zu kritisieren, daß sich ihre Kategorien, abgesehen von ihrer Vagheit, nur an einen kleinen Teil real existierender Texte überhaupt herantragen lassen. Die Korpora bestehen aus kurzen, leicht überschaubaren Texten, so daß der Eindruck entsteht, daß sie für die Illustration vorgefertigter Kategorien handverlesen wurden. Methodenkritisch gesprochen: Der deduktive weist gegenüber dem induktiven Anteil im Forschungsprozeß ein zu starkes Übergewicht auf.

4.1.2.5. Die fachexternen Textsorten bei Gläser (1990)

Nachdem die pressesprachlichen Textklassifizierungen sich als wenig ergiebig erweisen haben, stellt sich die Frage, ob in der Fachsprachenlinguistik verwertbare Ansätze vorliegen, die auch massenmediale fachexterne Texte mit einbeziehen. Einen solchen Anspruch erhebt Gläsers Typologie schriftlicher Fachtextsorten. In ihrem Schema verteilt sich die Gesamtheit der Fachtexte auf die beiden großen Unterbereiche der fachinternen und der fachexternen Texte (ebd. 51). Letztere wiederum werden untergliedert in "didaktisierende", "popularisierende" und "verhaltenssteuernde" Texte. Didaktisierende Texte sind durch eine "systematische, sachlogische Durchdringung von Problemen" und durch einen klar umrissenen Nutzerkreis, der aus Schülern, Lehrlingen oder Studenten besteht, umrissen. Hierzu werden Schullehrbücher, Studienunterlagen oder Lehrbriefe gezählt (ebd: 147ff.). Popularisierende Texte realisieren eine selektive, weniger systematische Behandlung der Thematik und wenden sich an interessierte, motivierte Laien (ebd.: 174). Gläser faßt hierunter populärwissenschaftliche Zeitschriftenartikel, Buchbesprechungen, Sachbücher oder Lexika. Zu den verhaltenssteuernden Texten schließlich zählen produktbegleitende Texte aus dem Bereich der Konsumtion, Werbetexte und Ratgebertexte.

In Gläsers Dreiteilung der fachexternen Texte werden ohne klare Hierarchisierung pragmatische, strukturelle, inhaltliche und zielgruppenspezifische Kriterien nebeneinandergestellt. Auch hier werden alltagssprachliche Textsortenbezeichnungen – teilweise auch Bezeichnungen von Textsammlungen – herangezogen, ohne daß überprüft wird, inwieweit diese praktisch motivierten Einteilungen auch texttheoretisch zu begründen sind. Die Unterscheidung "popularisierend" und "didaktisierend" ist zwar, soweit strukturelle Merkmale gemeint sind, durchaus nachvollziehbar, aber ob sie durchgängig auf die Extensionen der herangezogenen alltagssprachlichen Textbezeichnungen passen, ist fraglich. In Hinblick auf die Fragestellung dieser Arbeit ist ein anderer Einwand ebenso gravierend: Gläser beschränkt sich bei den fachexternen massenmedialen Texten auf populärwissenschaftliche Zeitschriften und zwar Artikel aus Special-Interest-Zeitschriften wie "Scientific American" oder "Nature" (wobei zu fragen wäre, inwieweit letztere nicht schon zur fachinternen Kommunikation zu rechnen ist). Damit wird ein Großteil fachexterner Pressetexte ausgeblendet – und zwar in medialer wie thematischer Hinsicht. Weder Texte aus universal orientierten Massenmedien, noch Texte mit nicht-naturwissenschaftlichen Themen werden in den Blick genommen. Eine weitere damit einhergehende Einengung des fachexternen Pressebereichs bewirkt das Selektionskriterium der popularisierenden Intention. Diese Intention, deren textuelle Entsprechungen einem Unterbereich der Informationsfunktion zuzuordnen sind, zielt auf einen dauerhafteren Wissenserwerb kohärenter Zusammenhänge durch den Adressaten. Dieser Wissenserwerb gehört zwar nicht in den Kontext der berufsbezogenen Ausbildung, sondern der Allgemeinbildung. Trotzdem muß auch bei popularisierenden Texten, wie Gläser sie charakterisiert, ähnlich wie bei den didaktisierenden Texten von einer Lernzielorientiertheit ausgegangen werden. Die popularisierenden unterscheiden sich von den didaktisierenden Texten nur durch ihre geringere Systematizität, durch den Einsatz von Attraktoren und damit zusammenhängend durch die Freiwilligkeit ihrer Rezeption. Lernzielintentionen zur definitorischen Voraussetzung massenmedialer fachexterner Kommunikation zu machen, ist aber, wie bereits ausgeführt, eine nicht vertretbare Einschränkung dieses Begriffs und damit auch des Untersuchungsfeldes. Auch in Gläsers Schema zeigt sich somit die bereits in anderen Zusammenhängen kritisierte Einengung des Blickwinkels, die dadurch entsteht, daß in der fachexternen Kommunikation eine bloße didaktische Transferagentur der Fächer gesehen wird.

4.1.2.6. Textstrukturen bei van Dijk (1980/85/88)

Im Gegensatz zu den eben diskutierten Arbeiten stehen in van Dijks Forschungsansatz nicht Textsorten, sondern Themen und Strukturen im Vordergrund. Orientiert an der generativen Transformationsgrammatik mit ihrer Unterscheidung von Tiefen- und Oberflächenstruktur, geht van Dijk davon aus, daß jedem Text eine semantische Basis in Form einer Texttiefenstruktur oder "Makrostruktur" zugrundeliegt. Sie repräsentiert die "globale Bedeutung" eines Textes (van Dijk 1980: 42), während die Textoberfläche gekennzeichnet ist durch die unmittelbaren Verkettungen der Propositionen bzw. der sie tragenden sprachlichen Ausdrücke, die sogenannte Mikrostrukturen bilden.[31] Einer bestimmten Makrostruktur können unterschiedliche Texte entsprechen, die dann alle dieselbe globale Bedeutung haben. Formal unterscheiden sich "Makrostruktur" und "Mikrostruktur" nicht voneinander. Beide sind durch Kohärenz, also durch koreferentiell, kausal, konditional oder temporal verknüpfte Propositionen bzw. propositionale Komplexe gekennzeichnet. Es handelt sich vielmehr um rekursive und relational aufeinander bezogene Begriffe. "Makrostruktur" bezeichnet eine übergreifende Struktur in bezug auf speziellere Strukturen auf niedrigerer Ebene, die dann die zugehörigen Mikrostrukturen bilden. So gibt es in einem Text verschiedene mögliche Ebenen der Makrostruktur: Der Gesamttext hat eine Makrostruktur, seine Teile haben gleichfalls Makrostrukturen auf niedrigeren Ebenen. Auf die von van Dijk außerdem noch eingeführte "Superstruktur" als Oberschema für strukturell gleichartige Texte soll wegen ihrer Abstraktheit und schwierigen Anwendbarkeit hier nicht weiter eingegangen werden (ders. 1980: 128ff.).

Um nun an die Makrostruktur eines Textes "heranzukommen" schlägt van Dijk "Makroregeln" vor "für die Bewerkstelligung der Verbindung von Mikro- und Makrostrukturen". Aufgeführt werden "Auslassen", "Selektieren", "Generalisieren" und "Integrieren" (ebd. 43ff.). Bei diesen "semantischen Transformationsregeln" handelt es sich um nichts weiter als paraphrasierende Reduktionen, mit deren Hilfe man stufenweise zu einer Textzusammenfassung gelangt. Über die Makroregeln läßt sich auch das Thema eines Textes gewinnen. Es ist "eine Makroproposition auf einem bestimmten Abstraktionsniveau" (ebd.: 50). Wird das Thema im Text selbst genannt, dann wird es durch ein "Themawort" oder einen "Themasatz" repräsentiert. Bei Pressetexten können Schlagzeilen oder Vorspänne diese Aufgabe übernehmen. Das ist aber nicht notwendigerweise der Fall, da die themenrepräsentierende Funktion durch die Absicht, Aufmerksamkeit zu erwekken, überlagert oder ersetzt sein kann. Die fehlende Übereinstimmung von analy-

---

31 Makro- und Mikrostrukturen unterscheiden auch Gülich/Raible (1977: 53), wo die Mikrostrukturen als unmittelbare Verkettungen von Sätzen die erste Textdimension bilden, während die zweite Dimension durch Makrostrukturen gestiftet wird, die als viele Sätze übergreifende Sinnzusammenhänge fungieren.

tisch ermitteltem Thema und Überschrift indiziert deshalb noch keine fehlgeleitete Themenbestimmung.[32]

Das Verdienst dieses Ansatzes liegt darin, Thema und semantische Textbasis als textkonstituierende Faktoren herausgestellt und mit einer rekursiven Definition des Strukturbegriffs verbunden zu haben, die den Blick auf die Über- und Unterordnungen von Teilstrukturen auf unterschiedlichen Ebenen lenkt. Allerdings ist van Dijks Ansatz auch von verschiedenen Seiten zu Recht kritisiert worden.[33] Im wesentlichen zielt diese Kritik außer auf begriffliche Unklarheiten vor allem auf die Makroregeln, mit denen eine textanalytische Operationalisierbarkeit suggeriert wird, die nicht einzulösen ist. Die Themenbestimmung wird auch durch die Makroregeln nicht zum formalisierten Verfahren, sondern bleibt auf eine interpretative Vorgehensweise verwiesen. Was van Dijks Konzept liefert, ist eine theoretische Umschreibung des intuitiven Thema-Begriffs und der damit verbundenen alltagssprachlichen Fähigkeit, Texte zu resümieren, ihre Themen zu bestimmen sowie umgekehrt Texte zu gegebenen Themen zu produzieren.

In jüngeren Arbeiten ist van Dijks Konzept in besonderem Maße für die Analyse von Pressetexten eingesetzt worden, sowohl von ihm selbst (1985, 1988) als auch in modifizierter Form von Bell (1991a: 163ff.). Das Ziel besteht in der Aufdekkung der grundlegenden thematischen Muster, derer sich die Pressekommunikation bedient. Van Dijk unterscheidet eine "thematische" und eine "schematische" Analyseebene, wobei die erste als "semantisch" und die zweite als "syntaktisch" charakterisiert wird. Allerdings sieht er sie als parallel und eng miteinander verknüpft (1985: 69) an und verwendet in den eigenen Analysen weitgehend identische Kategorien (ebd.: 80, 86, ders. 1988: 77, 95), so daß die Unterscheidung dieser beiden Ebenen in der Praxis schwierig nachzuvollziehen ist. Das Instrumentarium der Analyse umfaßt rekursive Kategorien und Subkategorien wie "Ereignis", "Episode", "Hintergrund", "Handlung" oder "Reaktion", die als Knoten von Strukturbäumen fungieren. Mit ihrer Hilfe werden "Nachrichten" ("news discourse", "news stories") untersucht, worunter hier tagesaktuelle Informationstexte aus den Politiksparten verstanden werden. Als typische Merkmale sind insbesondere die textuellen Mittel zur kohärenten Verknüpfung disparater Sachverhalte, bestimmte Ähnlichkeiten mit erzählenden Schemata sowie die komplexen nichtchronologischen Zeitstrukturen herausgearbeitet worden.[34]

---

32 Vgl. van Dijk (1985: 69ff.), Bell (1991a: 186f.), Brandt (1991). Zu den Besonderheiten von Überschriften und Vorspännen bei Zeitungstexten vgl. van Dijk (1988: 133), Bell (1991a: 62, 149f.).

33 Etwa bei Gülich/Raible (1977: 274f.), Bell (1991: 252, Anm.2) Brinker (1992: 52f.), Vater (1992: 93)

34 Vgl. van Dijk (1988: 43 ff., 65), Bell (1991a: 168)

Weder die Ergebnisse noch das Analyseinstrumentarium sind allerdings über den Bereich der politisch-tagesaktuellen Informationstexte hinaus verallgemeinerbar. Genauer betrachtet zeigt sich, daß auch von diesen nur ein bestimmter Ausschnitt erfaßt wird. Dabei handelt es sich um Texte, die über Ereignisse berichten, die sich vornehmlich in physischen Aktionen (z.B. Kriegshandlungen, Unfälle oder Streiks) manifestieren. Hierfür sind die an erzählenden Mustern angelehnten Kategorien offenbar besser geeignet als für die in der Politik ebenfalls häufigen abstrakten, aktionsarmen Ereignisse, die aus Sprechakten und symbolischen Handlungen bestehen. Vor allem ist dieses an dynamischen Sachverhalten orientierte Instrumentarium nicht auf Texte anwendbar, die nicht tagesaktuelle Ereignisse, sondern Objekte, Resultate, Zustände oder Trends thematisieren. Diese machen aber einen Großteil der Pressetexte aus und spielen insbesondere für die fachexterne Kommunikation eine wichtige Rolle. Aus diesem Grund bietet die pressespezifische Weiterentwicklung des van Dijkschen Konzepts für die Fragestellung der vorliegenden Arbeit keinen geeigneten Ansatzpunkt.

4.1.2.7. Formen thematischer Entfaltung bei Brinker (1992)

Neben der Textfunktion bildet die Textstruktur die zweite entscheidende Merkmalsebene in Brinkers Modell. Sie wird definiert als kohärentes logisch-semantisches Gefüge aus Propositionen und propositionalen Komplexen, wobei diese Kohärenz in unterschiedlichem Maße an der Textoberfläche indiziert ist.

In der Textstruktur manifestiert sich die Entfaltung des Themas. "Thema" wird hier wie bei van Dijk nicht in einem allgemeinen Sinne als Sachbereich verstanden, dem sich mehrere Kommunikate widmen können, sondern als der inhaltliche Kern eines jeweiligen Textes. Brinker unterscheidet vier grundlegende Formen der strukturierten thematischen Entfaltung, die jeweils durch spezifische logisch-semantische Relationen gekennzeichnet sind (ebd.: 63ff.). Es handelt sich dabei um die deskriptive, die narrative, die explikative und die argumentative Themenentfaltung.

1) Die deskriptive Themenentfaltung

Sie ist durch die zeiträumliche Einordnung des thematisierten Sachverhalts und seine Untergliederung in einzelne Komponenten gekennzeichnet. Unterschieden wird (a) eine berichtende und (b) eine beschreibende Ausprägung.

a) Die berichtende Ausprägung der deskriptiven Struktur bezieht sich vornehmlich auf Ereignisse oder Situationen, wobei der Schwerpunkt auf der zeitlichen und lokalen Einordnung der einzelnen Vorgänge liegt. Im Unterschied zur Beschreibung wird hier stärker von den individuellen Merkmalen der involvierten Personen, Objekte, Abläufe und Örtlichkeiten abstrahiert. Es geht vornehmlich darum, wann und wo ein bestimmtes Ereignis stattgefunden hat, welche Ursachen und Wirkungen es hat und weniger darum, ein anschauliches Bild der entsprechenden Sachverhalte zu vermitteln.

b) Die deskriptiv-beschreibende Ausprägung vermittelt wenigstens ansatzweise ein konkretes Bild eines Sachverhalts, indem auf dessen Gestalt-, Struktur- oder Funktionsmerkmale referiert wird. Typische Beschreibungen richten sich auf statische Gegenstände, also materielle Objekte und Personen. Beschrieben werden können aber auch Handlungen, Vorgänge oder Situationen, indem auf einzelne Szenen, beteiligte Personen, Gegenstände oder Räumlichkeiten referiert wird. Zwar sind die Grenzen zwischen beschreibenden und berichtenden Texten fließend, doch läßt sich sagen, daß Beschreibungen tendenziell detaillierter und konkreter sind als Berichte, die eher summarisch, abstrakt und resultativ orientiert sind.

2) Die explikative Themenentfaltung

Für diese Struktur wird das H-O-Modell der wissenschaftlichen Erklärung zugrundegelegt: Das Thema ist ein zu erklärender Sachverhalt, das Explanandum. Es wird aus dem Explanans, das die Randbedingungen und die dazu gehörigen Gesetzmäßigkeiten umfaßt, in einer logischen Abfolge von Schritten hergeleitet (Stegmüller 1969: 75ff.). Es ist allerdings festzuhalten, daß explikative Strukturen nicht nur naturgesetzliche, sondern auch motivationale oder intentionale Kausalitäten wiedergeben können. Rein explikativ ist eine Struktur dann, wenn es eben diese Kausalität ist, die die entscheidende inhaltliche Komponente ausmacht: Eine rein explikative Struktur wäre also dann gegeben, wenn Sachverhalte, die als solche bekannt sind (bzw. vom Emittenten beim Adressaten als bekannt vorausgesetzt werden), in einen kausalen Zusammenhang gestellt werden, den der Emittent beim Adressaten als nicht bekannt voraussetzt. Vielfach sind explikative aber mit deskriptiven Strukturen verknüpft: Nicht nur die kausalen Zusammenhänge, sondern auch die kausal verknüpften Sachverhalte selbst werden als unbekannt vorausgesetzt und deshalb mitgeteilt und beschrieben.

3) Die narrative Themenentfaltung

Für sie zieht Brinker die Kategorien der Erzählforschung heran. Das Thema eines narrativen Textes ist eine "Komplikation": ein singuläres oder ungewöhnliches Ereignis, an dem der Emittent beteiligt war und das Probleme oder Konflikte birgt, die im Verlauf des Textes aufgelöst werden ("Resolution"). Die Kriterien "Ungewöhnlichkeit", "Singularität" sowie die Beteiligung des Emittenten am Ereignis sind unglücklich formuliert, da hierdurch textexterne Faktoren ins Spiel kommen, die nicht überprüfbar sind. Entscheidend für die Narrativität ist vielmehr, daß Sachverhalte sprachlich als singulär oder ungewöhnlich präsentiert werden, was bedeutet, daß über sie nicht nur abstrakt (hinsichtlich ihrer Type-Merkmale) berichtet wird, sondern daß sie konkret (hinsichtlich ihrer Token-

Merkmale) beschrieben werden. Hieraus wird bereits ersichtlich, daß narrative Strukturen vielfach mit deskriptiv-beschreibenden Strukturen gekoppelt sind. Die in der Erzähltheorie ebenfalls angeführten Kategorien "Evaluation" und "Koda" werden hier nicht weiter berücksichtigt, da sie vornehmlich für literarische Texte bzw. für Alltagserzählungen einschlägig sind.

4) Die argumentative Themenentfaltung

Die argumentative Themenentfaltung wird in Anlehnung an das Argumentationsmodell von Toulmin (1958) charakterisiert. Das Thema wird hier durch eine These repräsentiert, also eine Äußerung, die zumindest aus der Sicht des Emittenten begründungspflichtig ist. Thesen können Werturteile, Prognosen oder auch Tatsachenbehauptungen sein, die auf der Interpretation von Sachverhalten beruhen und deshalb nicht unmittelbar empirisch verifizierbar sind. Die These wird durch Argumente entsprechend bestimmten alltagslogischen Schlußregeln gestützt, wobei diese Schlußregeln wiederum unter Bezugnahme auf eine zugrundeliegende Wertbasis implizit oder explizit abgesichert werden. Auch diese Absicherungen können ihrerseits durch Begründungen gestützt sein. Die argumentative unterscheidet sich von der explikativen Struktur dadurch, daß empirische Aussagen in ihrem Kontext als Stützungen für Thesen dienen. Es geht hier also nicht um die Erklärung von als anerkannt vorausgesetzten Tatsachen, sondern um die Begründung von Behauptungen.[35] Die argumentative Struktur ist in Pressetexten vielfach nicht voll ausgeführt. Das gilt insbesondere für die Wertbasis und die darüber operierenden Schlußregeln, die meistens vorausgesetzt werden.

Die genannten Themenentfaltungsstrukturen sind als idealtypische Grundformen zu betrachten. Sie werden in konkreten Texten nicht immer vollständig und in reiner Form realisiert (Brinker 1992: 68f.,72). Häufig werden unterschiedliche Strukturelemente miteinander kombiniert. Brinker spricht davon, daß Textstrukturen der einen Kategorie von Textstrukturen einer anderen Kategorie "durchzogen" sein können (ebd.: 70). Hier werden Probleme angesprochen, die auch die bereits erwähnten Konzepte der Makro- und Mikrostruktur motivieren. Globale Textstrukturen können einer anderen Kategorie angehören als die auf einer untergeordneten Beschreibungsebene angesiedelten lokalen Strukturen, aus denen sie sich zusammensetzen. Bezogen auf die hier präsentierten Strukturkategorien läßt sich vermuten, daß argumentative und narrative – möglicherweise auch explikative – Strukturkategorien generell auf höhere Beschreibungsebenen beschränkt sind: Ihre Komponenten – Thesen und Argumente, Explananda, Komplikationen und Resolutionen – beinhalten auf einer niedrigeren Beschreibungsebene immer deskriptive Strukturen. Hingegen dürfte es Texte geben, bei denen sich die Kategorie der deskriptiven Struktur auf die globalen und lokalen Ebenen gleichzeitig

35 Zur Unterscheidung von Erklärungen und Argumentationen vgl. auch Sökeland (1981: 291).

beziehen läßt, d.h. ein entsprechender Text kann sowohl auf der globalen als auch auf den untergeordneten Ebenen durchgängig deskriptiv sein. Diese Zusammenhänge sind noch nicht hinreichend geklärt, in jedem Fall aber muß die strukturelle Mehrdimensionalität von Texten bei Analysen in Rechnung gestellt werden. Das gleiche gilt für die in einem Text zum Tragen kommenden Sachperspektiven und ihren Einfluß auf die konkrete Ausprägung und die inhaltliche Füllung von Textstrukturen.

Das Brinkersche Textmodell und seine Kategorien sind für die vorliegende Fragestellung deshalb fruchtbar, weil hier – ausgehend von einem pragmalinguistischen Ansatz – auch die thematische und die strukturelle Ebene mit einbezogen werden. Allerdings müssen diese unter einer allgemein-texttheoretischen Perspektive gewonnenen Kategorien für die vorliegende Fragestellung differenziert und spezifiziert werden. Klärungsbedarf besteht darüberhinaus in zwei Punkten: Der erste betrifft die Beziehung zwischen der Textfunktion und dem Textthema (und damit auch der Textstruktur). Brinker betont, daß diese Ebenen analytisch zu trennen seien, daß aber zwischen Funktion und Thema eines Textes "enge Zusammenhänge" (ebd.: 121) bzw. ein Verhältnis unterschiedlicher "Kompatibilität" anzunehmen sei. Von dieser etwas vagen Bestimmung ausgehend ist zu fragen, welches texttheoretische Gelenkstück zwischen Funktion und Thema einzusetzen wäre. Der zweite Punkt betrifft die begriffliche Klärung der Beziehung zwischen der "Themenentfaltung", als einem Begriff, der den Text als einen schrittweise sich vollziehenden Prozeß konzipiert und der "Textstruktur", die eher das Resultat dieses Prozesses als eine Ganzheit erfaßt. Methodisch ergibt sich daraus die Frage, wie sich die interpretativ-resultativen Strukturkategorien aus einer sukzessiven Analyse des Textverlaufs herleiten lassen.

4.1.2.8. Das Konzept der Quaestio und der referentiellen Bewegung bei Klein/ von Stutterheim (1987, 1992)

Dieses Konzept wird diskutiert, weil ihm Hinweise zu entnehmen sind für die Beantwortung der Fragen, die im Zusammenhang mit dem Brinkerschen Textmodell aufgeworfen wurden: Welche theoretische Verbindung läßt sich einerseits zwischen Funktion und Thema und andererseits zwischen der Themenentfaltung und den Strukturkategorien herstellen, also wie konstituieren sich Strukturen im Textverlauf?

Klein/von Stutterheim gehen davon aus, daß jedem Text eine kommunikative Aufgabe zugrundeliegt, die sich als "Text-Quaestio" formulieren läßt (ebd.: 1987: 163).[36] Sie ist die Fragestellung, die den Anlaß für den Text gibt, indem sie eine

---

36 Siehe auch Kohlmann et al. (1989: 137ff.) - Die "Quaestio" im Sinne einer Streitfrage gehört zur Begrifflichkeit der antiken Rhetorik, vgl. von Stutterheim (1994: 254).

Reihe von Folgefragen impliziert, die im Textverlauf beantwortet werden. Der Text als ganzer ist somit eine Antwort auf die Text-Quaestio, während die einzelnen Propositionen und propositionalen Komplexe, aus denen sich der Text zusammensetzt, gewissermaßen Unterantworten auf daraus abgeleitete propositionale Quaestiones sind.[37]

Die Quaestiones lassen sich ermitteln, indem für den Text bzw. für die in ihm enthaltenen Propositionen die Fragen formuliert werden, auf die die entsprechenden Inhalte Antworten liefern. Es werden also die implizit enthaltenen Fragen explizit gemacht. Etwas ähnliches hat Hellwig (1984: 15) im Sinn, wenn er auch statt von Propositionen von Sätzen spricht:

„Zu jedem Aussagesatz in einem monologischen Text gibt es eine implizite, zuweilen auch im Text selbst explizit gemachte Frage, auf die der Satz eine Antwort ist (...) Der Autor nimmt in Gedanken vorweg, was der Leser an bestimmter Stelle fragen könnte oder müßte und beantwortet es im voraus. Größere Sinneinheiten resultieren daraus, daß eine Frage erst endgültig beantwortet ist, wenn auch die Fragen, die die Ausführungen wiederum nach sich ziehen, behandelt worden sind."

Die Strukturiertheit eines Textes erklärt sich aus den Verknüpfungsbeziehungen, in denen die propositionalen Quaestiones zueinander stehen. Solche Relationen bestehen selbstverständlich nicht nur zwischen aufeinanderfolgenden, sondern auch zwischen entfernten Quaestiones entsprechend den inhaltlichen Querbezügen, die auch zwischen nichtverschwisterten Textsegmenten bestehen. Dabei dominiert nicht nur die Text-Quaestio die propositionalen Quaestiones, sondern diese stehen auch in hierarchischen Beziehungen zueinander entsprechend der mehrdimensionalen Struktur von Texten, die sich nicht in einer verknüpfenden Aneinanderreihung von Propositionen erschöpft. Vielmehr fügen sich Propositionen und propositionale Sequenzen auf unterschiedlichen Hierarchieebenen zu logisch-semantischen Komplexen, die auf der globalen Ebene den Gesamttext bilden. Der Textverlauf ist also die strukturierte Entfaltung der durch die Text-Quaestio vorgegebenen Inhalte entsprechend der kommunikativen Aufgabe. Diese Entfaltung bezeichnen Klein/von Stutterheim als "referentielle Bewegung". Durch sie werden die von den Quaestiones angepeilten inhaltlichen Bereiche – Objekte, Eigenschaften, Vorgänge etc. – schrittweise erfaßt und in den Text eingeführt (1987: 166). Der sonst übliche Referenzbegriff, der auf (heterogen definierte)

37 Klein/von Stutterheim sprechen oft nur von 'Quaestiones', wenn die von mir so genannten 'Text-Quaestiones' gemeint sind. Die 'propositionalen Quaestiones' tauchen bei ihnen z.T. einfach als 'Fragen' auf (ebd.:1987: 164). Ich spreche in beiden Fällen von 'Quaestiones', um den engen Zusammenhang zwischen diesen Fragestellungen deutlich zu machen, der auch darin besteht, daß eine Quaestio je nach Text als eine übergeordnete oder untergeordnete Fragestellung auftauchen kann.

"Gegenstände" und sie bezeichnende Nomina und Proformen beschränkt ist, wird hier also textlinguistisch ausgeweitet.[38]

Für die Analyse der referentiellen Bewegung wird kein formales Regelwerk bereitgestellt. Sie setzt vielmehr, wie die anderen diskutierten Ansätze auch, ein intuitives Textverständnis voraus. So räumen Klein/von Stutterheim ein, daß es im Einzelfall bei der Formulierung von Quaestiones Entscheidungsprobleme geben kann (1992: 74, 90). Es ist davon abgesehen auch nicht sinnvoll, bei der konkreten Strukturbeschreibung die propositionalen Quaestiones einzeln aufzuführen: Aufgrund der Tatsache, daß Sätze in der Regel Träger mehrerer Propositionen sind, führt ein solches Verfahren vor allem bei längeren Texten schnell zu großer Unübersichtlichkeit, vor allem wenn außerdem die interpropositionalen Hierarchiebeziehungen deutlich gemacht werden sollen. Dies gilt in noch höherem Maße, wenn man die zusätzlichen Kategorien miteinbezieht, die Klein/von Stutterheim einführen. Dazu gehören unterschiedliche Referenzbereiche, Arten referentieller Bewegungen und Topik- und Fokusanteile. Sie werden hier nicht berücksichtigt, teilweise weil ihr Bezugsbereich zu kleinteilig ist, teilweise weil sie sehr abstrakt definiert sind, was ihre Anwendung in der konkreten Textanalyse problematisch macht. Die Autoren entgehen den Schwierigkeiten u.a. dadurch, daß sie sich aus einer psycholinguistischen Fragestellung heraus auf die Analyse künstlich erzeugter Labortexte beschränken, die nur einzelne Aspekte, aber nicht die Komplexität real existierender Texte wiedergeben.[39]

Das Quaestio-Prinzip wird für die vorliegende Fragestellung als ein theoretisches Modell verwendet, das die Strukturen von Texten aus kommunikativen Aufgaben herleitet und mit den Merkmalen der Textoberfläche erklärend verbindet. Vor diesem Hintergrund kann die "referentielle Bewegung" als heuristischer Begriff für die Beschreibung konkreter Textverläufe angewendet werden, so daß von dort ausgehend die Themenentfaltung des Textes nachvollziehbar gemacht und auf Strukturkategorien wie "deskriptiv", "explikativ" oder "argumentativ" bezogen werden kann. Über die Text-Quaestio wiederum läßt sich eine Verbindung zwischen Thema und Funktion herstellen: Die Text-Quaestio formuliert die kommunikative Aufgabe, die dem Text zugrundeliegt. Damit manifestiert sich in ihr die konkrete Ausprägung der den Text bestimmenden Textfunktion. Zugleich zielt die Text-Quaestio auch auf den inhaltlichen Bereich, der im Text thematisiert werden muß, um die kommunikative Aufgabe zu erfüllen, d.h. sie korrespondiert darüber

---

38 Zum lexikalisch-gegenstandsbezogenen Referenzbegriff vgl. z. B. Lyons (1977: 178ff.), von Polenz (1988: 118f.) Ob die von Vater (1992: 111) gemachte Annahme zutrifft, daß es sich bei den textlinguistisch gemeinten Referenzen auf Eigenschaften, Zeitpunkte etc. in semantischer und kognitiver Hinsicht um prinzipiell gleichartige Vorgänge handelt, bleibe dahingestellt. Die textlinguistische Ausweitung des Referenzbegriffs wird in dieser Arbeit aus rein methodischen Gründen nachvollzogen.

39 Vgl. dazu vor allem Kohlmann et al. (1989), von Stutterheim (1994).

hinaus mit dem Textthema. Auf diese Weise bildet die Text-Quaestio das gesuchte Gelenkstück zwischen Funktion und Thema. Das bedeutet nicht, daß Thema und Funktion als analytische Kategorien in eins gesetzt werden: Die Funktion schlägt sich in der Form der Fragestellung nieder, das Thema in ihrem propositionalen Gehalt. Es kann also u.U. auch mit unterschiedlichen Quaestiones auf dasselbe Thema gezielt werden.

Aus der Diskussion der Forschungsansätze ergibt sich, daß sich für die Fragestellung dieser Arbeit ein Ansatz empfiehlt, der die von Brinker entwickelten funktionalen und strukturellen Kategorien mit dem Konzept der Quaestio und der referentiellen Bewegung von Klein/von Stutterheim verbindet. Diese Konzepte sind voneinander unabhängig entwickelt worden. Ihre konkreten Anwendungsmöglichkeiten machen aber deutlich, daß sie kompatibel sind.[40] Bei der Zusammenstellung des theoretischen Instrumentariums werde ich also die Begriffe "Textfunktion", "Text-Quaestio", "Themenentfaltung", "Textstruktur" und "referentielle Bewegung" zusammenführen. Dabei sind dies allerdings nur Komponenten, die den theoretischen Kern eines Konzepts bilden, das für die Analyse des Korpus zu erweitern und zu differenzieren ist.

4.1.2.9. Exkurs : Propositionale Gefüge vs. "Textwelten"

In der vorliegenden Arbeit werden Texte in semantischer Hinsicht als komplex strukturierte propositionale Gebilde betrachtet. Diese Vorstellung ist nicht unumstritten. In Teilen der kognitivistisch orientierten Textlinguistik werden Propositionen als linguistische Fiktionen ohne kognitive Realität abgelehnt und durch die Konzepte der "Textwelt" und des "Modells" ersetzt. Ich beziehe mich im folgenden auf die Darstellung bei Beckmann (1991), der unter Zugrundelegung der Modelltheorie von Johnson-Laird (1983, 1988) eine explizite Herleitung und Darstellung des Textwelten-Ansatzes liefert.

"Modelle" werden als mehrdimensionale Relationsgefüge von "Basis-Konzepten" aufgefaßt, wobei diese Gefüge durch "konzeptuelle Operatoren" (Raum-, Zeit-, Kausalitäts-, Möglichkeitsoperatoren etc.) hergestellt werden (Beckmann 1991: 29f.). Unterschieden wird zwischen physikalischen Modellen, die sich auf materi-

40 Die Anwendbarkeit des Quaestio-Prinzips auf das Korpus hinsichtlich der Verknüpfbarkeit von Thema und Funktion ergibt sich vor allem daraus, daß Pressetexte als Antworten auf Fragen aufgefaßt werden können, die Journalisten sich stellvertretend für die Leser stellen. Diese Fragen richten sich auf die Beschaffenheit von Gegenständen und Situationen oder den Hergang von Ereignissen bzw. auf die Einstellung, die man solchen Sachverhalten gegenüber einnehmen sollte (s. Abschn. 4.2.1.). Damit ist allerdings nicht erwiesen, daß das Quaestio-Prinzip darüberhinaus für alle Sorten von Gebrauchstexten tauglich ist. Bei deklarativen Texten beispielsweise besteht die wesentliche Funktion darin, daß institutionelle Fakten durch den Vollzug von Sprechakten geschaffen werden. Ob sich auch derartige pragmatische Charakteristika in Form von Quaestiones adäquat erfassen lassen, kann im Rahmen dieser Arbeit nicht beantwortet werden.

elle, außersprachlich existierende Korrelate beziehen und somit auf unmittelbaren Perzeptionen beruhen und abstrakten Modellen, die auf Generalisierungen bzw. auf der Übernahme bereits kodierter Inhalte beruhen. Modelle und ihre Konzepte können einen unterschiedlich hohen Komplexitätsgrad haben und sich wiederum aus einfacheren Konzepten zusammensetzen. Sowohl der Begriffsumfang der "Konzepte" als auch die Abgrenzung von den sie verbindenden Relationen bleiben unklar, da auch diese Relationen, die für Mittel-Zweck-Beziehungen, Quantitäten, Klassenbeziehungen etc. stehen, als "Konzepte" bezeichnet werden.

Worauf der Modellbegriff zielt, ist noch einigermaßen nachvollziehbar im Falle mentaler Bilder, die als Modelle im Sinne analoger Repräsentationen visuell wahrgenommener Objekte betrachtet werden. Andere Perzepte wie Tastempfindungen oder Töne werden allerdings nicht behandelt. Vollends im Dunkeln bleibt die Beschaffenheit nicht-perzeptueller mentaler Einheiten, die als abstrakte Vorstellungen gleichfalls den "Modellen" zugerechnet werden (ebd.: 30). Der Modellbegriff verbleibt im theoretischen Ungefähr. An konkrete Texte läßt er sich nicht herantragen. Die von Beckmann als Exemplifizierungen gemeinten Interpretationsvarianten eines Brecht-Textes erhellen hier nichts (ebd.: 109ff.), da die Relevanz der Textwelten-Theorie hier nur behauptet, aber nicht demonstriert wird. Dies ist ein Manko in einer textwissenschaftlich gemeinten Theorie, worüber auch Ausfälle gegen einen vermeintlichen "Operationalismus" aus "wissenschaftstheoretischer Steinzeit", dem entsprechende Forderungen angeblich entspringen (ebd.: 12), nicht hinwegtäuschen können. Letztlich steht "Modell" für nicht mehr als "was der Emittent mit seinem Text meint". Der Begriff und seine Unterbegriffe entpuppen sich als so umfangreich und vage, daß für sie gilt, was Kleiber (1993: 6) an Teilen der kognitivistischen Linguistik generell kritisiert:

> „Es besteht jedoch die Gefahr, daß man die sprachlichen Funktionen zugunsten von kognitiven Prinzipien aus den Augen verliert, deren Allgemeinheitsgrad so gewaltig ist, daß sie durch sprachliche Phänomene nicht falsifiziert werden können, was darauf hinausläuft, daß sie in linguistischer Hinsicht kein wirkliches Erklärungspotential mehr haben."

Verständigung vermittels Texten kommt nun nach dieser Theorie dadurch zustande, daß der Rezipient auf der Grundlage des Textes und vor dem Hintergrund seines sprachlichen, sachlichen und kommunikativen Wissens ein mentales Korrelat erzeugt, das bei gelungener Kommunikation demjenigen entspricht, das der Emittent seinem Text zugrundegelegt hat. Diese Auffassung von Textverständnis unterscheidet sich durch die kognitivistische Terminologie, aber nicht durch ihre Substanz von der anderer Texttheorien, seien sie psycholinguistischer, semiotischer, hermeneutischer oder intentionalistischer Provenienz. Erstaunlich ist allerdings, daß das Korrelat, das der Rezipient erzeugt – und das ja dem Modell des Emittenten entsprechen soll – nicht wiederum als "Modell", sondern als "Textwelt" bezeichnet wird, ohne daß diese begriffliche Trennung näher begründet würde. Sie dürfte auf der stillschweigenden Annahme beruhen, daß das mentale

Textkorrelat des Emittenten irgendwie text- und damit auch sprachunabhängig zustande käme. Dies ist indes schon für Versprachlichungen sinnlicher Eindrücke eine problematische Annahme, denn diese werden nicht unmittelbar in einen Text umgesetzt. Um beispielsweise ein visuell wahrgenommenes Objekt zu beschreiben, muß es erst in ein propositionales Gefüge und von dort in eine Sequenz von Sätzen, die die Textoberfläche konstituieren, transformiert werden. Nicht das Perzept selbst ist also das unmittelbare mentale Textkorrelat, sondern seine sprachorientierte Umformung. Geht man über die Ebene unmittelbarer Alltagseindrücke hinaus und bezieht Beschreibungen komplexer technisch-wissenschaftlicher Objekte mit ein, so muß man davon ausgehen, daß diese fachspezifisch wahrgenommen werden, wobei schon dieser Wahrnehmung sprachgeformte Theorien und Meßverfahren zugrunde liegen.

Vollends problematisch wird die Modell-Begrifflichkeit bei abstrakten und argumentativen Texten. Sie sind sprachliche Realisationen von geistigen Akten wie Unterscheiden, In-Beziehung-Setzen, Vergleichen, Ordnen, Urteilen, logischem und analogischem Schließen oder Subsumieren, bei denen – auch ohne sprachdeterministischen Vorstellungen das Wort zu reden – Sprachfähigkeit als ein Konstitutionselement entsprechender Denkprozesse mit in Rechnung zu stellen ist. Schlußfolgerungen und Argumentationen setzen eine propositionale Formatierung voraus und es gibt Anzeichen dafür, daß die Sprachfähigkeit selbst – und darüber hinaus die Schriftlichkeit – Anteil an der Herausbildung oder Verstärkung solcher abstrahierender und logischer Fähigkeiten hat (vgl. Scheerer 1991: 18ff.).

Begriffe wie "Proposition", "Sachverhalt", oder auch "Aussagegehalt" sind eng verwandt. Sie haben psychologische Relevanz, denn sie bezeichnen Formatierungen der Realität, die nichtsprachlich, aber sprachnah sind. Die Begriffe wurzeln in der Alltagserfahrung, daß sprachliche Äußerungen paraphrasierbar sind: Das bedeutet, daß die dahinter stehenden Sachverhalte zwar einerseits sprachlich vermittelt werden müssen, daß sie aber andererseits etwas von den jeweils spezifischen sprachlichen Formulierungen Unabhängiges sind. Propositionen bzw. Sachverhalte sind also sprachabhängig, aber nicht formulierungsdeterminiert. Daraus folgt, daß Propositionen eine größere kognitive Relevanz haben als Vertreter der modelltheoretisch orientierten Textlinguistik ihnen zugestehen. Sachverhalte bzw. Propositionen sind eine Art Grundformat für die sprachnahe Verarbeitung von Realitätsausschnitten und eine Schematisierung der kognitiv elementaren Vorgänge des Bezugnehmens und Prädizierens. Die Textstruktur als ein Gefüge von Propositionen ist die Schnittstelle zwischen der gedanklichen und der sprachlichen Verarbeitung von Realität. Aus diesem Grunde ist die Kritik der Modell-Theorie an der Annahme propositionaler Textbasen auch unzutreffend, soweit sie Propositionen insgesamt ausschließen will. Sie ist nur insofern berechtigt, als sie sich gegen die Vorstellung einer bloßen Aneinanderreihung von Propositionen wendet. Die Korrelate von Texten sind keine Additionen, sondern komplexe Gefüge von Propositionen. Daß sie in der konkreten Analyse sequentiell aufgeführt

werden müssen, ist basalen darstellungstechnischen Zwängen geschuldet, denen auch die Textwelten-Theoretiker unterlägen, sofern sie konkrete Texte untersuchten.
Ende des Exkurses

4.2. Die Korpusuntersuchung

4.2.1. Die theoretischen Grundlagen

Ausgehend von der Sichtung und Diskussion der Forschungsansätze lassen sich nun die texttheoretischen Annahmen und Kategorien zusammenstellen, die der Textanalyse zugrundegelegt werden.

Jeder Text ist als das Ergebnis einer kommunikativen Aufgabe zu sehen, die sich als Text-Quaestio formulieren läßt. Formen von Text-Quaestiones sind zum Beispiel:

a) Was hat sich zu einem bestimmten Zeitpunkt in einem bestimmten (räumlich oder inhaltlich definierten) Bereich ereignet?
b) Wie ist ein bestimmter Gegenstand beschaffen?
c) Welchen Standpunkt sollte man gegenüber einem bestimmten Sachverhalt einnehmen?
d) Was sollte man angesichts einer bestimmten Situation tun?

Die Text-Quaestiones lassen sich den Textfunktionen zuordnen: Quaestiones der Form (a) oder (b) korrespondieren einer informativen Funktion, Quaestiones der Form (c) und (d) einer appellativen Funktion.

Die konkrete, einem bestimmten Text zugrundeliegende Text-Quaestio impliziert neben der funktionalen auch die inhaltliche Seite der kommunikativen Aufgabe, indem sie Fragebereiche festlegt und damit die Weltausschnitte umreißt, die im Text zur Sprache kommen müssen, um diese Aufgabe zu erfüllen. Diese inhaltlichen Komponenten sind im Textthema komprimiert.[41] Es ist der Kern der durch die Quaestio selektierten und perspektivierten Inhalte, der schrittweise im Verlauf des Textes entfaltet wird. Zum Thema können unterschiedlich "zugeschnittene" Segmente der Welt werden: materielle Objekte, Personen, Ereignisse, Zustände, Trends, Situationen oder Problemstellungen. Themen können unterschiedlich

---

41 Aus der Forschungsperspektive gesehen ist das Textthema ein komprimierendes Konstrukt, das analytisch aus dem Text hergeleitet wird. Wenn hier das Textthema als zu entfaltender Inhaltskern betrachtet wird, so wird aus darstellungstechnischen Gründen die Forschungsrichtung, die vom Text zum Thema verläuft, umgekehrt und die Perspektive des Textproduzenten – vom Thema zum Text – eingenommen.

komplex sein, d.h. ein Thema kann auch mehrere Weltausschnitte als Komponenten umfassen, die unter einen gemeinsamen Aspekt gestellt werden.

Ein Thema in einem Text zu behandeln bedeutet, die Fragen, die dieses Thema beinhaltet, durch den Text zu beantworten. Vermittelt über das Thema löst die Text-Quaestio durch implizierte propositionale Quaestiones die Themenentfaltung aus, deren Resultat die Textstruktur ist. Dabei ist davon auszugehen, daß die propositionalen Quaestiones, entsprechend der inhaltlichen Gliederung des Textes in über- und untergeordnete Sinneinheiten, in einem hierarchischen Verhältnis zueinander stehen: Neben denjenigen propositionalen Quaestiones, die von den je einzelnen Propositionen impliziert sind, gibt es übergeordnete propositionale Quaestiones, die dementsprechend von Komplexen aus Propositionen impliziert sind.

Das Muster einer Quaestio, die einem gegebenen Text als Text-Quaestio zugrundeliegt, kann sich u.U. bei demselben Text in Form einer propositionalen Quaestio wiederholen. Das läßt sich an der Quaestio "Was ist ein X?" verdeutlichen, wobei X für einen beliebigen Gegenstand, Begriff oder Sachverhalt stehen soll. Eine entsprechende Text-Quaestio kann einen (theoretisch unendlichen) definitorischen Text dadurch hervorbringen, daß sie gleichartige Quaestiones mit X als dem jeweils vorangegangenen Definiens iteriert und dadurch eine Verzweigung von Unterdefinitionen produziert.

Die Beantwortung der Quaestiones konstituiert die Themenentfaltung als eine referentielle Bewegung, in deren Verlauf die unterschiedlichen Inhalte propositional und interpropositional verknüpft werden und aus der die Textstruktur resultiert. Das Konzept der referentiellen Bewegung erlaubt, die Sukzession des Textverlaufs im Hinblick auf eine sich daran anschließende strukturelle Kategorisierung zu erfassen: "Referentielle Bewegung" wird operativ verwendet, um konkrete Beschreibungen sequentieller Abfolgen an der Textoberfläche vorzunehmen und auf die abstrakteren Strukturkategorien zu beziehen (s. Abschn. 4.2.4.2.).

Das hier dargestellte theoretische Gerüst muß in bezug auf den massenmedialfachexternen Kontext der Korpustexte konkretisiert und differenziert werden, um erklärungskräftig zu sein. Das soll, verzahnt mit der Analyse des Textmaterials, im folgenden schrittweise geschehen. Abschnitt (4.2.2) ist der funktionalen Analyse und Klassifizierung der Texte gewidmet, Abschnitt (4.2.3.) untersucht die in ihnen zum Ausdruck kommenden kommunikativen Rollen der Emittenten, Abschnitt (4.2.4.) wendet sich der thematischen und strukturellen Ebene zu.

4.2.2. Die Textfunktionen

Um die Funktionen der Korpustexte angemessen beschreiben zu können, müssen die Kategorien "informativ" und "appellativ" pressespezifisch gefüllt werden. Dafür ist es nützlich, sich klar zu machen, worin die kommunikativen Aufgaben von Journalisten im Prinzip bestehen. Ihre gemeinsame Grundlage liegt, bei aller Unterschiedlichkeit im einzelnen, in der informierenden, interpretierenden und bewertenden Vermittlung von Realitätsausschnitten. Ihre Erfüllung setzt voraus, daß Journalisten (1.) sich stellvertretend für die Adressaten Fragen stellen, die zugleich den thematischen Kriterien ihrer Medien genügen, (2.) durch Recherche und auf der Grundlage eigenen Wissens sowie durch die gewichtende, interpretierende und bewertende Verarbeitung entsprechender Inhalte Antworten auf diese Fragen erhalten und (3.) diese Antworten – wenigstens zum Teil – in Texte umsetzen.

Artikel nach dem Quaestio-Prinzip als komplexe Antworten auf Fragestellungen aufzufassen, ist nicht nur ein heuristisches Konstrukt. Das belegen die Handbücher für die journalistische Praxis, in denen die Beantwortung bestimmter Frageschemata als regelhaft für die Sachverhaltsselektion und den Aufbau von Artikeln vorgeschrieben wird. Hier wäre beispielsweise das Prinzip der fünf "W-Fragen" (wer, was, wann, wo, warum) zu nennen, das vor allem in Nachrichtenagenturen zur Anwendung kommt. Die einem Text zugrundeliegenden Fragestellungen werden mitunter in den Kopfteilen oder auch im Text selbst explizit formuliert. Sie geben dem Leser dann eine Orientierung über Thema und Funktion des Textes:
Was in aller Welt macht den Mikrochip so teuer? (T 10)

Bevor im folgenden die medienspezifischen Ausprägungen der Informations- und der Appellfunktion und die ihnen korrespondierenden Quaestiones herausgearbeitet werden, seien zwei Anmerkungen vorausgeschickt: Die Untersuchung des Textkorpus hat zum einen ergeben, daß es bezogen auf einen Text neben einer dominierenden Funktion, die der Text-Quaestio korrespondiert, auch subsidiäre Funktionen geben kann, die aus übergeordneten propositionalen Quaestiones resultieren. Darüber hinaus hat es sich als notwendig erwiesen, bei einem Teil der Texte mehr als eine Text-Quaestio anzusetzen, was bedeutet, daß in diesen Fällen die appellative und die informative Funktion bzw. deren Ausprägungen kodominieren. In solchen Fällen liegen also dominierende Hybrid-Funktionen vor.[42]

4.2.2.1. Die Informationsfunktion und ihre Ausprägungen

Die hierzu gehörenden Texte dienen der Vermittlung von Sachverhalten, um das Adressatenwissen zu erweitern. Dabei handelt es sich um Sachverhalte, die nicht durch die Kommunikation erst geschaffen werden, sondern die unabhängig vom Emittenten und vom Adressaten existieren. Die informative Funktion ist im jour-

---

42 Die Annahme von subsidiären Kategorien findet sich auch bei Brinker, der aber keine dominierenden Hybridfunktionen annimmt (1992: 81, 99 Anm. 54). Vgl. aber Möhn zum Problem polyintentionaler Texte (1991: 184, 193f.).

nalistischen Selbstverständnis der appellativen Funktion vorgelagert: Informationsangebote schaffen die Basis für Meinungsbildungsangebote (Hömberg 1990a: 93).

Hinsichtlich der in den Texten mitgeteilten Sachverhalte sollen im folgenden aktuelle "Nachrichten-Sachverhalte" (im folgenden abgekürzt "Nachrichten") von "Hintergrund-Sachverhalten" unterschieden werden. "Nachricht" im hier verstandenen Sinne bezeichnet also keine Textsorte oder "journalistische Darstellungsform", sondern eine bestimmte Form von Sachverhalten in einem bestimmten zeitlichen Kontext. Der zeitliche Kontext besteht in der signalisierten nachrichtenspezifischen Aktualität, die durch temporale Deiktika oder Datierungen indiziert wird (s. Abschn. 4.2.4.2.). Sie ist keine feste zeitliche Größe, sondern von den jeweiligen Zeithorizonten der Emittenten abhängig. Dementsprechend kann es sich neben kurzfristigen auch um mittelfristige Aktualitäten handeln. Die Sachverhaltsform von Nachrichten besteht darin, daß es punktuelle, zeiträumlich spezifizierte Sachverhalte sind: Dabei kann es sich beispielsweise um ein politisches Ereignis, um ein Forschungsergebnis oder die Fertigstellung eines technischen Produkts handeln.

Die Kategorie "Hintergrund" umfaßt dauerhafte, zeitlich ausgedehnte oder historisch und kausal grundlegende Sachverhalte. Dazu gehören längerfristige Trends und Entwicklungen, die "über den Tag hinaus" gehen, allgemeingültiges Wissen wie z.B. invariante Merkmale von Objektklassen oder Verfahrensweisen, Begriffsinhalte, Theorien, historische Ereignisse, naturwissenschaftliche, soziale oder motivationale Ursachen von nachgeordneten Sachverhalten. Eine Hintergrundfunktion können aber auch "Vor-Ort"-Informationen haben, die durch eine plastische Beschreibung Gegenstände, Personen, Vorgänge oder Szenarios konkretisieren. "Hintergrund" ist wie "Nachricht" eine medienbezogene Kategorie: Der Hintergrund umfaßt Sachverhalte, die es dem Adressaten ermöglichen, Nachrichten aus dem entsprechenden Sachgebiet einzuordnen. Deshalb kommt Hintergrund-Sachverhalten eine langfristige Aktualität zu.

Der hier getroffenen Unterscheidung entsprechend läßt sich die informative Funktion in eine informativ-nachrichtenorientierte und eine informativ-hintergrundorientierte Funktion differenzieren. Sie werden im weiteren Verlauf abkürzend als "nachrichtenorientierte" und "hintergrundorientierte" Funktion bezeichnet. Diese Subkategorien der Informationsfunktion entsprechen den genannten inhaltlichen Formatierungen, die ihrerseits in den spezifischen Intentionen und Modalitäten der medialen Realitätsvermittlung wurzeln.

Die Quaestiones der nachrichtenorientierten Funktion:

Quaestio (Q1): Welche technisch-wissenschaftlichen Neuheiten gibt es und wie sind sie beschaffen?

Diese Quaestio wird durch fachliche Nachrichten beantwortet. Dabei handelt es sich um Mitteilungen über neuartige Produkte, Technologien oder Forschungsergebnisse, die zum Bereich 'Mikrochips' gehören.

Beispiel T 1:
Ein Speicherchip mit 256 Megabit

Die meisten Unternehmen der Halbleiterindustrie machen mit ihren elektronischen Speicherchips zwar Verluste, gleichwohl geht der Wettlauf unvermindert weiter. Während inzwischen Chips mit einer Kapazität von 16 Megabit auf dem Markt sind, hat eine japanische Firma unlängst den Prototyp eines Speichers mit 256 Megabit vorgestellt.(...)

Quaestio (Q2): Was hat sich aktuell in der Politik/Wirtschaft ereignet?

Diese Quaestio zielt primär nicht auf wissenschaftlich-technische Resultate, sondern auf politisch relevante Ereignisse. Mikroelektronische Sachverhalte kommen hier als Bestandteile politisch-ökonomischer Nachrichten in den Blick.

Beispiel T 3
Mit dem Super-Chip gut im Rennen

Thomas Linke/Bonn (...) Im weltweiten Wettrennen um die Bausteine für immer schnellere und leistungsfähigere Computer und andere informationstechnische Systeme hat Siemens zusammen mit Philips und staatlicher Unterstützung einen großen Erfolg erzielt. Vertreter der Firma überreichten Bundesforschungsminister Heinz Riesenhuber gestern in Bonn den Prototyp eines Vier-Megabit-Chip (...)

Die Quaestiones der hintergrundorientierten Funktion:

Die hierzu gehörigen Quaestiones sind in den Texten vielfach eng miteinander gekoppelt. Analytisch unterscheiden lassen sich:

Quaestio (Q3): Welche Trends/Entwicklungen sind zu beobachten?

Unter dieser Quaestio werden ausgedehntere Zeitabschnitte in den Blick genommen. In ihrer primär fachexternen Ausprägung sind das Forschungskonzepte und technologische Trends in der Mikroelektronik. In ihrer sekundär fachexternen Ausprägung sind es politisch-ökonomische Entwicklungen, die durch Chips ausgelöst werden.

Beispiele:

T 5
Chips in mehreren Etagen/Neue Technik soll die Zahl der Transistoren erheblich steigern

(...) *An der Technik der "dreidimensionalen Chips" arbeiten weltweit bislang nur wenige Laboratorien; in Japan wird sie am intensivsten vorangetrieben. Doch auch in Frankreich und der Bundesrepublik will man diese Idee realisieren. Am Münchner Fraunhofer-Institut für Festkörpertechnologie sollen die attraktiven Perspektiven*(...) *verstärkt angegangen werden.* (...)

T 19
Machtfaktor Chips/Europäer bei der Aufholjagd

(...) *Noch in den siebziger Jahren waren die Amerikaner in der ganzen Breite führend auf dem Gebiet der integrierten Schaltungen. Die Europäer spielten allenfalls auf Teilgebieten eine Rolle, Japan fing an, seine Anstrengungen in der Mikroelektronik zu vervielfachen.*(...) *Während die Amerikaner auf dem Gebiet der Mikrocomputer "on Chip" noch immer Weltstandards setzen, ist die Initiative bei den Speicherchips auf die Japaner übergegangen: Sie halten zur Zeit im Chipmarkt die Massenproduktion in den Händen.* (...)

Quaestio (Q4): Was ist ein X ?

Dabei steht X für mikroelektronische Termini wie *Chip*, *Halbleiter*, *DRAM*, *Epitaxie* etc. Die Frage wird beantwortet durch Erläuterungen zu den definitionsrelevanten Merkmalen dieser Begriffe.

Beispiel T 6
Ihre Größe liegt im Kleinen/ Bei der Mega-Chip-Produktion werden die physikalischen Grenzen sichtbar

(...) *Das Mikro-Chip, immer kleiner geworden, gewinnt im technischen und wirtschaftlichen Wettlauf immer mehr an Größe und Bedeutung.* (...) *Erst die Entwicklung der Halbleitertechnologie machte es möglich, mit Informationen, die in dem Alphabet des binären Zahlencodes mit den Werten 0 und 1 geschrieben sind, in größerem Maße zu rechnen. Denn für die Übertragung, Verarbeitung und Speicherung dieser "digitalen" Zahlen konnten zwei verschiedene physikalische Zustände benutzt werden: "Stromfluß" - "kein Stromfluß".* (...) *Die Basis für diese Technologie ist ein Halbleiter. In der Physik wird zwischen elektrischen Leitern wie Metallen und Nichtleitern, dazu gehört beispielsweise Porzellan, unterschieden. Eine Zwischenstellung nimmt der Halbleiter ein, wie es das Silizium ist.* (...)

Quaestio (Q5): Was steckt hinter dem Sachverhalt X?

Mit ihrer Beantwortung werden Sachverhalte vertieft: Sie werden differenziert oder konkretisiert und in ihren kausalen, temporalen, motivationalen oder kategorialen Zusammenhängen gezeigt. Die Quaestio kann primär oder sekundär fachextern ausgeprägt sein. Im ersten Fall ist diese Quaestio vielfach mit Q4 verschmolzen.

Beispiele

T 7
Wenn die Luft reiner als rein sein muß/Für die Chip-Produktion ist ein besonderes Klima nötig

Es ist das Eintauchen in eine andere Welt. Die Hektik bleibt vor den schleusenähnlichen Eingängen. Langsam, unendlich langsam erscheinen die Bewegungen der Menschen, die in ihren weißen und blauen Arbeitsanzügen mit Mundschutz, Kopfbedeckung, Handschuhen und Überschuhen an Astronauten erinnern. Das Bild einer Raumstation paßt durchaus. Abgeschirmt von der Außenwelt, staubfrei, schwingungsfrei, werden in den sogenannten "Reinsträumen" Chips produziert, die zum Motor der elektronischen Revolution geworden sind.
Mit der Devise "Immer kleiner, immer schneller und leistungsfähiger" bei der Weiterentwicklung und Verbesserung elektronischer Bausteine ist auf sie selbst nicht zu verzichten. (...)

T 10
Chip-Chip hurra

(...) *Ohne Chips geht nichts. Das gilt längst nicht mehr nur für Computertechnik oder Unterhaltungselektronik* (...) *Die Meldung, daß Siemens die Entwicklung eines 4-Megabit-Speicherchips erfolgreich abgeschlossen und die Produktion von Musterserien aufgenommen hat, ist daher weit über die Elektro- und Elektronikwirtschaft hinaus von Bedeutung.* (...)
Was macht den Megachip so teuer - und warum, um alles in der Welt, gibt man dafür so viel Geld aus? (...)

Sowohl die nachrichtenorientierte als auch die hintergrundorientierte Funktion kommen im Korpus textdominierend oder kodominierend vor, also im zweiten Fall als Bestandteile einer Hybridfunktion. Anzumerken ist, daß sich auch in rein nachrichtenorientierten Texten Sachverhaltsbestandteile finden, die als Hintergrund bezogen auf die Nachrichtensachverhalte gelten können. Es handelt sich hier aber auf der textuellen Ebene nicht um (ko)dominierende, sondern um subsidiäre Vorkommensweisen im Sinne von Antworten auf untergeordnete propositionale Quaestiones. Die Zuordnung zu den funktionalen Ausprägungen ist also im Sinne von Dominanzen und nicht von Exklusivität zu verstehen.

4.2.2.2. Die Appellfunktion und ihre Ausprägungen

Ein Appell ist der Versuch, im Adressaten eine bestimmte Einstellung hervorzurufen oder, ohne über Zwangsmöglichkeiten zu verfügen, ihn zu einem bestimmten Handeln zu bewegen. Appelle im korpusrelevanten Pressebereich werden in der Regel durch Texte mit argumentativer Struktur realisiert, die in eine Aufforderung münden, die als indirekter Sprechakt realisiert ist: Statt imperativischer Formen und Anrede-Pronomina werden modalisierende Aussagesätze in der dritten Person bevorzugt, die auf eine als neutral präsentierte Handlungslogik und deren "Sachzwänge" rekurrieren (*Es ist notwendig, daß ... ; Man muß ...; Es gilt, zu ...*) Dies resultiert aus der pressespezifischen Emittenten-Adressaten-Relation: Die Emittenten signalisieren den Adressaten, daß sie diese als rational orientierte, auf gleicher Ebene mit ihnen selbst verkehrende Kommunikationspartner ansehen, für die Argumente zählen. Eine "nackte" Aufforderungshandlung würde dem Aufgeforderten signalisieren, daß der Emittent ihn als jemanden sieht, dessen Denken und Handeln von anderen bestimmbar ist.[43]

Im Korpus kommt die Appellfunktion in einer politisch-meinungsbildenden und in einer verbraucherorientiert-empfehlenden Ausprägung vor. Bei ersterer geht es darum, die Adressaten zur Übernahme einer politischen Sichtweise und den daraus resultierenden Forderungen zu bewegen, letztere bieten Orientierungen für potentielle Käufer.

Die Quaestiones der politisch-meinungsbildenden Appellfunktion:

Quaestio (Q6): In welchem Zusammenhang sollen die Adressaten den Sachverhalt S sehen und welchen Standpunkt sollen sie ihm gegenüber einnehmen?

Mit der Beantwortung dieser Frage werden die Adressaten als politisch bewußte Staatsbürger und Wähler, als Mitglieder "der Öffentlichkeit" angesprochen. Vorausgesetzt wird eine meistens implizit bleibende politisch-moralische Wertbasis. (Q6) ist in der Regel gekoppelt mit der folgenden Quaestio:

Quaestio (Q7): Welche Handlungskonsequenzen sollen diejenigen Adressaten, die gleichzeitig verantwortliche Akteure sind, aus S ziehen?

---

43 Vgl. dazu Brinker (1992: 113, Anm. 88), Beisbart et al. (1976: 154f.). Direkte imperativische Appelle, die in den Kaufzeitungen häufiger vorkommen, richten sich vielfach an politische Akteure, also aus der Perspektive der Mehrheit der Adressaten an Dritte. Zu indirekten Sprechakten vgl. etwa Sökeland (1980).

Die Beantwortung dieser Frage zielt meinungsbildend auf das breite Publikum, handlungsauffordernd aber nur auf ein Teilpublikum, nämlich auf die Entscheidungsträger unter den Adressaten. Auch sie werden in der Regel nicht direkt mit Anredeformen angesprochen. Vielmehr wird erwartet, daß sie die Handlungen, auf die der Emittent entweder explizit als wünschenswert referiert, oder die zur Erreichung der postulierten Ziele als notwendig vorauszusetzen sind, als an sie selbst gerichtete Aufforderungen interpretieren.

Beispiel T 11
Der Chip-Krieg/Japan überrollt den Westen

(...) *Sind also alle Warnungen vor dem Angriff aus Fernost, vor dem Existenzkampf der Europäer übertrieben? Steckt dahinter nur die Absicht, unliebsame Konkurrenz abzuwehren, vermengt vielleicht mit einem subtilen Rassismus? Es ist mehr als das - Europa ist wirtschaftlich für die technischen Umwälzungen, die in den kommenden Jahren anstehen, schlecht gerüstet.* (...) *Endlich begreifen Computer- und Halbleiterhersteller die Notwendigkeit von Fusionen. Kooperationen mit japanischen und amerikanischen Unternehmen sind ebenso unverzichtbar wie ein größerer Beitrag des Staates. (...) In Betracht kommt zum Beispiel ein europaweites Glasfasernetz für die Breitband-Kommunikation oder ein computergesteuertes Verkehrsleitsystem für die überlasteten europäischen Straßen.* (...)

Die politische Appellfunktion, so wie sie sich in den Korpustexten findet, ist nicht nur durch eine argumentative Herleitung von Forderungen gekennzeichnet, sondern darüber hinaus dadurch, daß die Sachverhaltsbasis, die aus Nachrichten- und Hintergrundinformationen aufgebaut wird und von der aus die Forderungen gestellt werden, ihrerseits bereits eine argumentative Konstruktion ist. Daraus ergibt sich die Kodominanz der appellativen mit der informativen Funktion. Der Emittent selektiert und arrangiert unterschiedliche Einzelfakten, die er mit Hilfe von Interpretationen, Schlußfolgerungen und Gewichtungen in einen Sinnzusammenhang stellt. Der Adressat soll dieses interpretative Konstrukt, das argumentativ auf eine komplexe These zuläuft, als zutreffendes Bild der Realität anerkennen. Der politischen Appellfunktion, die auf die Anerkennung von Richtigkeit (nämlich der politischen Forderungen) abstellt, liegt also noch eine doxastische Appellfunktion zugrunde, die auf die Anerkennung von Wahrheit, nämlich der interpretativen Tatsachenbehauptungen, abzielt. Diese Behauptungen betreffen vor allem die als verborgen unterstellten Handlungsmotive von politischen und ökonomischen Akteuren und die daraus zu gewärtigenden Folgen. Die Informationsfunktion ist in diesen Texten also nicht subisidiär gegenüber der Appellfunktion. Vielmehr verzahnt der Emittent die Mitteilung, Interpretation und Bewertung von Sachverhalten in ein und demselben Text. Das heißt, die informative Funktion schafft überhaupt erst eine Sachverhaltsbasis für die appellative Funktion.[44]

---

44 Hierin liegt ein Unterschied zu dominierend appellativen Texten (*Kommentare*), die typogra-

Eine umfangreiche interpretative Grundlegung politischer Forderungen mittels entsprechend arrangierter Sachverhalte exemplifiziert T 25. Der Text stellt mikroelektronische Entwicklungen in Japan als Schachzug in einem national gesteuerten, systematischen Feldzug zur technologischen Unterwerfung des Westens dar. Da derartige Machtabsichten von den Akteuren natürlich nicht geäußert werden, muß der Emittent, um seine Behauptung zu stützen, beobachtbare technische Entwicklungen mit (zu Recht oder nicht) unterstellten Motiven und Zielen verknüpfen. Er teilt selektierte Sachverhalte als Nachrichten mit, die zugleich als Indizien dienen, von denen ausgehend er interpretierend Zusammenhänge herstellt. Ein Trend wird nicht beschrieben, sondern "ausgemacht" (zu den entsprechenden argumentativen Strukturen s. Abschn. 4.2.4.2.).

Die Quaestiones der appellativ-empfehlenden Funktion:

Quaestio (Q8): Wie sollten sich Adressaten als potentielle Käufer/Nutzer gegenüber der Novität X verhalten?

Diese Frage zielt darauf ab, potentiellen Käufern Entscheidungs- und Handlungsempfehlungen zu geben, ohne daß kommerzielle Eigeninteressen des Emittenten (für den Adressaten sichtbar) mit im Spiel sind. Gegenstände werden entweder vom Emittenten selbst als stellvertretendem Nutzer eingestuft oder so präsentiert, daß der Adressat Vor- und Nachteile gemessen an seinen eigenen praktischen Bedürfnissen selbst einschätzen kann. Auch die empfehlende Appellfunktion kodominiert mit der Informationsfunktion, in deren Rahmen die Novitäten präsentiert und beschrieben werden.[45]

Beispiel T 4

Die Kraft der verdoppelten Taktfrequenz/Hewlett-Packards neue Vectras nutzen Intels Overdrive-Prozessoren

(...) *In den Genuß dieser neuen und noch nicht ganz billigen Aufrüstung kommt nämlich nur die immer noch eingeschränkte Zahl derer, die einen 486-PC ihr ei-*

---

phisch oder verbal entsprechend deklariert sind und sich auf einen in der gleichen Ausgabe plazierten nachrichtenorientierten Text beziehen und die die dort mitgeteilten Sachverhalte nur knapp rekapitulieren, um einen Anknüpfungspunkt für die darauf bezogenen Bewertungen oder Forderungen zu bieten.

45 Es läßt sich nicht ausschließen, daß hier statt einer appellativ-informativen Hybridfunktion eine spezifische Ausprägung einer rein informativen Funktion anzusetzen ist, in deren Rahmen praktisches Orientierungswissen im Wenn-Dann-Format vermittelt wird. Bei Möhn (1991) werden vergleichbare Texte als Untergruppe von appellativ-informativen Instruktionstexten angesehen. Fraglich ist aber, ob die dort festgestellten "syntaktischen Formen des Appellierens" (ebd. 1991: 201) nicht eher als ökonomische Formen des Informierens im Sinne einer Vermittlung von Handlungswissen anzusehen wären. Zu Grenzfällen zwischen informativer und appellativer bzw. "assertiver" und "direktiver" Funktion s. auch Rolf (1993: 237f.).

gen nennen. Nur für diese Systeme bietet Intel die nachrüstbaren "Overdrive"-Prozessoren an - nicht jedoch für die vielen Millionen 386-PC, die durch einen schnelleren Prozessor leicht aufzuwerten wären. (...) Für weniger als 3000 Mark erhält der HP-Kunde das Einstiegsmodell, dem er durch Einsatz eines Overdrive-Nachrüstprozessors jederzeit die höheren Weihen geben kann. Mit einem Overdrive holt er sich dabei kostbare Steckspiele ins Haus, denn derzeit schlagen die beiden Versionen noch mit rund 2000 Mark zu Buche. Doch das dürfte sich bald ändern, wie die Preisentwicklung bei Prozessoren in der Vergangenheit immer wieder gezeigt hat.

4.2.2.3. Die Textfunktionen im Überblick

Die Korpusanalyse ergibt also für die Merkmalsdimension "Textfunktionen" folgende Kategorien und zugehörige Quaestiones:

- die Informationsfunktion

(1.) mit der Ausprägung "nachrichtenorientiert" und einer primär und einer sekundär fachexternen Quaestio:

(Q1): Welche technisch-wissenschaftlichen Neuheiten gibt es und wie sind sie beschaffen?

(Q2): Was hat sich aktuell in der Politik/ Wirtschaft ereignet?

(2.) mit der Ausprägung "hintergrundorientiert" und drei Quaestiones, die jeweils primär oder sekundär fachextern ausgerichtet sein können:

(Q3): Welche Trends/Entwicklungen sind zu beobachten?

(Q4): Was ist ein X ?

(Q5): Was steckt hinter dem Sachverhalt X?

- die Appellfunktion

(1.) mit der sekundär fachexternen Ausprägung "politisch-meinungsbildend" und den Quaestiones:

(Q6): In welchem Zusammenhang sollen die Adressaten den Sachverhalt S sehen und welche Position sollen sie ihm gegenüber einnehmen?

(Q7): Welche Handlungskonsequenzen sollen diejenigen Adressaten, die gleichzeitig verantwortliche Akteure sind, aus S ziehen?

(2.) mit der primär fachexternen Ausprägung "empfehlend" und der Quaestio:

(Q8): Wie sollten sich Adressaten als potentielle Käufer/Nutzer gegenüber der Novität X verhalten?

Mit Hilfe dieser Kategorien können die funktionalen Texttypen herausgearbeitet werden, aus denen sich das Korpus zusammensetzt. Dabei sind, wie bereits dargelegt, auch Hybridfunktionen zugelassen. Innerhalb dieser Typen werden nach dem Grad der Fachlichkeit (primär vs. sekundär fachextern), den die Texte aufweisen, Varianten unterschieden. Wo es möglich ist, werden für die Texttypen publizistische Textnamen genannt, unter die die entsprechenden Texte fallen könnten. Nach dem hierzu Gesagten versteht sich, daß hier keine eindeutigen Zuordnungen möglich sind. Für die aufgeführten Texttypen sind jeweils die im Anhang abgedruckten Beispieltexte angegeben. Für manche Typen sind mehrere Texte angegeben. Sie exemplifizieren keine Typen-Varianten, sondern innerhalb der Typen unterschiedliche Themenarten, die in Abschnitt 4.3.4. behandelt werden.

Text-Typ I

Die Texte dieses Typs werden von einer nachrichtenorientierten Informationsfunktion dominiert. Es gibt (a) eine primär fachexterne und (b) eine sekundär fachexterne Variante: Die primär fachexternen Texte erscheinen vornehmlich in der Sparte "Wissenschaft", die sekundär fachexternen Texte in der Sparte "Wirtschaft". Publizistische Textnamen können sein *Nachricht, Bericht, Meldung*.

Beispiele (a): T 1,2
Beispiel (b): T 3

Text-Typ II

Dieser Texttyp weist eine dominierende informativ/appellativ-empfehlende Hybridfunktion auf. Die Texte sind primär fachextern. In der informativen Komponente der Hybridfunktion ist sowohl die nachrichtenorientierte als auch die hintergrundorientierte Ausprägung präsent.

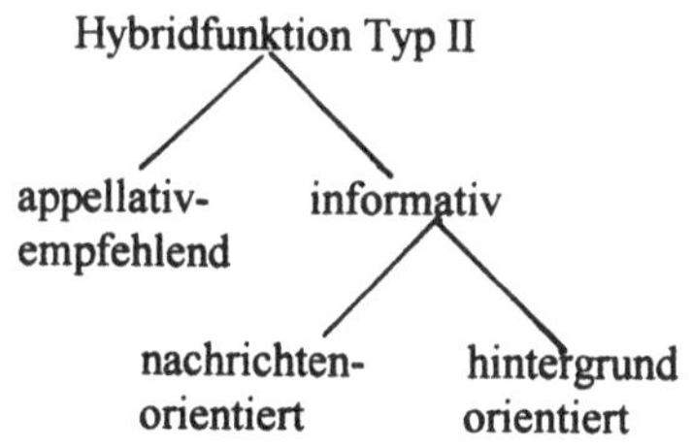

Die Texte erscheinen in der Motor/Technik-Sparte. Publizistische Textnamen können sein *Ratgeber-/Service-Artikel* oder *-Bericht*.

Beispiel: T 4

Text-Typ III

In den Texten dieses Typs dominiert die hintergrundorientierte Informationsfunktion. Die meisten Texte haben einen aktuellen Aufhänger, der teilweise in rekapitulierender Form genannt, teilweise als neuer Sachverhalt mitgeteilt wird. In letzterem Fall kann also u.U. eine subsidiäre nachrichtenorientierte Komponente angenommen werden, wobei Aktualität und Nachrichtenwert aufgrund vager zeitlicher Indikatoren (aktualisierendes Präsens) schwer zu bestimmen sind. Entscheidend ist aber, daß es sich auch in diesen Fällen nur um Anlässe für Hintergrundinhalte handelt. Dabei machen letztere den Schwerpunkt der Texte aus, sind also nicht als eine bloß erläuternde Stützung eines aktuellen Sachverhalts anzusehen.

Der Texttyp weist (a) eine primär fachexterne und (b) eine sekundär fachexterne Variante auf. Die primär fachexternen Texte erscheinen in Wissenschafts- und Wirtschaftssparten und in Sonderbeilagen. Die sekundär fachexternen Texte erscheinen in der Wirtschaftssparte. Publizistische Textnamen können sein *Feature, Bericht, Hintergrundbericht.*

Beispiele (a): T 5-9
Beispiel (b): T 10

Text-Typ IV

Dieser Texttyp ist sekundär fachextern mit einer dominierenden Hybridfunktion, in der die politische Appellfunktion und die hintergrundorientierte Informationsfunktion verschmolzen sind.

Hybridfunktion Typ IV

appellativ-politisch   informativ-hintergrundorientiert

Diese Texte erscheinen in der Wirtschaftssparte. Die publizistische Benennung ist unklar.

Beispiel: T 11

4.2.3. Die Kommunikator-Rollen

In Texten manifestieren sich bestimmte Kommunikator-Rollen. Darunter ist die Art und Weise zu verstehen, in der durch die jeweilige Textgestalt dem Adressaten eine bestimmte kommunikative Instanz gegenübertritt, die durch einen auktorialen Blickwinkel gekennzeichnet ist, unter dem die Sachverhalte im Text präsentiert werden und durch den zugleich auch der Blickwinkel der Adressaten auf diese Sachverhalte festgelegt wird. Solche Texteigenschaften sind intuitiv mitgemeint, wenn beispielsweise von einer "subjektiven", "neutralen", "reportageartigen" oder "wertenden" Darstellungsart die Rede ist. Die Kategorie "Kommunikator-Rolle" wird hier eingeführt, weil diese Merkmale sich zwar mit funktionalen und strukturellen Merkmalen von Texten berühren, sich aber mit deren Kategorien nicht voll erfassen lassen.

Das Spektrum der Möglichkeiten zur Modellierung von Kommunikator-Rollen reicht von der Einführung eines Autoren-Ichs als der explizitesten Form bis zur völligen auktorialen Anonymisierung. Letztere stellt gewissermaßen die unmarkierte Form der Kommunikator-Größe dar, die in diesem Fall als einheitliche Textinstanz nur durch die Homogenität der Textstruktur selbst impliziert ist. Unter der Maßgabe, daß die Homogenität der Textstruktur gewahrt bleibt, können innerhalb eines Textes auch unterschiedliche Kommunikator-Rollen kombiniert werden: Sie werden dann vom Adressaten als Rollenwechsel einer Kommunikator-Größe interpretiert.

Die Kommunikator-Rolle ist also eine textuelle Kategorie. Sie ist nicht mit dem empirischen Autor gleichzusetzen. Dieser ist im arbeitsteiligen Journalismus nur Glied in einer Kette von Textproduzenten. Er erstellt das Skript, das von den Redakteuren weiter bearbeitet wird. Dabei verarbeitet er seinerseits vielfach vorgängige Texte.[46] Indem diese miteinander verschmolzen und die Spuren der redaktionellen Bearbeitungen in der Endfassung zum Verschwinden gebracht werden, erscheint der Text als homogenes Produkt "aus einer Feder". Damit tritt dem Adressaten im Text eine auktoriale Einzahl entgegen, ein einheitlicher Kommunikator.

Während die adressatenseitige Identifizierung des medialen Produkts mit einem einzelnen Kommunikator in den audiovisuellen Medien vor allem durch die physische Präsenz des Korrespondenten oder Moderatoren erzeugt wird, beruht sie in den Printmedien vor allem auf der Textgestaltung. Autorennamen oder -kürzel

---

46 Von der Skripterstellung abgesehen, kann der Autor auch vorgängige Aufgaben wie Themenstellung oder Recherche wahrnehmen, bei stark ausgeprägter Arbeitsteilung aber auch auf eine reine Texter-Funktion reduziert sein, die darin besteht, Textvorlagen zu bearbeiten. – Zu der wichtigen Rolle sprachlicher Vorprodukte im Fachjournalismus vgl. Hömberg (1990a). Fallstudien liefern u.a. Peters (1984), Dubois (1986), Adams-Smith (1987), Weber (1989), Neffe (1989), Biere (1990), Bell (1991b), Haller (1994).

unterstützen die Identifizierung, sie sind aber wie das Beispiel des "Spiegel" zeigt, nicht überall üblich.

Idealtypisch lassen sich für die Korpustexte drei grundlegende Rollen ansetzen: die des 'Faktenvermittlers', der "objektive" Sachverhalte übermittelt, die des 'Reporters', der auch subjektiv Erlebtes vom Ort des Geschehens mitteilt und die des 'Kritischen Beobachters', der Sachverhalte eigenständig interpretiert und beurteilt.

4.2.3.1. Der 'Faktenvermittler'

Diese Kommunikator-Rolle ist die unmarkierte Form der Autoren-Modellierung: Ein Autor als Person wird im Text nicht erkennbar gemacht, weder durch Ich-Bezug noch durch die Wiedergabe situativer Details, die eine persönliche Beobachtung oder Teilnahme an Ort und Stelle verraten. Modelliert wird ein neutraler Vermittler von "Fakten" als eine quasi-anonyme Realitätsvermittlungsinstanz. Auf Gegenstände, Situationen oder Ereignisse und Prozesse wird nur hinsichtlich ihrer objektivierbaren Merkmale wie Abmessungen, Funktionen, abstrakte Abläufe und zeiträumliche Gegebenheiten referiert. Sofern auf Merkmale individueller Akteure referiert wird, beschränken sich diese Bezugnahmen auf Namensnennungen und Angaben von Funktionen. Physische oder charakterliche Merkmale bleiben in der Regel ausgespart. Die Faktenvermittler-Rolle impliziert nicht unbedingt die Abwesenheit von Bewertungen. Zum einen kann über Bewertungen von Akteuren berichtet werden, zum anderen sind mit dieser Rolle auch auktoriale Bewertungen kompatibel, sofern diese als "in der Logik der Sache" liegend präsentiert werden, mithin keinen eigenständigen Beurteilungsstandpunkt erkennen lassen. Im Korpus sind dies z.B. technologie-immanente Bewertungen. Sie sind durch die Technologie-Perspektive bestimmt und bewegen sich in der Bewertungslogik des Fachs. Dabei können auch sprachliche Superlativierungen und Intensifikatoren benutzt werden.

Beispiele:

T 3
Mit dem Super Chip gut im Rennen

(...) *Japanische Ankündigungen der letzten Jahre hätten sich inzwischen als verfrüht herausgestellt, erklärte Professor Ingolf Runge* (...) *"Siemens und Philips liegen im Wettbewerb um den neuen Speicherchip, an dem sich weltweit acht Firmen beteiligen, sehr gut im Rennen."*

T 2
In der Kürze liegt die Würze/Geschickte Rechnerarchitektur macht Computer schneller

(...) *Betrachtet man das Geheimnis dieser verblüffenden Leistung näher, so zeigt sich, daß die Ein-Chip-Technik nicht allein kompakter, stromsparender, kühler und billiger ist als die herkömmliche Bauweise.* (...)

4.2.3.2. Der 'Kritische Beobachter'

In dieser Rolle wird gegenüber den mitgeteilten Sachverhalten ein eigenständiger, kritischer Standpunkt zum Ausdruck gebracht, der sich in positiven oder negativen Bewertungen äußert. Bewertungen dieser Art sind also als Emittenten-Urteile erkennbar gemacht. Die Rolle des Kritischen Beobachters kommt im Korpus mit (a) verbraucherorientierten und (b) politischen Bewertungen vor.

a) Verbraucherorientierte Bewertungen

Die Mikroelektronik als positives Instrument der Effizienz und Leistungssteigerung wird auch hier nicht in Frage gestellt. Aber im Gegensatz zu einer rein an objektimmanenten Leistungsmerkmalen orientierten Bewertung werden in stärkerem Maße Aspekte der konkreten Nutzung, bezogen auf bestimmte Anwenderkreise, für eine kritische Beurteilung des Produkts herangezogen.

Beispiel T 4
(...) *Allein durch Austausch des Prozessors sollen Personal Computer in Zukunft mit den wachsenden Anforderungen immer bombastischerer Software Schritt halten können, sprich schneller werden. Das verspricht der Chiphersteller Intel. Künftig soll es heißen: Klappe auf, Prozessor raus, Prozessor rein. Schon zeigt das alte Stück neue Kraft - wenn's denn so einfach wäre.* (...)

b) Politische Bewertungen

Hiermit sind Bewertungen und damit einhergehende Forderungen gemeint, die auf die politischen und ökonomischen Rahmenbedingungen und Akteure der Mikroelektronik abzielen. Kriterien der Politikbewertungen sind Konkurrenzfähigkeit und Prosperität des eigenen Landes. Den Bewertungen liegen komplexe Argumentationen zugrunde, weil schon die Frage, welche wirtschaftspolitische Relevanz Chips überhaupt haben, kontrovers beantwortet wird und zwar je nachdem, welche Sachverhalte selektiert und wie sie interpretiert werden.[47]

---

47 Die verschiedenen Aspekte der politisch motivierten Diskussion über die Rolle der Mikroelektronik für den "Standort Deutschland" können hier nicht nachgezeichnet werden, zumal sie sich vielfach in nicht-fachexternen Texten dokumentiert findet. Zu den wechselnden Einschätzungen und Interessenlagen, die die Argumentationen bestimmen s. z.B. Lütge (1993), Stüwe (1993).

Beispiel T 11
Der Chip-Krieg/Japan überrollt den Westen

(...) *Noch bis vor kurzem waren Chips bei den Gewerkschaften und bei vielen Politikern als Jobkiller verschrien. Hochbezahlte europäische Manager, die in Japan inzwischen gern als "alternde Primadonnen" bezeichnet werden, verpaßten in ihrer Arroganz und Ignoranz gegenüber den japanischen Erfolgen jahrelang ihre Chancen.* (...)

Fachüberschreitende Bewertungen, die aus einer grundsätzlich technologieskeptischen Haltung heraus das Fach als ganzes in Frage stellen, finden sich im Korpus nicht. Generell wird die innerfachliche, an technischem Fortschritt orientierte Wertbasis als gültig vorausgesetzt.

4.2.3.3. Der 'Reporter'

In dieser Rolle ist der Kommunikator als individuelle Person modelliert, die die subjektiven Eindrücke vermittelt, die sie an Ort und Stelle gesammelt hat. Dazu gehören konkrete Merkmale von Gegenständen und räumlichen Umgebungen, atmosphärische Eindrücke, individuelle physische oder psychische Eigenschaften von Akteuren, private Einstellungen, biographische Details und wertende Charakterisierungen von Personen.

Beispiel T 8
(...) *Hans-Heinz Steinbeck hat es mitgebracht, das Prachtstück, seinen ganzen Stolz. Er legt einen schweren gläsernen Block auf den Tisch. Darin eingelassen ist das Wunderding, damit es nicht verlorengeht. Zu sehen ist auf goldenem Grund ein feines goldenes Plättchen, leicht schimmernd, von dünnen, regelmäßigen Adern überzogen.* (...)
Hans-Heinz Steinbeck ist Abteilungsleiter bei IBM in Sindelfingen, Hans Friedrich Chef des MEGA-Projekts der Firma Siemens in München-Neuperlach. Der eine arbeitet in einem langgezogenen Gebäude, das Besuchern von weitem gelegentlich wie ein in schwäbische Wälder verirrter Ozeandampfer anmutet. Der andere sitzt in einem unübersehbaren, verschachtelten Bürokomplex, in einer Computerwelt, deren Häuser nach Bäumen benannt sind und in der man so bizarre Erlebnisse haben kann wie einen Spaziergang durch lange unterirdische Gänge, zwischen Rohren und Kabeln, umhuscht von Elektroautos, schließlich vor einem gelben Fahrstuhl ankommend, an dem steht: Lindenhaus. (...)

4.2.3.4. Die Kommunikator-Rollen im Überblick

Zusammenfassend läßt sich der Rolle des Faktenvermittlers eine objektivierende Darstellung von Sachverhalten, der Rolle des Reporters eine subjektivierende Darstellung von Sachverhalten und der Rolle des Kritischen Beobachters eine eigenständig vorgenommene Beurteilung von Sachverhalten zuordnen. Bezogen auf das Korpus ist die Faktenvermittler-Rolle als grundlegend anzusehen: Sie kommt in allen Texten vor, entweder allein oder in Kombination mit anderen Rollen. Die Rollen des Reporters und des Kritischen Beobachters hingegen kommen nur in Kombination mit der Faktenvermittler-Rolle vor: Im Korpus finden sich weder reine Reportagen noch Artikel, die ausschließlich meinungsbildend-wertenden Charakter haben, statt dessen Texte mit reportagehaften bzw. urteilenden Passagen.

Der funktionale Texttyp I weist eine Faktenvermittler-Rolle auf. In den Texten vom Typ II findet sich eine Rollenkombination aus Faktenvermittler und Kritischem Beobachter mit Verbraucherorientierung. Die zum Typ III gehörenden Texte realisieren z.T. die Faktenvermittler-Rolle, z.T. eine Kombination der Faktenvermittler- und Reporterrolle. Beim Typ IV schließlich ist die Rolle des Faktenvermittlers mit der des Kritischen Politik-Beobachters kombiniert.

Während fachinterne Kommunikator-Rollen (wie "Vorgesetzter", "Anleiter", "Kollege", "Spezialist") durch Hierarchien, Funktionen und die innerfachliche Arbeits- und Wissensteilung definiert und an Handlungszusammenhänge gebunden sind, erweisen sich die journalistischen Kommunikator-Rollen gewissermaßen als institutionell und fachlich neutral: Sie erlauben innerhalb der einzelnen fachexternen Texte einen Wechsel zwischen fachlichen und nichtfachlichen Perspektiven. Die Reporter-Rolle läßt es darüber hinaus zu, daß der Emittent auch bei der Vermittlung fachlicher Zusammenhänge sich partiell von der abstrahierenden, anonymisierenden und objektfixierten Sichtweise, wie sie für die fachinterne Kommunikation spezifisch ist, lösen kann zugunsten einer konkretisierenden Wiedergabe subjektiver Eindrücke (vgl. dazu die Strukturbeschreibungen in Abschn. 4.3.4.).

Indem die Kommunikator-Rollen den nicht-verbindlichen Angebotscharakter der Texte bedingen, markieren sie nicht nur Unterschiede zur fachinternen, sondern auch zu anderen Formen fachexterner Kommunikation. Solche Unterschiede bestehen nicht nur gegenüber Formen, bei denen die Rezeption in Handlungszusammenhänge gestellt ist (wie z.B. bei produktbegleitenden Texten) oder bei denen sie normativ bedingt ist (wie z.B. bei Lehrbüchern oder Behördenschreiben), sondern auch gegenüber freiwillig rezipierten Texten. Dies läßt sich am Beispiel popularisierender Sachbücher deutlich machen. Deren Unterschied zu den Korpustexten besteht, soweit es kommunikative Rollen betrifft, darin, daß sie – über eine bloße Laienorientierung hinaus – lernzielorientiert sind. In ihnen ist eine informelle Variante der Lehrer-Rolle realisiert. Diese Rolle ist nicht allein dadurch definiert, daß Erläuterungen gegeben werden. Darin manifestieren sich zunächst nur allgemeine Laienorientierungen, wie sie sich auch in Korpustexten im Rahmen der dominierenden oder subsidiären hintergrundorientierten Informationsfunktion finden. Die Laienorientierung besteht dabei in Verständnishilfen bezüglich mitgeteilter Sachverhalte und ist deshalb auch mit einer Faktenvermittler- und einer Reporter-Rolle kompatibel. Die Lehrer-Rolle in popularisierenden Texten geht aber über eine solche Laienorientierung hinaus. Sie ist durch eine Strategie gekennzeichnet, die die Sachverhalte als Lernstoff präsentiert und den Adressaten durch Formen indirekter oder direkter Anrede sowie durch die Thematisierung seines (vorausgesetzten) Wissensniveaus, der Schwierigkeitsgrade des Themas und seiner Interessen in seiner Rolle als lernbereiten Laien anspricht und dadurch die Emittenten-Adressaten-Bindung definiert.[48]

Beispiele:

(...) *Das Buch ist dennoch keine leichte Lektüre. Trotz unserer Bemühungen um gute Verständlichkeit wird dem Leser manches recht kompliziert erscheinen. Innerhalb der gesteckten Grenzen wird er voll mit den Schwierigkeiten konfrontiert, die die Mikroelektronik dem Verständnis bietet. Diese Schwierigkeiten liegen in der Natur der Sache. Wer nicht an der Oberfläche bleiben will, muß sich ihnen unterziehen. Das Buch will stellenweise nicht gelesen, sondern studiert werden.* (...)
(Aus: R. Enderlein, Mikroelektronik. Eine allgemeinverständliche Einführung in die Welt der Mikrochips, ihre Funktion, Herstellung und Anwendung. Heidelberg, Berlin, Oxford 1993, S. 11)

(...) *In den nachfolgenden Abschnitten wollen wir uns den heute üblichen Vorstellungen vom elektrischen Strom, von der Elektrizität, zuwenden. Dazu müssen wir aber vielleicht nur ein klein wenig Schulwissen wiederholen. Hoffentlich macht's nun mehr Spaß als damals ...* (...)
(Aus: A. Haug, Elektronik für jedermann. Stuttgart 1980, S. 41)

Mit entsprechenden Texten werden Bildungsziele verfolgt, nämlich eine nicht an kurzfristige Aktualität gebundene Vermittlung (relativ) geschlossener Wissensbestände, Begriffsnetze, Denk- und Verfahrensweisen, wobei das Ziel eine dauerhaftere Speicherung und Abrufbarkeit im Gedächtnis der Adressaten ist.

Eine solche Rolle findet sich in den Korpustexten nicht realisiert. Dies ist nicht nur ihrem geringeren Umfang geschuldet, sondern auch der universalen Ausrichtung dieser Medien und der damit einhergehenden Dispersität des Publikums. Während der Emittent eines popularisierenden Sachbuchs eine Zielgruppe mit einem allgemeinen Laienniveau voraussetzen kann, ist das potentielle Publikum der Universalmedien hinsichtlich seiner Interessen und Wissensvoraussetzungen heterogen. Zu den Adressaten gehören Laien mit unterschiedlicher Vorbildung und darüber hinaus u.U. auch Experten, die den journalistischen Emittenten an Fach-

---

48 Vgl. auch Pörksen (1986: 190ff.) und Beier (1983: 98)

wissen überlegen sind. Eine solche im Verhältnis zur Kommunikationsrichtung umgekehrte Wissensasymmetrie schlägt sich häufig in kritischen Leserbriefen zu fachlichen Themen nieder.

Die Vorstellung, daß in der fachexternen Kommunikation zumindest zu Beginn des Kommunikationsaktes der Emittent den fraglichen Gegenstand grundsätzlich deutlicher vor Augen hat als der Adressat (so Kaempfert 1983: 40), trifft also für ihre massenmediale Spielart nicht notwendigerweise zu. Ein Emittent, der seinen Gegenstand nur durch schriftliche Quellen und nur hinsichtlich abstrakter Daten, nicht aber seines konkreten Aussehens kennt, hat ihn möglicherweise buchstäblich überhaupt nicht "vor Augen". Im Extremfall wäre er nicht in der Lage, ihn ostensiv zu identifizieren, und er hat streng genommen kein gesichertes Wissen über die Existenz des Gegenstandes. Er verläßt sich auf seine Quellen. Solche "parasitären" Referenzformen (Searle 1983: 248) sind in der Medienkommunikation mit ihren über viele Vermittlungsinstanzen verteilten Informationswegen keine Seltenheit.

Eine popularisierende Lehrer-Rolle dürfte darüber hinaus schwierig mit der an medialen Auswahlkriterien orientierten Selektivität und Diskontinuität fachexterner Pressekommunikation vereinbar sein, die sich in ihrer Themenbildung primär nicht am Fach als einem relativ geschlossenen Kanon theoretischen und praktischen Wissens orientiert, sondern an selektierten Ausschnitten des fachlichen Geschehens, die als Nachrichten- oder Hintergrundsachverhalte formatiert werden. Hiermit sind bereits Kriterien fachexterner Themenbildung angesprochen, die im folgenden Abschnitt behandelt werden.

4.2.4. Themen und Textstrukturen

4.2.4.1. Thematische Selektionskriterien

Wir haben bereits gesehen, daß Text-Quaestiones nicht nur mit Funktionen korrespondieren, sondern auch die Weltausschnitte selektieren, die die inhaltliche Basis des Textthemas bilden. Text-Quaestiones sind in den Medien nicht beliebig, sondern sie folgen thematischen Selektionskriterien, die sich in der journalistischen Praxis herausgebildet haben. Diese legen fest, ob ein Sachverhalt "ein Thema ist".

Es gibt verschiedene medientheoretische Versuche, diese Kriterien als "Nachrichtenfaktoren" zu definieren, die bestimmte abstrakte Merkmale von Sachverhalten umfassen. Je stärker diese Merkmale ausgeprägt sind, desto größer sind die Thematisierungschancen eines Sachverhalts. Genannt werden u.a.:[49]

---

49 Vgl. etwa Galtung/Ruge (1965), Kepplinger (1989), Bell (1991a: 156ff.), Schulz (1976), ders. (1994b: 330f.), Ruhrmann (1994: 238ff.)

- "Aktualität": der Grad der Neuigkeit von Geschehnissen und der Virulenz akuter Trends
- "Superlativität": die Rekordhaltigkeit von Ereignissen oder Gegenständen
- "Negativität": das Maß an Konflikten, Kontroversen, Zerstörungen oder Gewalt, das ein Sachverhalt birgt
- "Adressatenrelevanz": das Maß, in dem ein Sachverhalt das Leben der Adressaten betreffen kann
- "Personalisierung": die Möglichkeit, Sachverhalte an den Handlungen und Schicksalen von Individuen festzumachen
- "Prominenz": das Maß, in dem Sachverhalte mit prominenten und/oder einflußreichen Personen im Zusammenhang stehen
- "Frequenz": das Maß, in dem zeitliche Abläufe von Sachverhalten mit der Erscheinungsperiodik der Medien übereinstimmen

Diese Kriterien sind nicht trennscharf gegeneinander abgegrenzt und auch nicht klar hierarchisiert. In der Regel muß ein Sachverhalt mehrere Kriterien erfüllen, um selektiert zu werden. Die Kriterien können sich in der Praxis überschneiden oder auch konkurrieren.

Thematische Selektionskriterien sind auch für fachexterne massenmediale Texte in Betracht zu ziehen. Allerdings lassen sich die Kataloge der Nachrichtenfaktoren nur modifiziert übernehmen, denn sie sind stark auf die tagesbezogene, nichtfachexterne Ereignisberichterstattung fixiert. Hinzu kommt ihr hoher Abstraktionsgrad, der ihre Identifizierung in konkreten Texten erschwert. Das Kriterium "Superlativität" beispielsweise wird selbstverständlich für das Sportressort anders erfüllt als für das Wissenschaftsressort. "Adressatenrelevanz" bedeutet für lokale Medien und Ressorts anderes als für regionale oder für nationale. Auch die "Aktualität" weist je nach Erscheinungsperiodik unterschiedliche Ausprägungen auf. Der genannte Kategorienkatalog kann also nur als ein grobes Raster angesehen werden, das in den jeweiligen Ressorts und Sparten unterschiedlich gefüllt wird, weshalb die korpusrelevanten Kriterien im Zusammenhang mit den Textanalysen herausgearbeitet werden sollen.

Die jeweilige Ausprägung von Themenselektionskriterien steht in engem Zusammenhang mit den Ressorts als redaktionsinternen Organisationseinheiten, die die Informationsflüsse kanalisieren bzw. mit den Sparten, die als typographische Einheiten der thematischen Zuordnung der Zeitungstexte dienen. Ressorts und Sparten haben sich erst im Laufe des 19. Jahrhunderts herausgebildet. Bis dahin wurden Mitteilungen und Texte nach der Reihenfolge ihres zeitlichen Eingangs geordnet. Für technische und naturwissenschaftliche Themen wurden sogar erst Ende des Jahrhunderts eigene Rubriken eingerichtet (Hömberg 1990a: 20ff.). Die wirtschaftliche, gesellschaftliche und politische Bedeutung von Naturwissenschaft und Technik erreichte in diesem Zeitraum den entscheidenden Grad, um sie zu einem "sozialen Phänomen" (Eckert/Schubert 1986: 26) und damit zu einem festen medialen Themenbereich zu machen. Aufgrund ihrer historisch bedingt andersartigen Differenzierungsprinzipien weisen die thematischen Binnengliederungen der Medien nur partiell Ähnlichkeiten mit fachlichen Grobgliederungen auf (z.B. bei den Sparten "Wissenschaft", "Technik" oder "Kultur"), ebenso spielen auch lebensweltliche (z.B. "Modernes Leben", "Aus aller Welt", "Vermischtes") räumliche (Lokal- und Regionalteile) und politische Kriterien eine Rolle. Deshalb sind viele fachlich definierte Sektoren, wie auch die Mikroelektronik, von den Ressort- und Spartengliederungen der Presse aus gesehen "Querschnittsthemen". Insbesondere die "Politik" – eingeschlossen die politisch relevanten Sektoren der Wirtschaftssparte, wie z.B. Aktivitäten der Wirtschafts- oder Forschungsministerien, Tarifpolitik oder Konzernaktivitäten – bildet ein thematisches Gravitationszentrum, das technisch-naturwissenschaftliche Inhalte an sich zieht, wenn politische Akteure und Entscheidungsprozesse involviert sind.[50]

Die politische Bedeutung der Mikroelektronik und die damit einhergehende dauerhafte Adressatenrelevanz resultiert aus ihrer Rolle für den Arbeitsmarkt und die "Standort"-Sicherung sowie aus den forschungs- und industriepolitischen Forderungen, die in diesem Zusammenhang an Staat und Wirtschaft gerichtet werden. So sind die Korpustexte nicht nur in den Sparten plaziert, die thematisch mit der Mikroelektronik als Fach verbunden sind (Technik-, Wissenschafts-, Computersparten),[51] sondern auch auf den ersten Seiten der Wirtschaftssparten, wo wirtschaftspolitische Themen behandelt werden.

4.2.4.2. Themen und Themenentfaltungsstrukturen

Um das Korpus unterhalb der funktionalen Ebene zu differenzieren, werden die Korpustexte nach Themenarten sortiert, wofür die von den Emittenten für die Themenbildungen verwendeten Weltausschnitte herangezogen werden. Diese Weltausschnitte – Objekte, Situationen, Ereignisse etc. – sind als die thematischen Gegenstände der Texte zu sehen. Sie sind als solche nicht a priori gegeben (weshalb man auch von "Weltzuschnitten" sprechen könnte), sondern Resultate einer durch die Text-Quaestio ausgelösten selektierenden, aspektualisierenden und verdichtenden Realitätsverarbeitung. Der thematische Gegenstand ist Teil des Themas, aber nicht unbedingt mit diesem identisch. Zwei Themen können denselben thematischen Gegenstand umfassen – z.B. eine bestimmte Situation – und sich trotzdem voneinander unterscheiden, weil sie im Kontext unterschiedlicher

---

50 Zur Übernahme ursprünglich fachlicher Inhalte in die Politikressorts vgl. etwa Kepplinger/Mathes (1988), Beste (1989), Mathes (1989), Brodde (1992). – Im Zuge der Unterscheidung von Basis- und Folgefächern (s.o. Abschn. 3.2.4.) kann man Politik – wenn man den Begriff auf staatliches Handeln einengt - als ein ultimatives Folgefach ansehen.

51 Dabei kann es sich um regelmäßige Sparten oder um Beilagen zu speziellen Anlässen, z.B. Mikroelektronikmessen, handeln.

Textfunktionen stehen. So wäre das Thema "Die Situation X" mit der Informationsfunktion kompatibel, das Thema "Die Situation X verlangt nach entschlossenem Handeln" hingegen mit einer appellativen oder einer informativ-appellativen Funktion.

Im Korpus lassen sich folgende Themenarten mit ihren funktionalen Kontexten unterscheiden:

(1) Neue Chips / Text-Typen I und II
(2) Chips als Forschungs- und Entwicklungskonzepte / Text-Typ III
(3) Das Prinzip Chip / Text-Typ III
(4) Die Arbeitswelt der Chip-Akteure / Text-Typ III
(5) Politisch-wirtschaftliche Chip-Ereignisse / Text-Typ I
(6) Chips als Markt- und Standortfaktor / Text-Typen III und IV

Diese Themenarten sollen im folgenden hinsichtlich ihrer Themenentfaltungsstrukturen, Sachperspektiven und thematischen Selektionskriterien bezogen auf ihre jeweiligen funktionalen Kontexte beschrieben werden. Die Beschreibungen bestehen jeweils aus drei Teilen. Im Teil (A) wird die jeweilige Themenart anhand der einschlägigen Text-Quaestiones bezogen auf den entsprechenden funktionalen Kontext umrissen. Teil (B) liefert eine exemplarische Strukturbeschreibung jeweils anhand von im Anhang abgedruckten Textbelegen, die zur Veranschaulichung heranzuziehen sind. Teil (C) enthält die Themenselektionskriterien und eine zusammenfassende Strukturbeschreibung der wesentlichen Merkmale der jeweiligen Themenart.

(1) Neue Chips/Text-Typen I und II

Den hierzu gehörenden Textthemen liegen Text-Quaestiones vom Typ Q1 zugrunde: Welche technisch-wissenschaftlichen Neuheiten gibt es und wie sind sie beschaffen?

Die Texte werden dominiert von der primär fachexternen Technologie-Perspektive. Wirtschaftliche oder politische Kontexte kommen nur am Rande vor. Die Texte, die zu dieser Themenart gehören, verteilen sich auf zwei funktionale Texttypen, die auch mit unterschiedlichen Sparten korrespondieren. Dies sind:

1a) die informativ-nachrichtenorientierten Texte des funktionalen Texttyps I. Sie sind in den Wissenschaftssparten plaziert.
1b) die zum Typ II gehörenden Texte, die die informative Funktion in ihren beiden Ausprägungen mit der appellativ-empfehlenden Funktion verschmelzen. Bei ihnen ist die Quaestio Q1 mit Q5 und Q8 gekoppelt. Sie sind in den Technikssparten plaziert.

(1a) Neue Chips/Text-Typ I

(A)
Die hier thematisierten Chips sind Neuheiten aus den Forschungs- und Entwicklungsabteilungen, die vielfach (noch) nicht für die private Nutzung vorgesehen sind. Typographisch zu unterscheiden sind einspaltige und mehrspaltige Texte, die mit je einem Beispiel vorgestellt werden. Die Kommunikator-Rolle ist die des Faktenvermittlers.

(B)
Exemplarische Beschreibung: T 1

Thema: Ein neuer Speicherchip mit 256 Megabit

Die Überschrift des einspaltigen Texts gibt das Thema wieder und referiert auf das selektionsrelevante Merkmal, das die Kriterien der Aktualität und der Superlativität erfüllt. Die Propositionen am Textanfang (Z 1-4) umreißen den wirtschaftlichen Hintergrund. Der übrige Text beantwortet ausschließlich Quaestiones, die auf Merkmale des Chips zielen. Dieser wird zunächst hinsichtlich seiner Leistung spezifiziert, wobei das in der Überschrift genannte Merkmal (*256 Megabit*) wiederaufgenommen und mit Leistungsmerkmalen älterer Produkte kontrastiert wird (*bisher ... 16 Megabit*, Z 4-8). Damit sententiell verknüpft ist die zeitliche und räumliche Situierung des thematischen Gegenstandes. Die räumliche Situierung ist vage (*japanische Firma*). Das gleiche gilt für die zeitliche Situierung. Durch die unspezifische temporale Deixis (*unlängst*) wird Aktualität signalisiert, aber nicht datiert.

Von der Situierung aus geht die referentielle Bewegung zu Merkmalen, die mit der in der Überschrift und am Textanfang topikalisierten Speicherleistung in Verbindung stehen. Dazu gehören zunächst die Abmessungen des Chips und die alltagsweltliche Erläuterung der Speicherleistung (*18.000 Schreibmaschinenseiten*, Z 10-12). Danach wird auf die dieser Leistung zugrundeliegenden Merkmale referiert (Z 12-20): Dabei handelt es sich zunächst um konstruktive Merkmale, nämlich die Abmessungen der Speicherzellen und die Architektur der Schaltelemente. Die letzte referentielle Station bildet schließlich die Materialebene, wo auf die physikalische Beschaffenheit des Siliziums referiert wird (Z 20-25).

Die referentielle Bewegung des Textes bleibt innerhalb des Merkmalsraumes "Chip". Sie entspricht einer Abfolge von aufeinander bezogenen, ursachenorientierten propositionalen Quaestiones. Im Zuge ihrer Beantwortung werden die Merkmale, die zur Beschreibung des Chips dienen, zugleich in eine kausale, von der physikalischen Makro- auf die Mikroebene hinabgehende Abfolge gestellt, wodurch das topikalisierte Merkmal "Speicherkapazität" mehrstufig erklärt wird.

Exemplarische Beschreibung: T 2

Thema: Ein neuer Koprozessor

Die Schlagzeile des mehrspaltigen Texts nimmt auf das Thema nur assoziativ bezug. In der Unterzeile wird auf den thematisierten Chip summarisch und bewertend referiert (*Geschickte Rechnerarchitektur*).

Im ersten Absatz des Textes (Z 1-14) wird auf die selektionsrelevanten Merkmale des Chips referiert (*schneller als alle bisher bekannten Chips*), die die Kriterien Aktualität und Superlativität erfüllen, zum anderen auf grundlegende funktionale Merkmale. Zugleich wird der Chip mit älteren Produkten kontrastiert und zeitlich und lokal situiert, wobei die zeitliche Situierung sich hier ebenfalls auf eine unspezifische Signalisierung von Aktualität beschränkt (*ein neuer Chip*). Die Kontrastierung wird in den folgenden Textteilen durch entsprechende Referenzen auf Leistungsmerkmale spezifiziert (Z 15-43).

Der weitere Textverlauf (Z 40-85) ist durch zwei miteinander verschränkte referentielle Bewegungen gekennzeichnet. Zum einen wird die im Text topikalisierte Merkmalsdimension "Geschwindigkeit" schrittweise kausal auf Merkmale schaltungslogischer und schaltungstechnischer Beschreibungsebenen zurückgeführt (*Bauweise, Taktfrequenz, Schaltungstechnik, interne Gliederung, Transport von Daten*) und damit zugleich erklärt. Zum anderen wird die am Anfang begonnene Kontrastierung mit Vorgängerprodukten fortgesetzt (*... ersetzt eine Sammlung von rund 150 anderen Chips..., herkömmliche Technik, bisherige Computer, herkömmliche Bauweise, andere Koprozessoren*): Sie durchzieht in Form einer mehrsträngigen zwischen den kontrastierten Objekten hin- und herwechselnden Wiederaufnahmestruktur den gesamten Text. Die ursachenorientierten propositionalen Quaestiones sind hier also durchgängig gekoppelt mit Quaestiones, die auf das Neuartige des Chips abzielen. Der letzte Textteil ist eine zusammenfassende Bewertung, in dem die exemplarische Bedeutung des thematisierten Chips herausgestellt und damit zugleich auch der Artikel legitimiert wird.

(C)
Themenentfaltungsmerkmale der Themenart 'Neue Chips'/Text-Typ I

Die Selektionskriterien, die der Wahl des thematischen Gegenstands 'Neue Chips' in den Wissenschaftssparten zugrundeliegen, sind für beide typographische Textformen mittelfristige Aktualität, Superlativität und Adressatenrelevanz. Die Adressatenrelevanz ist durch die Leistungsmerkmale der Chips und die damit zusammenhängenden Auswirkungen auf die digitalen Technologien gegeben. Die Superlativität resultiert aus den jeweiligen Geschwindigkeits-, Speicher- und Miniaturisierungsrekorden.

Etwas ausführlicher muß auf das Kriterium 'Aktualität' eingegangen werden: Für die Aktualität derartiger Texte ist neben dem Zeitpunkt der Fertigstellung vor allem die über diesen Termin hinaus bestehende Neuartigkeit der fertiggestellten Produkte entscheidend, die es erlaubt, daß zwischen der Fertigstellung des Chips und dem Erscheinen des Artikels eine gewisse Zeitspanne vergehen kann, ohne daß der Artikel dadurch unaktuell würde. Es handelt sich hier um eine mittelfristige, mit der wöchentlichen Erscheinungsweise der Wissenschaftssparten zu vereinbarende Aktualität. Ihre Verfallsfristen sind einerseits kürzer als bei Forschungskonzepten oder wissenschaftlichen Trends, die sich über mehrere Monate oder sogar Jahre erstrecken können und die deshalb für die Medien eine langfristige Aktualität haben. Sie sind andererseits länger als bei flüchtigen Ereignissen, deren kurzfristige Terminaktualität für diejenigen Ressorts maßgeblich ist, die sich am Tagesrhythmus von Geschehnissen orientieren. Der gemessen an einer solchen Tagesaktualität geminderte Neuigkeitswert der Chip-Nachrichten wird kaschiert: Man verzichtet auf Datierungen, die die Mittelfristigkeit der Aktualität deutlich machen würden, und verwendet statt dessen Temporalausdrücke (*unlängst, gerade, jüngst, neu, Neuigkeit, Newcomer*), die Aktualität unspezifisch deklarieren.

Die Themenentfaltung dieser Texte in beiden typographischen Erscheinungsformen ist als eine beschreibend-explikative Hybridstruktur zu charakterisieren. Lediglich die zeiträumliche Situierung der Chips am Textanfang ist ein rudimentäres berichtendes Element. Die beschreibende und die explikative Komponente sind komplementär verklammert: Die Merkmale eines Objekts werden im Textverlauf so angeordnet, daß diese gleichzeitig in einer kausalen Relation zueinander stehen. Mit der deskriptiven wird also simultan eine explikative Struktur realisiert. Dieses Strukturmoment ist durch die Fachlichkeit der Technologie-Perspektive bedingt, genauer gesagt durch die Tatsache, daß integrierte Schaltkreise Schnittstellen-Produkte der Mikroelektronik, der Informatik und vorgelagerter Fächer wie Physik, Chemie, Logik und Mathematik sind, wodurch der Begriff "Mikrochip" im Schnittpunkt eines mehrdimensionalen begrifflichen Raumes steht. Dementsprechend gibt es unterschiedliche material-, operations-, funktions- und logikorientierte Betrachtungsebenen und Beschreibungsmodi mit je spezifischen Merkmalsdimensionen, die auf komplexe Weise ineinandergreifen. Im Unterschied zu einer Kausalität, die zwischen zwei zeitlich verschiedenen Ereignissen besteht, handelt es sich hier um eine objektinterne Kausalität zwischen unterschiedlichen Betrachtungsebenen.

Ist die Merkmalsdimension "beschreibend-explikativ" durch die fachliche Perspektive bedingt, so verbindet sie sich darüber hinaus mit anderen Strukturmomenten, die dem massenmedialen Charakter der Texte zuzurechnen sind. Zu nennen ist hier die topikalisierte Referenz auf Merkmale, die die thematischen Selektionskriterien der Adressatenrelevanz, der Aktualität und der Superlativität erfüllen. In einem Teil der Texte wird auch auf makroskopisch wahrnehmbare Dimensionen und Gestalteigenschaften referiert, um dem Adressaten rudimentäre Vorstellungen von der äußeren Beschaffenheit des Gegenstandes zu vermitteln und den Grad der Miniaturisierung der Schaltkomponenten zu verdeutlichen.

Diese Merkmalsanordnung weist eine Analogie zu Strukturen auf, die sich im Rahmen berichtender, ereignisorientierter Texte entwickelt haben. Nach diesem "Pyramidenprinzip" wird das aktuellste und relevanteste Ereignis oder Unterereignis topikalisiert.[52] Ihm nachgeordnet werden kausal und temporal vorausgegangene Ereignisse oder Teilereignisse, Reaktionen und historische Sachverhalte. So ist ein Text von hinten kürzbar, ohne daß die wichtigsten Inhalte verloren gehen. In den nachrichtenorientierten Texten der Themenart 'Neue Chips' findet sich eine Übertragung dieser Strukturprinzipien von einer ereignis- und zeitbezogenen in eine auf Objekte und ihre interne Struktur bezogene referentielle Bewegung. Der thematischen Relevanz von Ereignissen entspricht hier die thematische Relevanz von Objektmerkmalen. Den chronologisch vorgeordneten Ereignissen, die in der berichtenden Textstruktur nachgeordnet werden, entsprechen die kausal zugrundeliegenden Chipmerkmale, die in der beschreibenden Textstruktur den topikalisierten, peripherienahen Merkmalen nachgeordnet werden.

So wie die temporale referentielle Bewegung ereignisorientierter Berichte nur partiell der natürlichen Zeitenfolge entspricht, so ist auch die Merkmalsreferenz in diesen nachrichtenorientierten Chipbeschreibungen zum Teil von massenmedialen kommunikativen Intentionen und textuellen Konventionen bestimmt. Die Struktur des beschriebenen Objekts bildet nur den Rahmen innerhalb dessen dieses Muster der referentiellen Bewegung als eines von mehreren theoretisch möglichen realisiert wird.
Man kann sich das verdeutlichen anhand eines Vergleichs mit Strukturen, wie man sie in Sachbüchern finden kann. Dort geht die referentielle Bewegung vom fachlich Allgemeineren zum fachlich Spezielleren, vom Einfacheren zum Komplizierteren (und analog vom Historischen zum Aktuellen im Sinne einer nachvollzogenen Entdeckungsprozedur). Um die komplexe Wissenswelt der Mikroelektronik zu vermitteln, werden zunächst die einzelnen Wissenskomponenten vorgestellt und dann schrittweise integriert.[53] Diese popularisierende Ausprägung der deskriptiven Struktur resultiert aus der informellen Lehrer-Rolle und der damit verbundenen Ausprägung der Informationsfunktion, die auf eine dauerhafte Vermittlung geschlossener Wissensbestände abzielt. In den nachrichtenorientier-

---

52 Diese Strukturen haben sich in der Presse im Laufe des vorigen Jahrhunderts herausgebildet und die vordem übliche chronologische Zeitstruktur ersetzt, vgl. Bell (1991a: 69ff., 173), van Dijk (1988: 43), Ruhrmann (1994: 247), Reumann (1994: 95ff.).

53 So in den beiden bereits angeführten Sachbuchbeispielen Enderlein (1993) und Haug (1983). Vgl. auch Pörksen (1986: 192f.)

ten Artikeln der Themenart 'Neue Chips' hingegen wird das Neuartige und Spezielle topikalisiert. An ihm orientieren sich dann die Merkmalsselektion und die referentielle Bewegung.

Ein komplementäres Strukturmoment in diesen Pressetexten ist die Kontrastierung: Der thematisierte Chip-Typ wird mit Vorgängerprodukten oder typmäßig verwandten Produkten bezüglich ausgewählter Merkmalsdimensionen kontrastiert, um die Neuartigkeit des thematischen Objekts zu konturieren. Damit wird zugleich eine motivationale Erklärung für das neue Produkt und eine Legitimation des Artikels bezüglich seines Nachrichtenwertes geliefert.

(1b) Neue Chips/Text-Typ II

(A)
Anders als bei den Typ-I-Texten richtet sich die Text-Quaestio hier nicht auf Neuheiten der internationalen Forschung, sondern auf Marktneuheiten, die für den privaten Nutzer in Frage kommen. Chips werden als Bausteine marktgängiger Geräte thematisiert. Entsprechend der Hybridfunktion, die eine appellativ-empfehlende mit einer informativen Komponente in deren beiden Ausprägungen verschmilzt, ist die Quaestio Q1 kombiniert mit Q5 und Q8: Was steckt hinter der Chip-Neuigkeit? Wie sollte sich der potentielle Verbraucher gegenüber den Novitäten verhalten? Die Rolle des Faktenvermittlers ist hier mit der des Kritischen Beobachters gekoppelt.

(B)
Exemplarische Beschreibung: T 4

Thema: Ein neuer Intel-Koprozessor und seine PC-Nutzung

Die Schlagzeile referiert auf Leistungsmerkmale des Chips. Erst die Unterzeile identifiziert ihn durch Firmen- und Typenbezeichnungen und signalisiert die Aktualität (*neu*). Im ersten Teil (Z 1-9) wird auf die Leistungsmerkmale des Chips und die praktischen Einsatzmöglichkeiten für PC-Benutzer referiert, die darin bestehen, daß er gegen alte Prozessoren ausgetauscht werden kann, um die PCs zu beschleunigen. Durch Futur, aktualisierendes Präsens und Temporaladverbien wird unspezifische Aktualität signalisiert. Die Gültigkeit der Aussagen über die Leistungsmerkmale wird durch Modalisierungen und durch die Nennung der Quelle (*der Chiphersteller Intel, sollen, das verspricht*), sowie durch eine kritische auktoriale Bewertung (*wenn's denn so einfach wäre*) eingeschränkt bzw. in Frage gestellt.

Die darauf folgenden Propositionen sind Antworten auf Quaestiones, die auf die Begründung dieser Bewertung abzielen. Zugleich wird auf den Preis sowie auf

Nutzer-Gruppen referiert. Indem die Menge der kompatiblen PCs eingegrenzt wird, werden die PC-Besitzer nach dem Grad des Nutzens, die der neue Chip für sie hat, differenziert (Z 10-18).

Von dort aus bewegt sich die Referenz wieder zurück zu den Leistungsmerkmalen, die in Untermerkmale differenziert werden. Die darauf folgenden Referenzen gehorchen kausalen Quaestiones: Sie werden beantwortet durch Referenz auf die konstruktiven Ursachen für Funktionsmerkmale (Z 19-36). Von dort aus wird wieder indirekt auf Nutzergruppen referiert, indem die Menge der kompatiblen PCs noch weiter eingegrenzt wird. Diese Begrenzung wiederum wird kausal durch Referenz auf zugrundeliegende technische Merkmale erklärt (Z 37-55).

Die Referenz bewegt sich dann zu den Geräteumgebungen verschiedener kompatibler PC-Typen sowie zu den Montagemerkmalen des thematisierten Koprozessors (Z 56-68). Daraufhin wird wieder auf spezifische Nutzergruppen und mit ihnen auf Geräteumgebungen referiert, deren technische Merkmale nur eine eingeschränkte Nutzung des Leistungspotentials des Koprozessors zulassen (Z 69-75). Dies bereitet die Quaestio "Was ist zu empfehlen?" vor und in ihrer Folge die Referenz auf den zweiten thematischen Gegenstand, der kontrastiv eingeführt wird: Ein neuer PC-Typ, der das Potential des Koprozessors besser nutzt (Z 75-79). Die folgenden Propositionen referieren auf nutzerrelevante Leistungsmerkmale und danach auf leistungsbeschränkende Merkmale. Diese werden wiederum von den nachfolgenden Propositionen technisch-kausal erklärt. Den Abschluß des Textes bilden Empfehlungen für potentielle Käufer (Z 118-130).

Die referentielle Bewegung des Textes entspricht einer Koppelung von propositionalen Quaestiones, die sich auf die Leistungsmerkmale der Chips und deren konstruktive Ursachen richten, sowie auf ihre Bewertung aus der Sicht der Nutzer und auf die Begründungen dieser Bewertungen. Im Zuge der Beantwortung dieser Quaestiones werden, wie in den Typ-I-Texten, auch hier adressatenrelevante Merkmale topikalisiert, wobei die Adressatenrelevanz hier allerdings praktischen Orientierungswert hat. Ebenso finden sich Kontrastierungen sowie explikative Verknüpfungen peripherienaher Leistungsmerkmale mit konstruktiven Merkmalen tieferliegender Beschreibungsebenen.

Der Benutzerorientierung entsprechend wird auch auf die Montage-Eigenschaften, die räumliche Lokalisierung der Prozessoren und Kompatibilitätseigenschaften referiert. Eine zusätzliche referentielle Dimension besteht darin, daß die Chip-Merkmale schrittweise jeweils zu bestimmten Benutzergruppen bzw. PC-Typen in Beziehung gesetzt werden. Daraus ergibt sich, daß die referentielle Bewegung nicht eindimensional ist, sondern zwischen Merkmalen des Chips, der Chip-Umgebung und den Nutzern wechselt. Dadurch daß die entsprechenden Propositionen teilweise der Stützung von Bewertungen und Empfehlungen dienen, ergibt sich eine Verschränkung von beschreibenden und explikativen mit argumentativen Strukturmomenten.

(C)
Themenentfaltungsmerkmale der Themenart 'Neue Chips'/Text- Typ II

Die Selektionskriterien sind hier gleichfalls mittelfristige Aktualität, Superlativität und Adressatenrelevanz. Die Adressatenrelevanz ist hier aber durch die Zielgruppe der PC-Benutzer als alltagspraktische Relevanz mit direktem Orientierungswert gegeben. Auch die Superlativität spielt hier nur im engeren Rahmen marktgängiger Produkte eine Rolle.

Die empfehlende und evaluative Komponente bedingt, daß die Themenentfaltungsstruktur dieser Themenart neben verklammerten beschreibenden und explikativen Strukturmomenten auf der globalen Ebene argumentative Strukturmomente enthält: Die beschreibend-explikativen Segmente bilden die Informationsbasis und die argumentative Stützung für Empfehlungen. Auch bezüglich der Referenzbereiche gibt es Unterschiede: Referiert wird außer auf die thematisierten Chips auch auf spezifische Computertypen, in denen diese Chips plaziert sind, sowie auf die konkreten Geräteumgebungen, mit denen sie gekoppelt sind. Die Referenz ist hier also nicht nur auf die Chips als isolierte Merkmalsräume, sondern auch auf deren Kontexte gerichtet. Darüber hinaus findet eine Adressierung von Anwendergruppen statt, indem auf unterschiedliche Computertypen und damit auf deren Besitzer und ihre Handlungsmöglichkeiten angesichts der neuen mikroelektronischen Bauteile referiert wird.

(2) Chips als Forschungs- und Entwicklungskonzepte/Typ III

(A)
Den thematischen Gegenstand bilden Konzepte für künftige Chips, Forschungstrends, Projekte und Entwicklungsarbeiten. Es handelt sich um primär fachexterne, hintergrundorientierte Texte unter der Technologieperspektive. Die zugrundeliegende Text-Quaestio ist vom Typ Q3: Welche neuen Trends/Entwicklungen gibt es in der Mikroelektronik? Die dominierende Kommunikator-Rolle ist die des Faktenvermittlers.
(B)
Exemplarische Beschreibung: T 5

Thema: Dreidimensionalität als angestrebtes Konstruktionsprinzip

Die Schlagzeile referiert auf den Kern des thematisierten Forschungskonzepts, die Unterzeile macht deutlich, daß es sich nicht um ein existierendes Produkt, sondern um ein Konzept handelt (*neue Technik ... soll*) und spezifiziert es hinsichtlich der angestrebten Forschungsziele und des selektionsrelevanten Merkmals, das das Kriterium der (potentiellen) Superlativität erfüllt.

Die ersten Propositionen (Z 1-8) referieren summarisch auf die Chipentwicklung bis zum aktuellen Stand und kennzeichnen das akute Problem, dem sich die Forscher gegenübersehen. Damit wird die Fragestellung, der sich die Forscher widmen, zur Quaestio für die folgenden Propositionen. Der Textanfang ist also die motivationale Erklärung für die folgenden Sachverhalte (und legitimiert den Text insgesamt als adressatenrelevant.) Die folgenden Propositionen fassen zunächst das Forschungskonzept zusammen (Z 8-10) und spezifizieren es dann hinsichtlich der angestrebten Ziele (Z 11-17). Damit hat der erste Textteil (Z 1-17) eine Art Vorspannfunktion, indem die Problemstellung und die angestrebte Problemlösung allgemein umrissen werden. Eine lokale Situierung findet sich hier noch nicht. Die zeitliche Situierung ist vage gegenwarts- und zukunftsbezogen.

Im zweiten Textteil (Z 19-26) werden zu Beginn der konzeptbezeichnende Terminus (*"dreidimensionale" Chips*) eingeführt sowie einige vage lokale Situierungen vorgenommen (*wenige Laboratorien, Frankreich, Bundesrepublik, Japan*), die im folgenden auf ein Institut eingegrenzt werden.

Im dritten Textteil wird nur noch auf dieses Institut referiert (Z 27-67). Das generelle Forschungskonzept wird anhand der dortigen Verfahren und Teilzielsetzungen ausschnittweise durch Referenz auf konstruktive Chip-Ebenen, Materialien, Instrumente und chemische Prozesse konkretisiert. Dabei wird dieser Ausschnitt hinsichtlich seiner Teilziele explikativ mit dem Gesamtkonzept verknüpft (Z 34-38). Der letzte Textteil (Z 68-77) liefert einen Ausblick auf Leistungsmerkmale künftiger Chips, die nach der neuen Methode konstruiert sein werden.

Die globale Struktur des Textes ist beschreibend-explikativ, wobei sowohl motivationale als auch naturgesetzliche Kausalitäten eine Rolle spielen. Die referentielle Bewegung des Textes entspricht also einer Abfolge von aufeinander bezogenen, ursachenorientierten propositionalen Quaestiones. Dabei durchzieht den Text zusammen mit einer Referenz auf experimentelle Verfahren außerdem eine objektinterne referentielle Top-down-Bewegung zwischen den hierarchischen Merkmalsebenen "Chip", "Transistor", "Silizium", "Gitterstruktur".

(C)
Themenentfaltungsmerkmale der Themenart 'Chips als Forschungs- und Entwicklungskonzepte'

Texten dieser Themenart liegen die Kriterien der Adressatenrelevanz (Orientierungswissen über künftige technische Entwicklungen) und der langfristigen Aktualität zugrunde, die sich daraus ergibt, daß es sich hier nicht um punktuelle und resultative Sachverhalte handelt (wie z.B. bei der gerade erfolgten Fertigstellung spezifischer Chips), sondern um ausgedehnte Entwicklungen, die zum Textzeitpunkt seit längerem im Gange sind und in die Zukunft hineinreichen.

Die Themenentfaltungsstruktur ist beschreibend-explikativ. Topikalisiert werden nicht neue Leistungsrekorde, sondern Leistungsgrenzen und sich daraus ergebende Herausforderungen. Die Ausrichtung auf Ideen und Ziele, also auf antizipierte statt auf existierende Resultate bedingen modalisierende und futurische Sprachformen. Dabei ist die Fragestellung der Forscher zugleich eine übergeordnete propositionale Quaestio für den Text (Was kann man tun, um das Problem X zu lösen?). Der Textverlauf ist überblicksartig: Mehrere Einzelkonzepte werden unter einem bestimmten Aspekt, der als adressatenrelevant herausgestellt wird, vereinigt. Die Referenz bewegt sich zwischen selektierten theoretischen Komponenten des jeweiligen Konzepts und konkreten Schritten zu ihrer Realisierung. Letztere bedingen ihrerseits Referenzen, die zwischen technischen Verfahren, Instrumenten und den chipinternen konstruktiven und physikalischen Ebenen hin- und herwechseln. Die Referenzen überschreiten also den engen Merkmalsraum "Chip".

(3) Das Prinzip Chip/Text-Typ III

(A)
Den thematischen Gegenstand bilden Sachverhalte, die (im Gegensatz zu Trends oder Forschungskonzepten) zum technischen Standard und zum fachlichen Basiswissen gehören. Die Themenart wird durch primär fachexterne Hintergrundtexte realisiert, die in der Wirtschaftssparte oder in Beilagen plaziert sind. Zugrunde liegt die Text-Quaestio Q4, die auf basale logische, funktionale und physikalische Merkmale von Chips allgemein oder von Chip-Typen abzielt. Die Kommunikator-Rolle ist die des Faktenvermittlers.

(B)
Exemplarische Beschreibung: T 6

Thema: Was Chips sind und wie sie funktionieren

Die Überschrift bezieht sich assoziativ auf das Thema, die Unterzeile referiert auf den aktuellen Aufhänger (*Mega-Chip-Produktion*). Im ersten Textteil (Z 1-10) wird der Chip generisch, als umfassende Gegenstandsklasse, eingeführt, hinsichtlich seiner ökonomischen Bedeutung allgemein bewertet und bezüglich der Größendimensionen spezifiziert. Die folgenden Propositionen (Z 11-27) kontrastieren die Abmessungen und Leistungen von Chips mit Größenverhältnissen aus den Anfängen der Computerzeit. Der Textanfang dient also dazu, den Chip historisch einzuordnen, seine Relevanz zu bewerten und seine superlativischen Merkmale zu topikalisieren. In den folgenden beiden Textteilen (Z 28-57) wird auf Chip-Anwendungsbereiche referiert, die die Relevanz unterstreichen. Diese ersten

Textteile stehen gemeinsam primär unter einer Alltagswelt-Perspektive, sekundär unter einer Technologie-Perspektive.

Den Rest des Textes dominiert die Technologieperspektive. Innerhalb dieses Textteils lassen sich wiederum zwei Segmente unterscheiden. Im ersten Segment (Z 58-147) bewegt sich die Referenz innerhalb des Merkmalsraumes "Chip". Sie nimmt ihren Ausgang bei den informationstechnischen Grundlagen und bewegt sich von dort aus auf die schaltungstechnische, physikalische und chemische Beschreibungsebene, die kausal und teilweise auch definitorisch verknüpft werden. Damit gekoppelte Referenzen auf historische Stadien der Mikroelektronik dienen der Veranschaulichung der Bauelemente und der seitdem erfolgten Integrations- und Miniaturisierungsleistung. Im zweiten Segment (ab Z 148) des Textes wird auf gegenwärtige und zukünftige Chips und damit auf den aktuellen Anknüpfungspunkt des Artikels referiert. Hier bewegt sich die Referenz zwischen den Chips und dem Bereich der Chip-Produktion (Maschinen und Materialien) hin und her.

Der Text beantwortet ein Bündel von Quaestiones, die durch die Text-Quaestio ausgelöst sind: Sie zielen auf die Anwendungsbereiche von Chips, ihre wirtschaftliche und gesellschaftliche Bedeutung sowie in erster Linie die Leistungsmerkmale und ihre technischen Bedingungen. Dementsprechend ist die Struktur beschreibend-explikativ. Unter der Technologie-Perspektive werden Merkmale, wie bereits in den anderen Textgruppen beschrieben, in eine technische und naturgesetzliche Kausalität gestellt. Unter der Alltagswelt-Perspektive, die auf der globalen Textebene der Techologieperspektive nachgeordnet ist, werden Chipentwicklungen motivational, aus den Anwendungsmöglichkeiten heraus, erklärt.

(C)
Themenentfaltungsmerkmale der Themenart 'Das Prinzip Chip'

Die Selektionskriterien, die der Wahl des thematischen Gegenstands zugrunde liegen, sind langfristige Aktualität und Adressatenrelevanz im Sinne eines allgemeinen Orientierungswissens.
Die globale Struktur ist beschreibend-explikativ. Der thematische Gegenstand ist der Begriff "Chip" oder ein Unterbegriff, der eine Familie von Chip-Typen umfaßt. Vielfach wird der thematische Gegenstand unter einer Alltagswelt-Perspektive, also von einer nichtfachlichen Vorstellungswelt aus eingeführt. Dies kann durch Referenz auf allgemeine Anwendungsbereiche oder auf spezifische Alltagsgeräte geschehen. Derartige Einstiege sind laienorientiert, sie wirken zugleich als Attraktoren und als Legitimationen des Artikels, indem sie die Relevanz des Themas zum Ausdruck bringen.

Innerhalb der Technologieperspektive werden allgemeine Chip-Merkmale, wie Material, Abmessungen, Leistungs- und Geschwindigkeitsdimensionen topikalisiert. Die beschreibend-explikativen Strukturen unter der Technologieperspektive zeichnen sich teilweise durch ihre Orientierung an definitorischen Abfolgen aus. Diese erstrecken sich über längere Textpassagen und enthalten ihrerseits eingeschachtelte Unterdefinitionen, die unterschiedliche Betrachtungsebenen des mehrdimensionalen Merkmalsraums "Chip" verknüpfen. Dabei werden komplexe Fachbegriffe wiederholt aufgenommen und jeweils unter einem anderen Aspekt teildefiniert. Die definitorische Tiefe, also die Bezugnahme auf Unterdefinitionen und begriffliche Verzweigungen, ist begrenzt.

Die definitorischen Ausprägungen der beschreibend-explikativen Struktur treten teilweise mit historisch-genetischen Ausprägungen gekoppelt auf. Hierbei wird nacheinander auf die unterschiedlichen technikgeschichtlichen Stufen der Chip-Entwicklung mit ihren jeweiligen elektronischen Bauelementen referiert. Diese Zeitachse erlaubt es, die heutzutage miniaturisierten, integrierten und dadurch der unmittelbaren Wahrnehmung entzogenen Bauelemente in ihrer historischen Form als eigenständige, greifbare Bauteile einzeln einzuführen und die Struktur heutiger Chips durch eine Schilderung der schrittweisen Synthese zu immer komplexeren und immer weniger "faßbaren" Gebilden nachvollziehbar zu machen. Man kann hierin einen verbalen Ersatz für die fehlende Visualisierung durch verdeutlichende, vergrößernde Schemazeichnungen sehen. Außerdem demonstrieren die Kontrastierungen von Chips mit historischen informationsverarbeitenden Systemen den technischen Fortschritt und die erreichte Superlativität.

Die der Technologieperspektive untergeordnete alltagsweltliche Perspektive sowie die definitorische und die historisch-genetische Ausprägung der beschreibend-explikativen Struktur stehen für eine stärker ausgeprägte Laienorientierung insbesondere bei den Texten, die "Chip" als Grundbegriff thematisieren. Allerdings finden sich auch hier keine Leseradressierungen und keine Thematisierungen von Wissensbeständen und Lernzieldeklarierungen, die die Emittenten-Adressaten-Relation bei Sachbuchtexten auszeichnet. Deshalb kann auch den Texten dieser Themenart nicht die Kommunikator-Rolle des "Lehrers", sondern nur des (stark laienorientierten) Faktenvermittlers zugeordnet werden.

(4) Die Arbeitswelt der Chip-Akteure/Text-Typ III

(A)
Den thematischen Gegenstand bilden Chip-Akteure (Manager, Wissenschaftler, Ingenieure, Arbeiter) bzw. ihre Arbeitsplätze, Aufgaben und Tätigkeiten. Zugrunde liegt eine Text-Quaestio vom Typ Q5: Wer oder was steckt hinter dem Sachverhalt X, korpusspezifisch: hinter den Chips? Die Themenart wird durch primär fachexterne Texte realisiert, in denen allerdings die Technologieperspektive mit anderen Perspektiven gekoppelt ist. Zu nennen sind hier durchgängig die Alltagswelt- und teilweise auch die Persönlichkeitsperspektive. Daß die Texte trotzdem als primär fachextern klassifiziert werden, ergibt sich daraus, daß die Alltagswelt-Perspektive hier vor allem durch eine alltagsweltliche Wahrnehmungsweise fach-

licher Sachverhalte gekennzeichnet ist: Der Emittent holt den Adressaten durch die anfängliche Übernahme einer laienhaften und auf konkrete Merkmale gerichteten Wahrnehmungsweise in der alltäglichen Vorstellungswelt ab und führt ihn an die Fachwelt heran.

Die Texte sind hintergrundorientiert. Sie enthalten aktuelle Aufhänger, die teilweise topikalisiert sind, teilweise erst im Textverlauf angeführt werden. Die themenbildende Quaestio ist in beiden Fällen vom Typ Q5: Wer und was verbirgt sich hinter dem Sachverhalt X? Die Kommunikator-Rolle ist eine Kombination von Faktenvermittler und Reporter. Für die Textgruppe werden aufgrund der Varianz ihrer thematischen Entfaltungsformen drei exemplarische Beschreibungen angeführt.

(B)
Exemplarische Beschreibung: T 7

Thema: Wie und wo Chips entstehen

Die Schlagzeile referiert auf einen Teilaspekt des Themas, das in der Unterzeile spezifiziert wird (*Chip-Produktion*). Der erste Textteil nimmt die Leser mit auf eine "Expedition" in eine Chipfabrik, wobei der kognitive Wechsel in die Fachwelt als solcher verbalisiert wird (*Eintauchen in eine andere Welt*). Dementsprechend wird im ersten Textteil (Z 1-14) die Technologieperspektive mit den Wahrnehmungen der Alltagsperspektive kombiniert und eine Vor-Ort-Szene entfaltet: Es wird auf konkrete, subjektiv wahrgenommene Merkmale der Akteure und der Arbeitsplätze referiert (*...unendlich langsam erscheinen die Bewegungen...*). Erst Z 13 referiert auf die Produkte, um die es geht, und auf ihre Bedeutung.

Im folgenden Textteil (Z 15-62) wird die Technologie-Perspektive abstrakter realisiert, indem auf Chipmerkmale auf verschiedenen konstruktiven Ebenen referiert wird. Dabei wird auf die verschiedenen historischen Stufen der technischen Entwicklung referiert, um deren Tempo deutlich zu machen. Die Referenz auf den aktuellen Stand schließlich liefert den Aufhänger des Textes (Z 37-44). Mikrophysikalische Merkmale werden durch proportionierende Vergleiche (Z 42-60) in die alltagsweltliche Vorstellung geholt:
(*... 10.000 fach vergrößert, ergäbe der 4-Megabit-Chip ein verwirrendes Labyrinth aus bleistiftdicken Bändern ...*).
Der Textteil Z 30-62 liefert die Erklärungsgrundlage für den anfänglichen Textteil Z 1-14 und für die nachfolgenden Textteile: Die referentielle Bewegung im Textteil Z 63-129 steht unter dem Oberbegriff "Reinheit", die des Textteils Z 130-179 unter dem Oberbegriff "Schwingungsfreiheit". Innerhalb dieser Begriffsräume wechselt die Referenz explikativ zwischen Merkmalen der Akteure, ihrer Arbeitsplätze, Instrumente und Arbeitsmaterialien hin und her. Dabei wird sowohl auf unmittelbar wahrnehmbare wie auch auf mikrophysikalische Merkmale referiert.

Die globale Struktur des Textes ist eine beschreibend-explikative Hybridstruktur, wobei den beschreibenden Elementen aufgrund der Vor-Ort-Merkmale eine wichtige Rolle zukommt. Da sie aus der Alltagswelt-Perspektive heraus als "ungewöhnlich" präsentiert werden, ergibt sich hier eine gewisse Nähe zur Narrativität. Allerdings fehlt das Merkmal "Komplikation", so daß von einer narrativen Struktur nicht gesprochen werden kann.

Im Text wird zwischen der Rolle des Faktenvermittlers und der des Reporters hin- und hergewechselt. Auf diese Weise können technikzentrierte, fachspezifische Beschreibungen mit reportagehaften Elementen, die auf konkrete Merkmale von Szenen und Individuen referieren, verschränkt werden. Dadurch wird der Leser in seiner alltäglichen Vorstellungswelt abgeholt.

Exemplarische Beschreibung: T 8

Thema: Die Protagonisten, Motive und Abläufe, die hinter dem Wettlauf zwischen IBM und Siemens bei der Entwicklung des 1-Megabit-Chips stecken.

Die Dachzeile referiert auf die Chip-Novität als Aufhänger sowie summarisch auf die Konkurrenzsituation. Die Schlagzeile ist assoziativ (ihr thematischer Bezug wird erst im Textverlauf deutlich Z 221-231). Die Unterzeile spezifiziert die Konkurrenzsituation und die Merkmale des Chips. Ihre quaestioartige Form deklariert zugleich die Hintergrundfunktion des Textes.

Der erste Textteil (Z 1-62) dient der Einführung und Spezifizierung der Hauptakteure (Manager), des Chips sowie der Konkurrenzsituation, die eine narrative Komplikation bildet. Zu Beginn des Textes wird eine Vor-Ort-Szene entfaltet: Referiert wird auf den Management-Sektor der Chip-Arbeitswelt, nämlich auf einen der Hauptakteure und die Umgebung, in der der Emittent in der Reporter-Rolle auf ihn trifft. Dadurch wird ein alltagsweltlicher und personalisierender Einstieg realisiert. Die damit verknüpfte Referenz auf die Chip-Merkmale erfolgt gemeinsprachlich: Die verwendeten Ausdrücke setzen zum einen das Objekt in Beziehung zum Akteur, indem sie (dem Akteur unterstellte) Wertungen wiedergeben und diesen dadurch indirekt charakterisieren (*Prachtstück, seinen ganzen Stolz*). Zum anderen charakterisieren sie den Chip hinsichtlich makroskopischer, unmittelbar wahrnehmbarer Merkmale, wobei durch die referentielle Bewegung das Objekt und seine Details – filmischen Techniken analog – herangezoomt wird: (*es ... schwerer gläserner Block ... darin ist das Wunderding eingelassen ... blauer Grund ... kleines goldenes Plättchen ... dünne, regelmäßige Adern*).

Durch ein Akteurszitat wird die Beschränktheit dieser unmittelbaren Wahrnehmungsebene problematisiert (*eigentlich sehen Sie ja nichts.*) Die Unzulänglichkeit der unmittelbaren Wahrnehmungsebene wird in den folgenden Propositionen auf der auktorialen Ebene wiederaufgenommen und in Relation zu den miniaturisierten Chipmerkmalen gesetzt (Z 111-16 *Das Eigentliche, das Wichtige an diesem winzigen Ding ist nicht zu sehen, nicht einmal mit einer dicken Lupe. Es ist nicht mit den Händen zu greifen, nicht einmal mit einer Pinzette. Es wird gemessen in Tausendstelmillimetern und ist hundertmal dünner als ein Menschenhaar.*)

Von dort aus wird eine kausale Verknüpfung mit den Bewertungen der Chip-Akteure hergestellt und der zweite Hauptakteur (*Steinbecks Konkurrent Heinz Friedrich* Z 20-21) eingeführt. Damit ist die narrative Komplikation spezifiziert, zugleich werden durch die Referenz auf Akteursbewertungen (*nationale Schlüsselaufgabe* Z 24) die Chipaktivitäten unter einer Politik-Perspektive motivational erklärt und ihre Relevanz für den Leser herausgestellt. Die beiden Hauptakteure sind von hier an durchgängige Referenzträger für den Text. Ihre Wiederaufnahmen und die mit ihnen verbundene Komplikation bilden die Dreh- und Angelpunkte für die Verschränkung der verschiedenen Perspektiven und referentiellen Bereiche.

Die Referenz bewegt sich ab Z 27 unter der Persönlichkeits- und Alltagswelt-Perspektive auf Vor-Ort-Merkmale der Arbeitswelten der Hauptakteure. Auch hier findet sich wieder die Technik des sprachlichen Heranzoomens: Vom *unübersehbaren verschachtelten Bürokomplex* aus der Vogelperspektive zum *Spaziergang durch lange unterirdische Gänge, zwischen Rohren und Kabeln* (Z 27-42). Die anschließenden Propositionen schalten wieder auf die Politikperspektive um und referieren vertiefend auf die Konkurrenzsituation (Z 42-52).

Die folgenden Propositionen nehmen den Megachip wieder auf. Dabei wird zum ersten Mal im Text der fachspezifische Terminus *Chip* eingesetzt (*... denn was Steinbeck da auf den Tisch gelegt hat, ist der Gegenstand, um den es geht: der Ein-Megabit-Chip.*). Diese Referenz auf den Chip ist Bestandteil eines Umschaltsegments, das den Wechsel zurück auf die Technologie-Perspektive realisiert.

Die Technologieperspektive kennzeichnet den zweiten Textteil (Z 62-210), der sich in zwei Subsegmente untergliedern läßt: In Z 62-88 werden die Merkmale, auf die am Textanfang makroskopisch-alltagsweltlich referiert wurde, fachsprachlich spezifiziert (Z 62-88). Die interne Struktur dieses Segments ist beschreibend-explikativ: Die unterschiedlichen Merkmalsebenen werden miteinander verknüpft. Im zweiten Segment (Z 89-210) wird dann auf den Produktionssektor der Chip-Arbeitswelt referiert: Hier wird auf eine Vor-Ort-Szene referiert, indem der Leser mit auf eine Reise in eine Chipfabrik genommen wird (*Gehen wir also ins Sindelfinger IBM-Werk, Betriebsstätte Hulb*). Auf die Akteure und Merkmale des Produktionsvorganges wird so referiert, daß die Vor-Ort-Atmosphäre und die Mentalität der Akteure als "technologisch" charakterisiert werden (*hinter Glaswänden ... Leute in weißen Kitteln ... sagt ein Physiker mit dem Aus-*

druck der Abscheu ...). Über die Wiederaufnahme des Referenzträgers "Partikel" wird auf den Chip auf der mikroskopischen Wahrnehmungsebene referiert: Der Emittent schaut gemeinsam mit dem Leser durch das Elektronenmikroskop in die mikrophysikalische Dimension, wodurch konstruktive Merkmale plastisch anschaulich werden (108-114). Danach wird wieder auf Produktionsmerkmale mit den durchgehenden Referenzträgern "Partikel" und "Fehlergefahr" referiert, von denen aus dann weiter auf verschiedene Verfahrensmerkmale referiert wird. Im zweiten Absatz dieses Segments wird auf eine Reihe von Produktionsgeräten referiert, die aber nicht erläutert werden: Die entsprechenden Termini dienen dazu, die Technikatmosphäre zu evozieren. Im Verlauf dieses Segments werden auch Nebenakteure (Pressesprecher, Wissenschaftler, Topmanager) eingeführt.

Die folgenden Textteile, die im wesentlichen eine berichtende Struktur realisieren, sollen im folgenden nur summarisch beschrieben werden: Der dritte Textteil (Z 210-242) steht unter einer Waren-Perspektive, die eine weitere motivationale Begründung für die Chipaktivitäten liefert. Im vierten Textteil (Z 242-384) wird die Konkurrenzsituation wiederaufgenommen. Dominierend ist die Politikperspektive, in die Segmente eingebettet sind, die ihrerseits unter der Alltagsperspektive stehen. Die entsprechenden Präpositionen referieren auf Einsatzbereiche von Chips, wodurch die Adressatenrelevanz deutlich gemacht wird. Der fünfte Textteil (Z 385-442) wird durch eine einleitende Proposition (*Siemens hat andere Probleme*) vorwegnehmend zusammengefaßt. Er wird von der Politikperspektive dominiert, in die allerdings auch ein Segment unter der Persönlichkeitsperspektive eingebettet ist (Z 385-422). Hier wird wieder auf die Arbeitswelt referiert, nämlich auf die Motivation und emotionale Situation von Firmenangehörigen. Indem das Textende wieder auf den zuerst eingeführten Hauptakteur referiert, wird an den Textanfang angeknüpft.

Im Unterschied zum vorangegangenen Text wird in diesem Text nicht nur auf den produktiven, sondern auch auf den administrativen Sektor der Chip-Arbeitswelt und auf individuelle Akteure referiert. Auch die Themenentfaltungsstruktur ist komplexer. Sie ist auf der globalen Ebene beschreibend-explikativ mit zahlreichen eingebetteten lokalen Strukturen, die ihrerseits teilweise beschreibend, teilweise berichtend und auch narrativ sind. Die narrativen Strukturen enthalten ihrerseits wiederum lokale beschreibende Textteile, die durch die Referenz auf Vor-Ort-Merkmale gekennzeichnet sind. Durch die den Text bestimmende Komplikation läßt sich möglicherweise auch für die globale Ebene eine latente Narrativität konstatieren.

Sämtliche thematischen Perspektiven sind vertreten: Die strategische Konkurrenz (Politik- und Waren-Perspektive) wird zum Anlaß genommen, technische Sachverhalte (Technologie-Perspektive) anhand von individuellen Akteuren und ihren Motiven und Handlungen (Persönlichkeitsperspektive) und mit Hilfe von "Laien-Expeditionen" in die Arbeitswelt (Alltagswelt-Perspektive) zu veranschaulichen.

Die Persönlichkeitsperspektive spielt strukturell die wichtigste Rolle: Sie organisiert den Text, indem neben dem thematisierten Chip die beiden konkurrierenden Hauptakteure die durchgehenden Referenzträger auf der globalen Textebene sind, so daß auf dieser Ebene eine zwischen zwei Strängen hin und her wechselnde referentielle Bewegung zu verzeichnen ist. Von den beiden Akteuren aus bewegt sich die Referenz auf jeweils wechselnde Lokalitäten, Objekte, Personen und Handlungsbereiche.

Auch in diesem Text wird zwischen der Rolle des Faktenvermittlers und der des Reporters hin- und hergewechselt. Letztere dient auch hier als Attraktor und Mittler: Dem Adressaten werden fachliche Sachverhalte über atmosphärische und konkrete Details der unmittelbaren Wahrnehmungsebene nahegebracht. Verwendet werden hierfür u.a. "verbal-filmische" Mittel wechselnder Einstellungen und Entfernungen gegenüber Beschreibungsobjekten.

Exemplarische Beschreibung: T 9

Thema: Ein Chip-Designer hat einen neuen Mikroprozessor entwickelt

Die Schlagzeile (*Griff nach den Sternen*) setzt das Thema in einen Topos-Rahmen, der eine außergewöhnliche Leistung assoziiert. Im Vorspann wird auf den Hauptakteur (*Otto Müller*) und auf die Chip-Novität als aktuelle Nachricht (*jetzt gelungen*) referiert. Das relevante Leistungsmerkmal wird topikalisiert. Zugleich wird auch hier eine Komplikation bzw. ihre Resolution umrissen: Der geniale Einzelgänger (*Computerpionier*), der mächtige Organisationen, nämlich *ganze Hundertschaften* von Experten aussticht.

Der erste Textteil dient auch hier der Einführung der Akteure und der Entfaltung einer Vor-Ort-Szene: Durch Zitate der Nebenakteurin (*Ilse Müller*), Referenz auf äußere Merkmale der Akteure und der Wohnung (Z 1-24) wird die Szene gesetzt, in der der Emittent in der Reporter-Rolle die Akteure trifft. Dadurch wird ein alltagsweltlicher und personalisierender Einstieg realisiert. Zugleich werden durch diese Referenzen die Akteure charakterisiert und der Topos der Schlagzeile spezifiziert (*Wir werden in die Computergeschichte eingehen.*) Durch indirekte Bewertungen schafft der Emittent kritisch-ironische Distanz zur Nebenakteurin. Am Ende des Textteils wird von der Persönlichkeits- auf die Technologie-Perspektive umgeschaltet, wobei der Hauptakteur als Referenzträger den Angelpunkt bildet, von dem ausgehend der folgende Technologie-Textteil generalisierend vorweggenommen wird. (Z 20-27 (...) *Doch Otto Müller beschäftigt sich lieber mit wichtigeren Dingen. Am liebsten mit der Entwicklung von Mikroprozessoren, jenen aus Steuer- und Rechenwerk bestehenden Herzstücken eines Computers.* (...)

In den folgenden unter der Technologieperspektive stehenden Propositionen löst sich die Referenz zunächst vom Hauptakteur und wechselt summarisch auf dessen Arbeitsgebiet – Mikroprozessoren und ihre Merkmale allgemein – wodurch dem Leser (entsprechend einer Q4-Quaestio) Basisinformationen vermittelt werden. Von dort aus wird wieder auf den Außenseiterstatus des Hauptakteurs und damit auf die Komplikation referiert, wobei gleichzeitig die Chip-Novität spezifiziert wird (Z 32-40: *Ausgerechnet hier, in einem fünf Mann-Ingenieur-Büro in der beschaulichen Provinz soll der Welt schnellster 32-Bit-Mikroprozessor entwickelt worden sein?*)

Im folgenden Textteil (bis Z 92) wird zwischen der Persönlichkeits- und der Technologie-Perspektive permanent hin- und hergeschaltet. Auch die komplikative Konstellation "Einzelgänger gegenüber mächtigen Organisationen" (Z 60-66) wird wiederaufgenommen. Die Technologieperspektive wird teilweise in zusammenhängenden Strukturen (Z 67-83) realisiert, teilweise wird auf technische Merkmale auch in Form von wertenden Zitaten referiert, die zugleich den Zitierten charakterisieren (z. B. Z 49-54). Indem der topische und narrative Charakter des Themas verbalisiert wird (Z 84 *Das alles klingt wie ein unglaubliches Märchen*), geht die referentielle Bewegung auf die institutionellen Akteure (*Siemens, Motorola*) und deren Bewertungen über, wodurch die Aussagen über die Chip-Merkmale quasi beglaubigt werden.

Im anschließenden Textteil (Z 101-110) wird auf die Politik-Perspektive gewechselt, die zugleich die Propositionen des vorangegangenen Textteils motivational begründet. Das letzte Segment des Textes (Z 122-175) steht wieder unter der Persönlichkeitsperspektive, wobei die Nebenakteurin als referentieller Angelpunkt dient (Z 117-123), von dem aus in die Vergangenheit des Hauptakteurs und die Stationen seines Werdeganges zurückgeblendet wird. Dabei wird zum einen auf die Leistungen des Akteurs, zum anderen auf seine Konflikte mit Firmen referiert. Dadurch wird auch hier die komplikative Konstellation wiederaufgenommen.

Das Textende (Z 167-176) wechselt zurück in die Gegenwart, indem wieder auf die Nebenakteurin als Informationsquelle für den Emittenten referiert wird. Die Verbindung zu den vorangegangenen Propositionen wird hergestellt, indem die Nebenakteurin ihrerseits qua Zitat ein vergangenes Ereignis wieder aufnimmt, auf das auf der auktorialen Ebene bereits vorher referiert worden war. Indem sie aus diesem Ereignis die Begründung für die gegenwärtigen Aktivitäten ableitet, wird ein explikativer, motivationaler Zusammenhang mit dem Textanfang hergestellt.

Die globale Struktur des Textes ist ähnlich komplex und schwierig zu bestimmen, wie die des vorangegangenen Textes. Da ein aktueller Aufhänger topikalisiert wird und im letzten Textteil auf biographische Stationen referiert wird, kann auf der globalen Ebene von einer Struktur gesprochen werden, die berichtende mit narrativen Komponenten verknüpft, wobei in diese globale Struktur umfängliche beschreibende und beschreibend-explikative Teile eingebettet sind, die teilweise unter der Persönlichkeits- und Alltagswelt-Perspektive, teilweise unter der Technologie-Perspektive stehen. Die Rolle des Faktenvermittlers ist auch hier mit der des Reporters gekoppelt. Dabei werden unter der Technologie-Perspektive im Vorspann unspezifisch die Leistungsmerkmale des Chips topikalisiert. Im Textverlauf geht die referentielle Bewegung dann vom Allgemeineren (Basismerkmale von Mikroprozessoren) zum Spezifischen des thematisierten Prozessors.

Kontinuierliche Referenzträger sind neben dem Chip die beiden Akteure. Das gibt der Persönlichkeitsperspektive eine ähnliche strukturelle Bedeutung wie im vorangegangenen Text. Dabei wird die Referenz auf den Hauptakteur stellenweise indirekt (von der auktorialen Ebene aus gesehen) realisiert. Dies geschieht durch Referenz auf Äußerungen der Ehefrau (als Nebenakteurin), in denen sie auf ihren Mann referiert.

Die Narrativität erstreckt sich auf die Textteile Z 1-24 und Z 122-175. Sie ist gegeben (a) durch die Komplikation, (b) durch die Singularität des Ereignisses, (c) durch die Referenz auf Vor-Ort-Merkmale und (d) durch das Personalisierungspotential der Akteure, das in diesem Text höher ist als im vorher beschriebenen: Es wird dadurch aktiviert, daß die Akteure als Individuen präsentiert werden, die zugleich modellhaften Vorstellungen vom genial-eigensinnigen Konstrukteur und seiner unerschütterlich an ihn glaubenden Ehefrau entsprechen. Dementsprechend wird im Text zwischen den Rollen des Faktenvermittlers und des Reporters hin- und hergewechselt. Die fachexterne Bedeutung der Reportage-Elemente besteht auch hier darin, daß diese als Attraktoren und Mittler dienen, von denen aus die Referenz auf fachliche Sachverhalte einsetzt.

(C)
Themenentfaltungsmerkmale der Themenart 'Die Arbeitswelt der Chip-Akteure'

Texte dieser Themenart erfüllen das Kriterium der langfristigen Aktualität und der Adressatenrelevanz im Sinne eines allgemeinen Orientierungswissens. Texte unter der Persönlichkeitsperspektive erfüllen außerdem das Personalisierungskriterium: Sachverhalte werden im Rahmen persönlicher Handlungen, Bewertungen oder Werdegänge dargestellt. Sofern es sich um Chip-Akteure mit einem gewissen Bekanntheitsgrad oder Einfluß handelt, erfüllen diese außerdem das Kriterium der Prominenz.

Die Komplexität des thematischen Gegenstandes kann dazu führen, daß in einem Text mehrere oder alle Perspektiven realisiert sind, zwischen denen hin- und hergeschaltet wird. Auf der globalen Ebene ist die Struktur beschreibend-explikativ oder berichtend. Gemeinsam ist den Texten, daß sie lokale beschreibende Elemente enthalten, die aus der Koppelung der Technologie- mit der Alltagswelt-Perspektive resultieren: Es wird auf Vor-Ort-Merkmale der Fachwelt referiert und ein Blick hinter die Kulissen ermöglicht. Dadurch wird die laienweltliche Wahrnehmungsebene zum Ausgangspunkt für eine schrittweise Annäherung an die Fachlichkeit von Objekten und Prozessen gemacht. Diese strukturellen Realisationsformen sind reportageartig und stehen für eine stark ausgeprägte Laienorientierung. Als Texteinstiege sind es außerdem Attraktoren. Sofern es sich um Texte mit einer Persönlichkeitsperspektive handelt, gibt es lokale narrative Strukturen, die in berichtende Globalstrukturen eingebettet sind. Dabei handelt es sich um konflikt- oder spannungshaltige Konstellationen, die als Komplikationen anzusehen sind.

(5) Politisch-wirtschaftliche Chip-Ereignisse/Text-Typ I

(A)
Den thematischen Gegenstand bildet ein Ereignis. Zugrunde liegt die Text-Quaestio vom Typ Q2: Was hat sich in der Wirtschaft/Politik aktuell ereignet? Die Themenart wird durch sekundär fachexterne Nachrichtentexte realisiert. Sie werden dominiert von einer Politik-Perspektive und sind im politischen Teil der Wirtschaftssparte plaziert.

Bei den thematisierten Ereignissen handelt es sich um offizielle Akte: Sie bestehen in der Ankündigung oder Unterzeichnung von Firmenkooperationen, in der Präsentation von Prototypen oder dem offiziellen Start von Produktionen. Diese Ereignisse sind vielfach medial inszeniert als Pressekonferenz, Präsentation oder symbolischer Akt mit Politikerbeteiligung, wodurch die mediale Aufmerksamkeit auf den Chip-Sachverhalt gelenkt werden soll. Daraus leiten sich propositionale Quaestiones nach den Chipmerkmalen ab, die eine untergeordnete Technologieperspektive begründen. Aus der Sicht der politischen Akteure dient das Medienereignis dazu, den Chip-Sachverhalt und sich selbst in die tagesaktuelle wirtschaftspolitische Sparte zu lancieren und dadurch gleichzeitig das eigene Prestige zu erhöhen.[54] Die in den Texten zum Tragen kommende Kommunikator-Rolle ist die des Faktenvermittlers.

(B)
Exemplarische Beschreibung: T 3

54 Zu ähnlichen Thematisierungsstrategien und "Pseudo-Ereignissen" im Zusammenhang mit Wahlkämpfen vgl. Reiser (1994).

Thema: Siemens-Vertreter überreichen Forschungsminister Riesenhuber den Prototyp eines 4-Megabit-Chips

Die Überschrift referiert auf das Thema, indem sie die Chip-Novität und eine darauf bezogene Akteursbewertung wiedergibt. Am Textanfang wird auf das Leistungsmerkmal 'Speicherkapazität' in alltagsweltlichen Begriffen referiert (*Schreibmaschinenseiten*) und danach auf materielle Merkmale und Abmessungen (*ein kleines Stück Silizium*, Z 1-5). Danach wird auf den wirtschaftspolitischen Kontext, die Nutzanwendung (*schnellere und leistungsfähigere Computer*) und die institutionellen Akteure (*Philips, Siemens, staatliche Unterstützung*) referiert und deren Bewertung (*großer Erfolg*) übernommen (Z 5-15). Am Ende des ersten Absatzes wird auf die persönlichen Akteure und Handlungen des inszenierten Ereignisses bezug genommen (Vertreter der Firma, Riesenhuber) das zugleich lokal situiert und datiert (*gestern*) wird (Z 15-20). Da die Aktualität dadurch eindeutig als kurzfristig dokumentiert ist, kann auf Aktualitätsdeklarierungen wie in den nachrichtenorientierten Texten der Themenart 'Neue Chips' verzichtet werden. Im selben Satz wird außerdem der Chip, auf den – abgesehen von der Schlagzeile – bislang kataphorisch referiert wurde, spezifizierend benannt (*Vier-Megabit-Chip*), wobei das Merkmal 'Abmessungen' präzisierend wiederaufgenommen wird.

Am Beginn des zweiten Textteils (Z 21-40) wird wieder auf einen der Akteure des Ereignisses (Forschungsminister) referiert und es werden Ausschnitte aus seiner Rede wiedergegeben. Diese wiederum referieren auf den wirtschaftspolitischen Kontext (vom Emittenten aus gesehen also eine indirekte Referenz). Von dort aus wechselt die Referenz zu einem anderen Beteiligten (Siemens-Manager), der mit einer Bewertung zitiert wird, die der Emittent übernimmt (*machte bei der Konkurrenz Eindruck*).

Am Beginn des dritten Textteils (Z 41-57) wird der Chip wiederaufgenommen. Die Referenz bewegt sich jetzt auf der konstruktiven und materiellen Merkmalsebene (*Schaltstrukturen, Gräben, Wände, Speicherzellen*), die kausal miteinander verknüpft werden und somit eine beschreibend-explikative Struktur realisieren. Diese Merkmalsebenen insgesamt liegen wiederum den am Textanfang aufgeführten Leistungsmerkmalen und Abmessungen zugrunde. Es wird also eine teiltextübergreifende explikative Relation hergestellt.

Der vierte Textteil (Z 58-77) referiert wiederum auf den ökonomischen Kontext (institutionelle Akteure und Kosten) und stellt damit ebenfalls teiltextübergreifend einen Bezug zum zweiten Textteil her. Der fünfte Textteil (Z 68-79) stellt diesen Bezug her, indem er wieder auf die strategische Konkurrenzsituation referiert. Dies geschieht durch Referenz auf einen Akteur und dessen bewertendes wirtschaftspolitisches Resümee. Da dieses auch als Überschrift dient (*gut im Rennen*), wird auf diese Weise an den Textanfang angeknüpft.

Die fünf Textteile, die sich im Textverlauf inhaltlich-strukturell unterscheiden lassen, stimmen mit den Absätzen weitgehend überein. In den Sätzen des ersten Teils sind Propositionen verknüpft, die auf Quaestiones nach der Beschaffenheit des Chips, dem wirtschaftspolitischen Kontext und dem Verlauf des inszenierten Ereignisses antworten. Dadurch werden beschreibende und berichtende Strukturmomente sowie die Politik- und die Technologieperspektive satzsemantisch miteinander verklammert. Durch die Topikalisierung adressatenrelevanter Merkmale und Akteure, die Verknüpfung von Politik- und Technologie-Perspektive und die propositionale Dichte übernimmt der erste Absatz, obwohl typographisch nicht als solcher markiert, eine Vorspann-Funktion.

Der zweite und fünfte Teil stehen unter einer Politik-Perspektive, der dritte Teil unter einer Technologie-Perspektive und der vierte Teil unter einer Waren-Perspektive. Bis auf den dritten Teil ist die Themenentfaltung innerhalb dieser Textteile berichtend. Ihr übergreifender Zusammenhang wird durch die Bezugnahme auf das Ereignis bzw. dessen Akteure gewährleistet. Dabei besteht das Ereignis im wesentlichen aus Sprechakten, die ihrerseits wiederum auf Hintergrundsachverhalte referieren.

Der dritte Teil ist beschreibend-explikativ und weist somit dieselben Strukturmerkmale auf, die die primär fachexternen Texte der Gruppe 'Neue Chips' auf der globalen Textebene auszeichnet. Im vorliegenden Fall aber handelt es sich um eine Teilstruktur, die explikativ in die global berichtende Struktur eingebettet ist, wobei diese Einbettung lose ist: Sie erfolgt ohne besondere verknüpfende Elemente. Der Absatz ist referentiell mit dem vorangegangenen zweiten Absatz nicht unmittelbar verbunden, sondern nimmt Merkmale des ersten Absatzes auf.

Im Text ist die Faktenvermittler-Rolle realisiert. Dabei wird auf einen Teil der Sachverhalte von der auktorialen Ebene aus gesehen indirekt durch Zitate oder Inhaltsangaben von Redebeiträgen der Akteure referiert. Die im Text vorkommenden Bewertungen sind Akteursbewertungen, die zitiert werden, oder die der Emittent sich zu eigen macht, indem er sie in seine auktoriale Perspektive übernimmt. Da sie sich aus der Logik der Sache zu ergeben scheinen, konfligieren sie nicht mit der Faktenvermittler-Rolle.

(C)
Themenentfaltungsmerkmale der Themenart 'Politisch-wirtschaftliche Chip-Ereignisse'/ Text-Typ I

Texte dieser Themenart erfüllen das Selektionskriterium der Prominenz dadurch, daß die Chips von Top-Managern und führenden Politikern präsentiert werden, sowie die Kriterien der Superlativität und der wirtschaftspolitischen Adressatenrelevanz, indem die Bedeutung der neuen technischen Rekorde für die heimische

Wirtschaft herausgestellt wird. Da es sich um punktuelle, tagesbezogene Ereignisse handelt, erfüllen sie außerdem das Kriterium der Frequenz.

Die globale Struktur dieser Texte ist berichtend. Referiert wird auf Ereignisse, die aus symbolischen Handlungen und Sprechakten wirtschaftspolitischer Akteure beistehen. Eingebettet in die berichtende Struktur ist die Referenz auf den Chip. Die Technologieperspektive ist teilweise satzsemantisch mit der Politik-Perspektive verknüpft und durch Chip-referierende Nomina oder adjektivische Attribute als Nebenbei-Mitteilung realisiert. Daneben gibt es Textteile, die unter einer reinen Technologie-Perspektive stehen. Diese unterscheiden sich in ihrer internen beschreibend-explikativen Struktur nicht von den Texten der Gruppe 'Neue Chips', die global unter der Technologie-Perspektive stehen: Topikalisiert sind die neuartigen Merkmale, kausal darauf bezogen sind zugrundeliegende objektinterne Merkmale anderer Ebenen. Diese Textteile bilden innerhalb des Textganzen relativ eigenständige strukturelle Einheiten mit ausgeprägter interner Kohärenz. Ihre Einbindung in die globale Struktur ist hingegen lose: Es sind herausnehmbare Module, die mit den anderen Textteilen durch den Rahmen, den der gemeinsame thematische Gegenstand setzt, kompatibel sind, ohne mit ihnen strukturell verbunden zu sein.

(6) Chips als Markt- und Standortfaktor/Typen III und IV

Der thematische Gegenstand ist die Chipindustrie als wirtschaftspolitische Schlüsseltechnologie für den "Standort Deutschland". Dominierend ist die Politik-Perspektive. Die Texte sind sekundär fachextern und erscheinen in den Wirtschaftssparten. Die Themenart wird im Kontext von zwei funktionalen Texttypen realisiert:
6a) Typ III (informativ-hintergrundorientiert)
6b) Typ IV (appellativ/informativ-hintergrundorientiert)

(6a) Chips als Markt- und Standortfaktor/Typ III

(A)
Die Basis bilden gekoppelte Quaestiones vom Typ Q3 und Q5: Welche politischen und ökonomischen Trends in der Chipindustrie sind zu beobachten und welche Faktoren liegen ihnen zugrunde?

(B)
Exemplarische Beschreibung: T 10

Thema: Die Konkurrenz zwischen Siemens und Japan in der Chip-Entwicklung

Die Schlagzeile referiert assoziativ mit einem Wortspiel auf die thematische Komponente "Chip". Der Vorspann spezifiziert diese Komponente (*4-Megabit-Chip*) als aktuellen Aufhänger und referiert darüber hinaus auf die anderen Themenkomponenten: die Akteure, ihre Motive und ihr Konkurrenzverhältnis. Dabei handelt es sich hier, anders als bei der Themenart 'Arbeitswelt', nicht um personale, sondern um institutionelle Akteure: Einer Firma (Siemens) wird eine Nation (Japan) gegenübergestellt, worin die spezifische Politik-Perspektive des Emittenten zum Ausdruck kommt.

Der Textanfang (Z 1-9) referiert unter einer alltagsweltlichen Perspektive auf die Anwendungsbereiche von Chips und macht damit die entsprechende Relevanz deutlich. Sodann wird der thematische Aufhänger, der schon im Vorspann vorkommt, als bereits gemeldeter Sachverhalt angeführt und seine Relevanz explizit konstatiert und evaluiert. (Z 9-15 *Die Meldung, daß Siemens die Entwicklung eines 4-Megabit-Speicherchips erfolgreich abgeschlossen und die Produktion von Musterserien aufgenommen hat, ist daher weit über die Elektro- und Elektronikwirtschaft hinaus von Bedeutung*). Von dort aus wird auf die Politik-Perspektive gewechselt, wobei die Referenz auf Subventionen die Adressatenrelevanz noch erhöht.

Am Beginn des zweiten Textteils (Z 30-74) wird eine explizite Quaestio formuliert, die die Text-Quaestio wiederaufnimmt und so die Hintergrundfunktion des Textes indiziert. (*Was macht den Megachip so teuer - und warum, um alles in der Welt, gibt man dafür so viel Geld aus?* (Z 18-30) Die Quaestio dient zugleich als Umschaltsequenz. Ihr erster Teil wird durch einen Wechsel auf die Technologie-Perspektive beantwortet: Referiert wird auf Leistungsdaten, logische, schaltungstechnische und herstellungstechnische Merkmale, die kausal miteinander verknüpft werden. Es handelt sich dabei um eine beschreibend-explikative Struktur, wie sie bereits für andere Texte oder Textteile unter der Technologie-Perspektive herausgearbeitet wurde.
Zu Beginn des folgenden Textteils (Z 75) wird von der Technologie-Perspektive auf die Waren-Perspektive umgeschaltet. Verknüpfende Referenzträger sind hier die mikroelektronischen Bauteile. Die Umschaltsequenz verknüpft die vorangegangenen mit den nachfolgenden Referenzen explikativ, die also wiederum Antworten auf eine Warum-Quaestio sind, die sich aus der Text-Quaestio herleitet. (*Trotzdem sieht eine ganze Reihe von Herstellern in der Produktion dieser heiklen Bauteile eine lohnende Aufgabe. Das hat mehrere Gründe. Zunächst bietet der Chipmarkt weltweit ein höchst interessantes Volumen.*) Der Rest des Textes beantwortet diese Quaestio sowie die aus ihr abgeleiteten Quaestiones durch Referenzen, die nur noch zwischen der Waren- und der Politik-Perspektive wechseln. Dabei werden auch Nebenbei-Bewertungen eingestreut (*Fehleinschätzung, Nachzügler, erfolgreich*), die sich allerdings an den aktuellen Bewertungen der Akteure orientieren dürften. Einen eigenständigen Beurteilungsstandpunkt nimmt der Emittent im letzten Textteil (Z 248-270) ein, indem er Argumente von Akteu-

ren seinerseits argumentativ bewertet. Hier wird die Rolle des Faktenvermittlers mit der des Kritischen Beobachters gekoppelt.

(C)
Themenentfaltungsmerkmale der Themenart 'Chips als Markt- und Standortfaktor'/Typ III

Zugrunde liegen die Kriterien der politischen Adressatenrelevanz und der langfristigen Aktualität. Alle Perspektiven außer der Persönlichkeitsperspektive sind vertreten. Dominierend ist die Politik-Perspektive. Die unterschiedlichen Perspektiven sind teilweise durch Umschaltsegmente in Form von Sätzen oder Satzfolgen miteinander verklammert, um die Homogenität des Textes zu sichern. Die globale Themenentfaltungsstruktur ist explikativ-berichtend. In diese globale Struktur können untergeordnete argumentative Strukturen mit begrenzter Reichweite eingebettet sein. Gleichfalls eingebettet finden sich beschreibend-explikative Strukturen, die unter einer Technologie-Perspektive stehen. Die Technologie-Perspektive ist darüber hinaus statt durch strukturell homogene Textteile durch vereinzelte Nebenbei-Mitteilungen realisiert, die über verschiedene Stellen des Textes gestreut sind. Dominierend ist die Faktenvermittler-Rolle, die Rolle des Kritischen Beobachters ist untergeordnet.

(6b) Chips als Markt- und Standortfaktor/Typ IV

(A)
Zugrunde liegen neben den hintergrundorientierten Quaestiones (wie bei Typ III) außerdem Quaestiones vom Typ Q6/Q7: Welchen Standpunkt sollten die Adressaten einnehmen, und welche Konsequenzen sollten die verantwortlichen Akteure ziehen?

(B)
Exemplarische Beschreibung: T 11

Thema: Japan ist führend in der Chip-Entwicklung und wird den Westen in wirtschaftliche Abhängigkeit bringen, wenn keine Gegenmaßnahmen ergriffen werden.

Der thematisch extern bleibende Publikationsanlaß ist die Cebit-Messe. Die dem Thema zugrundeliegenden Quaestiones zielen, der Hybridfunktion entsprechend, auf Information und politische Meinungsbildung gleichermaßen. Die Sachverhalte, die den thematischen Gegenstand 'Chips als Markt- und Standortfaktor' bilden, werden interpretiert und zur Basis von Bewertungen und Forderungen gemacht.

Für die Themenbildung spielen neben langfristiger Aktualität und Adressatenrelevanz noch das Kriterium der Negativität sowie ein weiteres Kriterium, das sich als "symbolische Aufladbarkeit" bezeichnen läßt, eine Rolle. Damit ist gemeint, daß Chips eine Projektionsfläche für Stereotypen und Topoi bieten. Der Begriff *Chip*, der pars pro toto für die Mikroelektronik insgesamt steht, symbolisiert "High Technology" und volkswirtschaftliche Stärke. Aus diesem Grunde ist er anschlußfähig für das negative Stereotyp der "japanischen Gefahr" und komplementär des "bedrohten Westens". Das hiermit verbundene Negativkriterium wird zudem durch das Bild entschlußarmer westlicher Akteure erfüllt.

Es handelt sich bei dem Text um eine sogenannte Titelgeschichte. Das Titelbild zeigt einen stilisierten Chip mit asiatischen Gesichtszügen, der durch Schrägstellung und farblichen Kontrast mit einem dunkel gehaltenen Hintergrund den Betrachter anzuspringen scheint, wobei die senkrecht nach oben ragenden Chip-Kontakte und das in der Mitte der Stirn plazierte Nationalsymbol das allgemeine Stereotyp der asiatischen Gefahr als angreifenden Samurai-Krieger spezifizieren. Die Schlagzeilen (*Der Chip-Krieg. Japan überrollt den Westen*) liefern durch die Kriegsmetaphorik das sprachliche Komplement. Diese Bild-Strategie wird im Heftinneren parallel zum Text fortgesetzt. Ringförmig angeordnet sind fotografierte Szenen, die für die westliche Industriegesellschaft und ihre Werte emblematischen Charakter haben und auf deren mikroelektronische Basis die Bildzeile verweist (*Mikroelektronikanwendungen. Der alles entscheidende Rohstoff der Zukunft*). Der Einstieg in diesen Bildring wird durch einen als Blickfänger präsentierten, aus der Froschperspektive aufgenommenen Panzer geleistet. Er nimmt die Bedrohungskonnotation auf, die der Titel evoziert und parallelisiert sie im selben Zug inhaltlich und durch seine typographische Zuordnung mit der gleichfalls Bedrohung und Krieg evozierenden – und darüber hinaus als japanisches Zitat präsentierten – Text-Schlagzeile (*"Im Jahr 2000 sehen wir uns wieder"*), deren Konnotation sich auch denjenigen mitteilen dürfte, die ihren literarischen Kontext nicht kennen. Diese Kombination aus Schlagzeilen und einer ausgeprägt persuasiven Bebilderung verstärkt durch ihre topischen Motive mit emotionalisierender Intention die appellative Funktion.

In dem mehr als tausend Zeilen umfassenden Text sind alle Perspektiven bis auf die Persönlichkeitsperspektive vertreten. Die globale Struktur ist argumentativ. Ihr liegen drei miteinander verknüpfte Thesen zugrunde. Die ersten beiden sind Tatsachenbehauptungen, die dritte ist eine daraus gefolgerte deontische Behauptung:

(1) "Japan" will mit Hilfe der Mikroelektronik die wirtschaftspolitische Herrschaft über "den Westen" erringen.

(2) "Der Westen" (bzw. seine Entscheidungsträger in Politik und Wirtschaft) sind für diesen "Krieg" nicht gerüstet.

Daraus folgt (wobei vorausgesetzt wird, daß diese Aussagen stimmen und ihre Sachverhalte unerwünscht sind):

(3) Die Wirtschafts- und Forschungspolitik muß umgestellt werden.

Alle drei Thesen unterliegen der appellativ-meinungsbildenden Funktion, insofern der Emittent die Anerkennung ihrer Wahrheit beim Adressaten zu erreichen sucht. Die Thesen werden außer in den Überschriften und den Bebilderungen auch im Textverlauf immer wieder variiert: *Europa könnte wirtschaftlich ... auf den Status einer japanischen Kolonie herabsinken. .. Die Japaner sind noch nicht mit ihren Eroberungen zufrieden ... Europa ist ... schlecht gerüstet ... Die Liste der Fehler und Versäumnisse ist lang* .

Die These (3) bildet den Ausgangspunkt für an Akteure gerichtete Aufforderungen, die der appellativen Funktion entsprechen und die als indirekte Sprechakte realisiert sind, die von direkten assertiven Sprechakten transportiert werden :

Z 1022-1065: *Kooperationen mit japanischen und amerikanischen Unternehmen sind ebenso unverzichtbar wie ein größerer Beitrag des Staates.* (...)*Notwendig ist eine europäisch abgestimmte Industriepolitik* (...) *In Betracht kommt zum Beispiel ein europaweites Glasfasernetz für die Breitband-Kommunikation oder ein computergesteuertes Verkehrsleitsystem für die überlasteten europäischen Straßen.* (...)

Entscheidender als die explizite Formulierung der Thesen ist, daß sie die globale Struktur des Textes bestimmen. Zu ihrer Stützung dienen die umfangreichen berichtenden und beschreibenden Textteile, die in die argumentative Struktur eingebettet sind. Sie schaffen zum einen, entsprechend der kodominierenden informativen Funktion, die Sachverhaltsbasis: Es handelt sich nicht um eine Rekapitulation von Sachverhalten, die im Prinzip als bekannt vorausgesetzt werden, sondern um die Mitteilung von als unbekannt vorausgesetzten Sachverhalten. Diese Fakten werden aber so ausgewählt und angeordnet, daß sie als Stützungen für die Thesen fungieren.
Die argumentative Strategie bedient sich darüber hinaus zahlreicher rhetorischer Mittel, die hier nur summarisch aufgelistet werden können: Dazu gehört (a) der Einsatz der Fiktion in Form von Schreckensszenarios (Z 1-54), (b) eine Fülle von Autoritätenzitaten (u.a. Z 55-119), (c) die passende Zurichtung (angeblicher) konträrer Argumente und die rhetorische Infragestellung der eigenen Position, um der Argumentation das Merkmal der Unvoreingenommenheit, diskursiven Rationalität und Seriosität zu verleihen (Z 120-153), (d) die Topikalisierung von argumentativ "passenden" und die versteckte Plazierung und damit verbundene Niedriggewichtung von "unpassenden" Fakten, die man dadurch unschädlich macht, ohne sich dem möglichen Vorwurf des Verschweigens aussetzen zu müssen (Z 611-516).

Ich will mich angesichts des Textumfangs im folgenden auf die Einbettung der fachlichen Technologie-Textteile in die globale Struktur konzentrieren. Im gesamten ersten Drittel des Textes ist die Technologie-Perspektive nur rudimentär und gestreut realisiert. Sie besteht in vereinzelten Propositionen, die syntaktisch als freie attributive Angaben oder nachgestellte Appositionen realisiert sind, also als Nebenbei-Referenzen im Rahmen anderer Perspektiven (Politik-Perspektive und Alltagswelt-Perspektive) satzsemantisch verklammert werden: Z 10-11, 215-19, 264-67, 366-69. Der erste geschlossene Technologie-Textteil erstreckt sich von Z 408-483. Es handelt sich um eine historisch-genetische Referenz auf Chip-Merkmale, in deren Rahmen Bauelemente, Materialien und Leistungsmerkmale als laienorientierte Basisinformationen eingeführt werden. Zugleich wird durch historische Kontrastierungen die Leistungsfähigkeit der heutigen Technik herausgestellt und in die Zukunft extrapoliert. Dieser Technologieteil ist eingebettet in eine dominierende Politik-Perspektive, unter der auf die strategische Rolle des japanischen "Superministeriums" Miti referiert wird. Die Umschaltung auf die Technologie-Perspektive geschieht temporal (Z 397-407): Zunächst wird zurückgeblendet auf eine Miti-Entscheidung von 1971, die ihrerseits die Zukunft der Mikroelektronik vom damaligen Zeitpunkt her antizipiert und dann folgt eine weitere Rückblende, dieses Mal auf die Anfänge der Mikroelektronik. Zugleich wird die im Technologiesegment geschilderte Entwicklung der Mikroelektronik als Ausgangspunkt für die Miti-Entscheidung dargestellt und vorwegnehmend zusammengefaßt. Die Rückkehr zur Politik-Perspektive (Z 484-92) erfolgt durch ein zweites Umschaltsegment, in dem die Referenz auf das Miti wiederaufgenommen und damit zugleich die beiden Umschaltsegmente miteinander verklammert werden.

In den folgenden Passagen ist die Technologie-Perspektive, wie im ersten Drittel des Textes, wieder nur in gestreuten Spurenelementen vertreten. Der zweite große Textteil unter einer Technologie-Perspektive erstreckt sich von Z 611-747. Das Einleitungssegment (Z 611-616) ist zugleich ein Beispiel für die argumentative Strategie, Sachverhalte, die den leitenden Thesen konträr sind, zwar zu nennen, sie aber systematisch in den Hintergrund zu schieben: Die große technische Relevanz der Mikroprozessoren und die Dominanz der USA auf diesem Gebiet soll durch die versteckte Plazierung in der Mitte des Textes, durch relativierende Partikeln (*lediglich, noch*) und dadurch, daß auf diese Tatsache nur mit einem einzigen Satz eingegangen wird – der zudem in eine durchgängige Argumentation für die Existenz der japanischen Gefahr eingebettet ist – praktisch unter die Wahrnehmungsschwelle des Lesers gedrückt werden (*Inzwischen sind die Japaner ein gutes Stück vorangekommen. Lediglich bei den Mikroprozessoren - den Chips, die Computer und Maschinen steuern - haben die US-Firmen wie Intel oder Motorola noch klar die technologische Führung.*)

In dem sich anschließenden Textteil (Z 617-747) wird auf die chemischen und physikalischen Merkmale von Mikrochips und auf Herstellungsverfahren referiert:

Es werden also wie in dem vorausgegangenen Technologiesegment Basisinformationen vermittelt. Allerdings kann hier von einer reinen Technologie-Perspektive nicht mehr gesprochen werden. Vielmehr findet nahezu jede einzelne Referenz auf technische und physikalische Merkmale unter einer übergeordneten Politik-Perspektive statt, die auf die Japaner als die Führenden und die westlichen Nationen als die Nachzügler in den entsprechenden Technologien referiert. Dabei bilden diese Referenzen vielfach den syntaktischen Kern der Sätze, während die technischen Erläuterungen als fakultative Konstituenten realisiert sind. Die Selektion und Anordnung fachlicher Merkmale wird also von argumentativ-politischen Kriterien geleitet. Mit dem Segment Z 748-56 wird in Form eines bewertenden Resümees der japanischen Position wieder ganz auf die Politik-Perspektive umgeschaltet. In den folgenden Textpassagen werden weitere Technologie-Segmente in die Politik-Perspektive eingebaut, auf die hier nicht weiter eingegangen werden soll, da sie den dargestellten Mustern folgen.

(C)
Themenentfaltungsmerkmale der Textgruppe 'Chips als Markt- und Standortfaktor'/Typ IV

Den Texten liegt neben den Kriterien der politischen Adressatenrelevanz und der langfristigen Aktualität noch das Kriterium der Negativität zugrunde. Was die Polyperspektivik und die Umschaltsegmente betrifft, gilt das für die Typ-III-Texte Gesagte.

Die Typ-IV-Texte unterscheiden sich aber durch ihre globale argumentative Struktur, die in einem Arrangement von Fakten besteht, die ihrerseits die Informationsgrundlage bilden. Die argumentative Struktur resultiert aus den interpretativen und bewertenden Faktoren, die in die Themenbildung eingehen: Da strategische Absichten von den Akteuren nicht offengelegt werden, müssen sie aus Sachverhalten gefolgert werden. Daraus wiederum werden Bewertungen und Appelle abgeleitet. Sie richten sich auf die Meinungsbildung des Publikums und auf Handlungen seitens der Akteure. Dabei werden fachspezifische Inhalte, die für sich genommen politisch neutral sind, in eine argumentative Strategie mit politischem Hintergrund einbezogen. In diesem Kontext können auch laienorientierte Elemente, ähnlich wie in den 'Prinzip Chip'-Texten vorkommen. Die Kommunikator-Rolle des Kritischen Beobachters ist in diesen Texten im Gegensatz zu den Typ-III-Texten nicht untergeordnet, sondern zusammen mit der Faktenvermittler-Rolle kodominierend.

4.2.4.3. Thematische und strukturelle Texteigenschaften im Überblick

In diesem Abschnitt sollen, ausgehend von den Themen- und Textbeschreibungen, die Merkmale zusammengefaßt werden, die die massenmediale Fachexternalität der Texte auf dieser Ebene kennzeichnen. Zur Erinnerung seien die Themenarten und ihre funktionalen Kontexte hier noch einmal aufgelistet.

(1) Neue Chips / Text-Typen I und II
(2) Chips als Forschungs- und Entwicklungskonzepte / Text-Typ III
(3) Das Prinzip Chip / Text-Typ III
(4) Die Arbeitswelt der Chip-Akteure / Text-Typ III
(5) Politisch-wirtschaftliche Chip-Ereignisse / Text-Typ I
(6) Chips als Markt- und Standortfaktor / Typen III und IV

– Thematische Selektivität und Text-Legitimierung

Den Chip-Themen liegen wie allen Pressethemen mediale Selektionskriterien zugrunde. Das dominierende Kriterium ist neben der (dehnbaren) Aktualität die Adressatenrelevanz. Bei den primär fachexternen Texten wird dem Kriterium Adressatenrelevanz durch die Resultatsorientierung Rechnung getragen: Bei allen Themenarten wird der Chip als Daseinszweck und Endresultat des Fachs Mikroelektronik explizit als Anknüpfungspunkt des Artikels herausgestellt: Auf Chips oder chipgesteuerte Geräte wird an mindestens einer Stelle im Textkopf (Schlagzeile und/ oder Unterzeile und/oder Vorspann) referiert. Dies gilt auch für die Texte, die weder existierende Chiptypen noch *Chip* als Grundbegriff thematisieren. Das sind die Themenarten 'Forschungkonzepte' und 'Arbeitswelt', wo es um Bereiche geht, die dem Endresultat Chip vorgelagert sind (spezifische Produktionstechniken, Experimente, Arbeitsabläufe). *Chip* und seine Unterbegriffe als mittlerweile in die Alltagssprache eingedrungenes, mit High-Tech-Konnotationen besetztes Wortfeld soll auch hier als Attraktor den Adressaten signalisieren, daß die im Text zur Sprache gebrachten Sachverhalte für sie Relevanz haben. Das wird teilweise unterstützt durch Referenzen auf Chips unter der alltagsweltlichen Perspektive. Erst dadurch, daß der Bezug auf das Resultat die grundsätzliche Relevanz des Fachs und damit des Artikels verbürgt, werden andere herausgearbeitete Kriterien wie Superlativität oder Personalisierung wirksam. Der Bezug der Themenarten auf das Resultat läßt sich schematisch so umreißen: Resultate als solche ('Neue Chips'/Typ I); Resultate für private Nutzer ('Neue Chips'/Typ II); Grundlagen der Resultate ('Prinzip Chip'); Forschungstrends mit antizipierten Resultaten ('Konzepte'). Diese immer wiederkehrende Legitimierung der Inhalte durch Bezug auf Endresultate dürfte auf dem spezifisch massenmedialen Charakter dieser fachexternen Kommunikation beruhen. Der Emittent signalisiert durch die Legitimierung, daß er die informationelle Diskontinuität der fachlichen Berichterstattung, die Universalität des Mediums und die Dispersität des Publikums in Rechnung stellt. Die fachinterne Kommunikation ist nicht in diesem Maße auf repetitive Legitimierung angewiesen: Deren Kommunikate sind stärker in von den Emittenten voraussetzbare Wissens- und Handlungszusammenhänge eingebunden. In den sekundär fachexternen 'Ereignis'-Texten werden gleichfalls Resultate herausgestellt oder antizipiert, wobei hier aber die Relevanz zusätzlich durch den politischen Ereignis-Kontext beglaubigt ist. Ähnlich verhält es sich bei den 'Standort'-Texten: Die gesellschaftliche Relevanz des Kontexts, in den die fachlichen Sachverhalte gestellt werden, ist evident und hier durch den thematischen Gegenstand selbst gegeben.

Die Resultatsorientierung primär fachexterner Texte wird in der Nachrichtentheorie mit den langen Forschungs- und Entwicklungsfristen und der Resultatsorientierung wissenschaftlicher Fächer erklärt: Diese seien im Grunde Fremdkörper, weil sie nicht zur "eigentlichen", nämlich tagesbezogenen Zeitstruktur der Medien und ihrem auf Ereignisse gerichteten Aktualitätsbegriff paßten.[55] Die Erklärung der Resultatsorientierung mit vermeintlich besonderen Zeitstrukturen der Fächer beruht indes auf einem Fehlschluß. Daß fachexterne Artikel stark resultatsorientiert sind, liegt an grundsätzlichen thematischen Prioritäten der massenmedialen Realitätsverarbeitung und nicht an den fachlichen Realitäten selbst, sprich ihren Zeithorizonten. Resultatsbezogen ist nämlich auch die Politik. Hier aber warten Journalisten die Resultate der oft gleichfalls lang andauernden politischen Prozesse nicht ab. Vielmehr filtert eine große Anzahl täglich das politische Geschehen auf der Suche nach "Ereignissen", wozu in der Politik bereits Meinungsäußerungen und Zwischenergebnisse zählen, sofern die Akteure das Kriterium der Prominenz erfüllen. "Ereignisse" dieser Art produzieren Forschungseinrichtungen ebenfalls täglich.[56] Da aber die universalen Medien dem kontinuierlichen fachlichen Geschehen in Wissenschaft und Technik insgesamt gesehen ein geringeres Gewicht zumessen als z.B. dem politischen Geschehen und die entsprechenden Gebiete deswegen in längeren Intervallen und unregelmäßiger bearbeitet werden, ist auch die Beobachtungs- und Verarbeitungsdichte geringer: Das bedingt eine Konzentration auf die Resultate. Tagesaktualität erlangen fachliche Inhalte in der Regel vor allem dann, wenn sie mit politischen Ereignissen gekoppelt sind

– Fachliche und nichtfachliche Perspektivik

Das Korpus bildet ein Spektrum, das von monoperspektivischen zu polyperspektivischen Texten reicht. Die primär fachexternen Themenarten 'Neue Chips' und 'Konzepte' sind monoperspektivisch. Die Texte stehen unter einer (fast) reinen Technologieperspektive. Die gleichfalls primär fachexternen Themenarten 'Chip-

---

55 Deshalb wird die im Zusammenhang mit den nachrichtenorientierten fachexternen Texten hier ausgearbeitete mittelfristige Aktualität von diesen Autoren als "Pseudo-Aktualität" bewertet. Entsprechende Sachverhalte erfüllten das Selektionskriterium "Frequenz" nicht hinreichend, was durch entsprechende aktualisierende Sprachformen verdeckt werden solle. Vgl. Hömberg (1990a: 114), Bell (1991a: 217).

56 Ihnen widmen sich beispielsweise die Bücher von Tracy Kidder (1984) und von Tom Wolfe (1992). Sie schildern die Entwicklung von Chips als windungsreiche Geschichten aus Versuchen, Fehlschlägen und Konkurrenzkämpfen.

Prinzip' und 'Arbeitswelt' sind polyperspektivisch unter einer dominierenden Technologie-Perspektive. 'Prinzip Chip' enthält subsidiär die Alltagswelt-Perspektive, um Laien anzusprechen. In den 'Arbeitswelt'-Texten variiert aufgrund der Komplexität des thematischen Gegenstands die Perspektivik: Für die Referenz auf fachliche Objekte und Merkmale tritt neben die technologische ebenfalls eine alltagsweltliche Perspektive, die einer Laienorientierung entspringt. Ähnliches gilt für die Persönlichkeitsperspektive. (Die Politik- und Waren-Perspektive, sofern realisiert, sorgen für zusätzliche thematische Relevanz.) In der Polyperspektivik der primär fachexternen Texte schlägt sich in starkem Maße eine Laienorientierung nieder.

Polyperspektivisch sind gleichfalls die sekundär fachexternen Texte: In den 'Ereignis'-Texten dominiert die Politik-Perspektive die Technologie-Perspektive. Das gleiche Dominanzverhältnis findet sich in den 'Standort'-Texten, wobei hier noch die Waren- und die Alltagswelt-Perspektive hinzutreten. Die Polyperspektivik der sekundär fachexternen Texte resultiert daraus, daß in den entsprechenden Ressorts die Politik bzw. Wirtschaftspolitik ein thematische Gravitationszentrum bildet: Auf fachliche Sachverhalte wird referiert, sofern sie damit kompatibel sind. Dies kann auch hier in laienorientierter Form geschehen.

Die Polyperspektivik wird strukturell teilweise durch lose eingesetzte Textmodule, teilweise mit Hilfe von Umschaltsegmenten realisiert, die als Scharniere fungieren und die inhaltliche Verzahnung für den Adressaten nachvollziehbar machen. Technologie-Propositionen können auch satzsemantisch als Nebenbei-Inhalte in anders perspektivierte Textteile eingestreut sein.

– Der fachliche Fokus

Betrachtet man das Fach als einen Komplex aus spezifischen Zielsetzungen, Theorien, Wissensbeständen, Verfahrensweisen und Objekten, so werden in den Themen der primär fachexternen Texte unterschiedlich weite Blickwinkel auf diesen Komplex deutlich.
Bei den rein informativen Texten der Themenart 'Neue Chips' wird eng auf isolierte fachliche Objekte fokussiert: Die Referenz bewegt sich größtenteils in den objektinternen Merkmalsräumen. Bei denjenigen Texten dieser Themenart, die neben der informativen noch eine appellativ-empfehlende Funktionskomponente aufweisen, werden darüber hinausgehend die Geräteumgebung und potentielle Benutzergruppen miteinbezogen. Die Themenart insgesamt steht in einem mittelfristig aktuellen Zeithorizont.

Bei den primär fachexternen Themenarten, die hintergrundorientiert sind, öffnet sich der Blickwinkel weiter. Die 'Prinzip Chip'- Texte sind im Gegensatz zu den 'Neue Chips'-Texten generalisierender: Es geht weniger um singuläre Chip-Typen und deren hervorstechende Merkmale, als um das Begriffsfeld "Chip" oder um

Chip-Familien und die logischen, technischen und physikalischen Prinzipien. Texte der Themenart 'Konzepte' referieren auf Herstellungstechniken, wissenschaftliche Prinzipien und experimentelle Verfahrensweisen. Allerdings ist deren sachliche Ausweitung mit einer Spezialisierung auf anderer Ebene verbunden: Referiert wird primär auf die forschungsrelevanten Ausschnitte der jeweiligen Sachbereiche. Die 'Arbeitswelt'-Texte schließlich überschreiten den Bezugsbereich 'Fach' im abstrakteren Sinne eines spezialisierten Systems und beziehen die konkreten Institutionen und Akteure als Träger fachlichen Handelns ein.

Die sachliche Ausweitung dieser primär fachexternen, hintergrundorientierten Texte geht mit einer temporalen Ausdehnung einher: Referiert wird auf ausgedehntere zeitliche Verläufe oder auf basale Sachverhalte mit langer Gültigkeit im Zeithorizont längerfristiger Aktualität.

– Fachliche Strukturen und Textstrukturen

Die Fokussierungen selbst sind nicht fachlich, sondern medial, nämlich durch die Themenbildung bzw. die Themenselektionskriterien entsprechend den zugrundeliegenden kommunikativen Aufgaben bedingt. Man kann aber fragen, inwieweit sich die Strukturen dieser selektierten fachlichen Realitätsausschnitte in den Textstrukturen niederschlagen. Das ist nicht im Sinne einer isomorphen Abbildung von Realität gemeint, die wegen der sequentiellen Struktur von Sprache generell nicht möglich ist, sondern als indirekt nachzuweisende Auswirkung.

Nun ist es nicht leicht festzulegen, worin genau eigentlich fachliche Strukturen bestehen. Es soll trotzdem ansatzweise versucht werden. Unter fachlichen Strukturen kann man die spezifischen Merkmale und den inneren Aufbau von Objekten sowie die Logik von Begrifflichkeiten und das System von Handlungsabläufen verstehen, und zwar so, wie es sich dem fachlichen Blick darstellt.[57] Da es sich in den meisten Fällen um logisch oder kausal verknüpfte Entitäten handelt, dürften die deskriptive, die explikative und die argumentative Themenentfaltungsstruktur mit fachlichen Strukturen in diesem Sinne kompatibel sein. Das bedeutet im Umkehrschluß, daß die in den Texten festgestellten narrativen Strukturelemente nicht fachlich bedingt sein können. Damit ist nun noch nicht viel gewonnen, da die erstgenannten Strukturkategorien aufgrund ihrer Abstraktheit für sich genommen keinen Indikator für Fachlichkeit darstellen können. Anhand der konkreten refe-

---

57 Nur vor einem jeweiligen Wissenshintergrund kann von "intrinsischen" Merkmalen oder der "inneren Logik" von Gegenständen gesprochen werden, die verschiedene Autoren annehmen, um Strukturen beschreibender Texte zu erklären. Vgl. Hoffmann (1988: 167), Kohlmann et al. (1989: 141ff.), Lötscher (1991: 82ff.), Bauman (1992: 150ff.), von Stutterheim (1994: 262). Wie es ein Experte ausdrückt, als er dem Journalisten einen Chip zeigt: „Damit Sie es mal sehen. Aber eigentlich sehen Sie ja nichts.“

rentiellen Bewegungen lassen sich bei einigen Themenarten jedoch fachliche und mediale Faktoren gegeneinander abheben. Dabei werde ich mich auf primär fachexterne Texte beschränken, da bei den sekundär fachexternen Texten aufgrund der Subsidiarität der Technologie-Perspektive fachliche Strukturen von vornherein nur segmental wirksam werden können.

Die informativ-nachrichtenorientierten Texte der Themenart 'Neue Chips' weisen eine beschreibend-explikative Hybridstruktur auf: Die referentielle Bewegung verläuft zwischen den einzelnen logischen, konstruktiven und physikalischen Ebenen des thematisierten Chips, die beschrieben und zugleich kausal verknüpft werden. Die Textstruktur orientiert sich also an der fachlichen Logik des Gegenstandes. Allerdings ist diese Logik nicht eindeutig determinierend. Der Merkmalsraum Chip läßt für die referentielle Bewegung mehrere Ausgangspunkte und Richtungen als möglich zu. Und hier wird das fachlich bedingte Strukturmoment von einem medial bedingten überlagert: Aktuelle und relevante Leistungsmerkmale der Chips sind topikalisiert, neuartige werden mit herkömmlichen Merkmalen kontrastiert, andere Merkmalsebenen werden explikativ nachgeordnet. Diese Merkmalsplazierungen sind bedingt durch die nachrichtenorientierte Ausprägung der informativen Funktion.

Eine zusätzliche funktional bedingte Überlagerung zeigen die Themenentfaltungsstrukturen der 'Neuen Chips'-Texte im Typ-II-Kontext: Hier sind die beschreibend-explikativen Strukturen noch in eine globale argumentative Struktur eingebettet. Sie ist bedingt durch die appellativ-empfehlende Komponente, die mit der informativ-nachrichtenorientierten Komponente verknüpft ist und durch die Kommunikator-Rolle des Kritischen Beobachters realisiert wird.

Bei 'Prinzip Chip'-Texten sind die definitorischen Strukturen, die sich an den Aufbau der fachlichen Begrifflichkeit anlehnen, mit Kontrastierungen und historisch-genetischen Referenzen verbunden, die zum Zweck der Veranschaulichung eine Zeitachse enthalten. Dazu kommt die in diesen Texten realisierte alltagsweltliche Perspektive, die die Relevanz von Chips allgemein herausstellt. Auch hier zeigt sich also die Überlagerung zweier strukturbildender Faktoren: die Logik der fachlichen Begrifflichkeit einerseits und die mediale Textintention andererseits, die auf die Vermittlung von fachlichem Hintergrundwissen in einem universalen Medium zielt.

In den 'Arbeitswelt'-Texten spiegeln sich fachliche Strukturen zum einen in den Chip-beschreibenden Textteilen sowie zum anderen in den Beschreibungen von Handlungsabläufen. In diesen Texten besteht die mediale Überformung in den reportageartigen Zugriffen auf diese Bereiche (als laienhafte Alltagswelt-Perspektive). Auch die teilweise realisierte Persönlichkeitsperspektive ist außerfachlich. Das gleiche gilt für die narrativen Strukturmomente.

Insgesamt läßt sich also sagen, daß auf fachliche Faktoren rückführbare Strukturmerkmale zwar feststellbar sind, aber von Strukturmerkmalen, die eher medial zu erklären sind, überwölbt werden.

– Die Laienorientierung

Zu den strukturbeeinflussenden medialen Faktoren gehört auch die Intention, die Adressaten in ihrem Status als Laien anzusprechen. Auf textueller Ebene lassen sich drei Komponenten der Laienorientierung feststellen. Neben der Textlegitimierung, auf die bereits ausführlich eingegangen wurde, sind dies Verständnishilfen und Attraktoren. Zu den Verständnishilfen sind die definitorischen und historisch-genetischen Strukturen der Themenart 'Chip-Prinzip' (aber teilweise auch der sekundär fachexternen 'Standort'-Texte) zu zählen. Bei den Attraktoren ist die Reporter-Rolle der 'Arbeitswelt'-Texte hervorzuheben. Sie ist weder durch die informativ-hintergrundorientierte Funktion noch durch den thematischen Gegenstand zwingend vorgegeben, stellt aber im Kontext der massenmedialen fachexternen Kommunikation eine weitere Form der Laienorientierung dar. Sie besteht darin, daß die Technologie-Perspektive mit der Alltagswelt-Perspektive gekoppelt wird: Unter letzterer betrachtet der Emittent die Fachwelt durch die Brille des Laien und evoziert zum einen Fremdheit und Exotik, was als Attraktor dient. Zum anderen setzt er einen Punkt, an dem er den Laien "abholt" und von wo aus er ihn stufenweise an die fachlichen Sachverhalte und die Fachsprache heranführen kann. Eine ähnliche Rolle spielt die Persönlichkeitsperspektive. Beide Perspektiven können mit einer Komplikation im Zusammenhang stehen und dadurch die narrativen Strukturelemente von Texten mitbewirken, die gleichfalls als Attraktoren anzusehen sind.

Es ist aber bereits im Zusammenhang mit den Kommunikator-Rollen festgestellt worden, daß die Texte keine Indikatoren für eine Lehrer-Rolle aufweisen. Eben deshalb ist statt von einer Lernzielorientierung von einer bloßen Laienorientierung auszugehen als einer schwächeren Variante der Überbrückung zwischen Fach- und Laienwelt. Die Laienorientierung ist mit den Rollen von Faktenvermittler und Reporter und funktional mit der Hintergrundfunktion verknüpft. Während die laienorientierte Komponente „Legitimierung“ auf die textuelle Ebene beschränkt ist, können die Komponenten "Verständnishilfe" und "Attraktor" noch genauer herausgearbeitet werden, wenn man die lexikalische und satzsemantische Ebene mit einbezieht. Das soll im Kapitel 5 geschehen.

4.2.5. Quantitativer Ausblick: Zur Vorkommenshäufigkeit fachexterner Textmerkmale

Das Korpus umfaßt 187 Texte, die sich wie folgt auf die Typen und Themenarten verteilen:

1) Texttyp I
   a) primär fachextern/'Neue Chips': 42
   b) sekundär fachextern/'Politisch-wirtschaftliche Chip-Ereignisse' 15

2) Texttyp II
   primär fachextern/ 'Neue Chips': 23

3) Texttyp III
   a) primär fachextern / 'Chips als Forschungs- u. Entwicklungskonzepte': 37
   'Das Prinzip Chip': 31
   'Die Arbeitswelt der Chip-Akteure': 10

   b) sekundär fachextern/ 'Chips als Markt- u. Standortfaktor': 21

4) Texttyp IV
   sekundär fachextern/ 'Chips als Markt- und Standortfaktor': 8

Die Zahlen erlauben keine statistisch gesicherten Aussagen über die Verbreitung der fachexternen Textmerkmale in der Presse, sondern können nur die Basis für plausible Mutmaßungen abgeben. Die Gründe hierfür wurden bereits angesprochen (s. 3.2.5.): Die Arbeit ist qualitativ orientiert, das heißt, es geht nicht um eine Feststellung von Merkmalsfrequenzen, sondern darum, das Spektrum der realisierten Möglichkeiten fachexterner Kommunikation herauszuarbeiten und zu untersuchen. Somit wird für das Korpus zwar Exemplarität in bezug auf das Repertoire fachexterner Vermittlungsformen, nicht aber quantitative Repräsentativität in bezug auf deren Verbreitung in Anspruch genommen. Da das Korpus auf den Beständen von Pressedokumentationen aufbauen mußte, ist es weder eine echte Grundgesamtheit, noch läßt sich belegen, daß die korpus-internen Merkmalshäufigkeiten diejenigen in einer solchen Grundgesamtheit statistisch repräsentieren.[58] Außerdem ist zu bedenken, daß die linguistische Relevanz von Aussagen über die Frequenz von Textformen begrenzt ist, weil diese vielfach von außersprachlichen Faktoren beeinflußt ist: Wie häufig beispielsweise sekundär fachexterne Nach-

58 Da die Korpuskritrien zusammen mit dem Begriff der fachexternen Kommunikation sprachtheoretisch hergeleitet wurden, liegen sie quer sowohl zu den archivarischen Stichworteinteilungen als auch zu journalistischen Sparteneinteilungen. Um eine echte Grundgesamtheit – also die Menge aller deutschsprachigen Zeitungstexte, die unter die Korpuskriterien fallen – zusammenzustellen, hätte es folglich einer kompletten Durchsicht von mehreren zehntausend Zeitungen und damit eines unrealisierbaren Arbeitsaufwandes bedurft.

richtentexte vorkommen, hängt u.a. davon ab, wie oft fachlichen Ereignissen politische Bedeutung beigemessen wird, und das ist eine Frage der volkswirtschaftlichen Auswirkungen solcher Ereignisse, der Beteiligung politischer Institutionen und nicht zuletzt der Öffentlichkeitsarbeit, mit der die fachlichen und politischen Institutionen solche Ereignisse in der Presse lancieren. Wenn also eine Textform aufgrund derartiger Rahmenbedingungen in einem bestimmten Themenbereich selten auftaucht, kann sie nichtsdestoweniger zum festen journalistischen Formenrepertoire gehören, aus dem sie bei Bedarf problemlos abgerufen werden kann. Diese Einschränkungen vorausgeschickt, sollen im folgenden die Korpuszahlen kommentiert werden:

Die primär fachexternen, nachrichtenorientierten Informationstexte (1a) bilden eine große Untergruppe im Korpus, was auch ihrer quantitativen Bedeutung in der Grundgesamtheit und in anderen Bereichen fachexterner Pressekommunikation entsprechen dürfte: Es handelt sich hierbei um ein verbreitetes funktionales und strukturelles Textmuster, das an tagesaktuellen Artikeln im Politik- und Wirtschaftsbereich orientiert ist. Es läßt sich aufgrund seiner Standardisiertheit und der Möglichkeit, die Textlänge bei der Bearbeitung ohne größere Umstrukturierungen zu variieren, flexibel für die Mitteilung von wissenschaftlich-technischen Novitäten einsetzen.

Die geringere Zahl der sekundär fachexternen, nachrichtenorientierten Texte (1b) könnte mit dem bereits erwähnten Umstand zusammenhängen, daß es sich hierbei nur um ausgesuchte fachliche Sachverhalte handelt, nämlich solche, die aufgrund volkswirtschaftlicher Bedeutung und/oder staatlichen Engagements als politisch relevant bewertet und deshalb mit Hilfe von Pressekonferenzen, Präsentationen und der Beteiligung von Prominenz den Selektionskriterien der zuständigen Ressorts entsprechend aufbereitet werden. Zu berücksichtigen ist auch, daß viele Artikel, die über politisch-wirtschaftliche Chip-Ereignisse berichten, das Kriterium der mikroelektronischen Fachexternalität nicht erfüllen, da ihnen die Technologieperspektive fehlt.

Der Anteil der Typ-II-Texte (2) am Korpus erscheint vergleichsweise klein, wenn man in der empfehlenden Verbraucherorientierung eine wichtige Aufgabe fachexterner Kommunikation sieht. Zu bedenken ist aber, daß Chips zu den verborgenen Innereien der Computer gehören, mit denen der Großteil der Benutzer unmittelbar nicht in Kontakt kommt. Viele verbraucherorientierte Computerartikel referieren statt dessen auf Software oder auf andersartige Hardwarekomponenten wie Drucker, Monitore oder Festplatten. Solche Artikel sind zweifellos fachextern; da Chips aber nicht ihren inhaltlichen Kern bilden, erfüllen sie die thematischen Korpuskriterien nicht. In anderen fachexternen Themenbereichen dürfte der appellativ-empfehlende Typ demzufolge weiter verbreitet sein.

Der informativ-hintergrundorientierte Typ in seiner primär fachexternen Variante (3a) ist mit zusammen 78 Artikeln am stärksten vertreten. Die informativ-hintergrundorientierte Funktion ist kompatibel mit längeren Texten, mit komplexen Themenentfaltungsstrukturen und Kombinationen von Kommunikator-Rollen – Eigenschaften also, die einer Vermittlung komplizierter fachlicher Sachverhalte entgegenkommen. Entsprechende Textmuster sind deshalb auch in anderen Themenbereichen fachexterner Pressekommunikation in größerer Häufung zu erwarten. Innerhalb dieser Textgruppe dürfte der große Anteil der Themenart „Chips als Forschungs- und Entwicklungskonzepte“ dem darin enthaltenen Neuigkeitswert geschuldet sein. Diese Texte sind sogar noch etwas häufiger vertreten als die stark laienorientierten Texte der Themenarten „Prinzip Chip“ und „Arbeitswelt“. Hier ist allerdings zu berücksichtigen, daß Laienorientierungen vielfach nicht auf der Textebene, sondern im „Nebenbei-Format“ auf der lexikalischen und sententiellen Ebene realisiert werden (s. Kap.5).

Für die sekundär fachexternen Texte zum Thema ‘Chips als Markt- und Standortfaktor’ (3b und 4) dürfte das zu (1b) Gesagte gelten: Es gibt eine Reihe von Texten zu diesem Thema, die nicht in das Korpus aufgenommen wurden: Sie erfüllen nicht die Kriterien der mikroelektronischen Fachexternalität, weil in ihnen die Technologieperspektive kaum oder gar nicht realisiert ist. Vielmehr werden die Mikrochips in nichtfachliche oder folgefachliche Kontexte gestellt.

5. Die wort- und satzsemantische Ebene

Termini bilden das konzeptuelle Gerüst des Fachs. Sie repräsentieren die Objekte, Sachverhalte und theoretischen Konstrukte unter ihrer fachlichen Perspektive. Kommunikationsprobleme, die durch Fachsprachlichkeit aufgeworfen werden, treten im Wortschatzbereich besonders deutlich hervor. Daraus erklärt sich auch die auf terminologische und "didaktische" Phänomene verengte Wahrnehmung, die in manchen Arbeiten zur fachexternen Kommunikation zum Ausdruck kommt: Wenn man sich von vornherein auf die lexikalische Ebene beschränkt und sie pars pro toto für fachexterne Kommunikation schlechthin setzt, muß man den Umgang mit Termini als einzig relevante Merkmalsdimension fachexterner Kommunikation überhaupt ansehen.

Seine Bedeutung als Indikator für die Laienorientierung steht dessenungeachtet außer Frage: Wenn Emittenten davon ausgehen, daß fachliche Termini möglicherweise eine Verständnisbarriere für die Adressaten bilden, können sie darauf mit definitorischen oder veranschaulichenden Erläuterungen reagieren, was der Verständnis-Komponente der Laienorientierung entspricht. In den Termini ist aber nicht nur Fachwissen kondensiert. Sie signalisieren zugleich auch stärker als alle anderen fachsprachlichen Elemente die Exklusivität der Fachlichkeit. Als Träger eines derartigen Images können sie eine Kontakt-Barriere darstellen. Darauf kann der Emittent mit informellem Sprachgebrauch (Beier 1983: 101) reagieren, der eine Distanzierung vom Fachlichkeitsimage und eine Solidarisierung mit den Laien-Adressaten signalisiert. Dies ist der Attraktor-Komponente der wortschatzbezogenen Laienorientierung zuzurechnen.

5.1. Die Verständniskomponente der lexikalischen Laienorientierung

Diese Komponente wird mit Übersetzungen, Definitionen und Veranschaulichungen von Termini realisiert. Verständnisunterstützende Bebilderungen, die auch hierzu gehören, spielen im Korpus keine nennenswerte Rolle.

Hinsichtlich "Übersetzungen" und "Definitionen" sind begriffliche Klärungen vonnöten: Unter "Übersetzungen" werden im folgenden, der üblichen Bedeutung des Wortes entsprechend, interlinguale Transferformen verstanden, also die Übertragung eines Inhalts von einer Sprache in eine andere, wobei mit "Sprache" ein eigenständiges Zeichensystem mit spezifischer Lexik, Morphologie und Syntax verstanden wird. Im Gegensatz hierzu wird verschiedentlich der Übersetzungsbegriff intralingual ausgedehnt: Hier bezeichnet man auch Definitionen, Paraphrasen und Reformulierungen, also Transferformen innerhalb derselben Sprache, als Übersetzungen.[59] Die Rechtfertigung lautet, daß sowohl die interlingualen als auch die intralingualen Transferformen semantische Äquivalenzen zwischen Zeichenketten herstellen, wobei es sich bei letzteren allerdings meistens nur um partielle Äquivalenzen handelt (Wunderlich 1980: 71ff.). Unter dem Aspekt der Wissensvermittlung wird durch einen solch extensiven Gebrauch des Übersetzungsbegriffs aber ein wesentlicher Unterschied verwischt. Anders als bei Definitionen wird nämlich bei Übersetzungen (im interlingualen Sinne) beim Adressaten die Kenntnis der kognitiven Konzepte, für die die ausgangssprachlichen Ausdrücke stehen, vorausgesetzt. Wenn *the red ball* in *der rote Ball* übersetzt wird, so wird das Weltwissen über die Beschaffenheit von Bällen und die Farbe Rot vorausgesetzt: Es werden also Konzepte und Propositionen lediglich in ein anderes dem Adressaten bekanntes Zeichensystem übertragen. Übersetzungen dieser Art sind zwischen Fach- und Gemeinsprache vielfach nicht möglich, da insbesondere die Termini der naturwissenschaftlich basierten Fächer in Theorien eingebettet sind, die vom Alltagswissen weit entfernt sind. Solche Termini lassen sich gemeinsprachlich erläutern, aber nicht durch gemeinsprachliche Wörter ersetzen.[60]

Die in der fachexternen Kommunikation relevanten Realdefinitionen sind ebensolche Erläuterungen. Sie dienen dazu, innerhalb desselben Zeichensystems dem Adressaten den Erwerb neuer Konzepte und damit verknüpfter Wissensbestände zu ermöglichen, indem durch die sprachlichen Formen des Definiens an im Wissensbestand des Adressaten vorhandene Konzepte angeknüpft wird. Im Definiens werden dementsprechend Begriffe, die der Emittent beim Adressaten als bekannt voraussetzt, so kombiniert und modifiziert, daß diese Komposition ein neues Konzept, nämlich die Bedeutung des Definiendums repräsentiert. Indem der Adressat die Sprachform des Definiendums mit dem durch das Definiens für ihn neu etablierten Inhalt verbindet und dadurch sprachlich kondensiert, verfügt er also über einen neuen Begriff. Daß das Definiens mehr Ausdrücke als das Definiendum umfaßt, liegt somit in der kognitiven Funktion der Definition selbst begründet, die den neu einzuführenden Begriff erst einmal in seine Bestandteile auflösen muß, um ihn dem Adressaten vermitteln zu können. Anders verhält es sich bei Übersetzungen: Hier können ausgangssprachliche und zielsprachliche Äquivalente in unterschiedlichen quantitativen Relationen zueinander stehen. Die Unterschiede ergeben sich hier aus rein sprachsystematischen Gründen. Von "intralingualen Übersetzungen" im eigentlichen Sinne läßt sich also nur bei echten Synonymangaben sprechen: Hier wird die Benennung eines Konzepts, dessen Kenntnis als solches beim Adressaten vorausgesetzt wird, nur einer anderen Benennung zugeordnet, die es ihm ermöglichen soll, das gemeinte Konzept zu identifizieren. Bekanntlich ist echte Synonymie selten und beruht vielfach auf einer sprachhistorischen fremdsprachlich-muttersprachlichen Opposition.

---

59 Vgl. etwa Handwerker (1991: 17ff.), Bell (1991a: 217), Wilke (1986: 340ff.), Dubois (1986: 243ff.)

60 Vgl dazu etwa von Savigny (1975), Unger (1989)

5.1.1. Übersetzungen

Isoliert vorkommende Übersetzungen und Akronymauflösungen sind Ausprägungen einer schwachen Laienorientierung, denn für sich genommen ist ihr informativer Wert vielfach gering: Da Fachbegriffe Bestandteile eigenständiger Kenntnis- und Wissenssysteme sind, also spezielle Konzeptualisierungen der Realität repräsentieren, garantieren Wortauflösungen oder muttersprachliche Begriffsbenennungen allein noch keine Laienverständlichkeit.

Beispiele (Kontexte sind nicht-kursiv):

T 16
(...) Dank weiterentwickelter *CMOS (Complementary Metal Oxide Semidonductor)-Technologie* sind sowohl der Stromverbrauch als auch die Wärmeentwicklung deutlich geringer als bei den bisher eingesetzten Techniken.(...)

T 12
(...) *Die Schreib-Lese-Speicher, sogenannte Rams (Random Access Memories),* sollen einmal gespeicherte Informationen auch dann nicht verlieren, wenn der Strom abgeschaltet ist. (...)

Deshalb kommen Übersetzungen vielfach in Kombination mit Definitionen und anderen Erläuterungen vor:

T 13
(...) In der Tat spielen *Asics* in der Mikroelektronik eine immer wichtigere Rolle. *Ein Asic - das Wort steht für "Application Specific Integrated Circuit" (anwendungsspezifischer Schaltkreis) - ist ein "maßgeschneiderter" Chip für spezielle Kundenanforderungen.* (...)

T 14
(...) Der Super-Chip, der auf winziger Fläche rund eine Million Transistoren sowie einen Speicher für den blitzschnellen Zugriff auf immer wieder gebrauchte Daten oder innerbetriebliche Instruktionen beherbergt, ist in der *sogenannten Risc-Architektur aufgebaut. Die Abkürzung steht für "Reduced instruction set computing" ("Rechnen mit reduziertem Befehlssatz") und beruht darauf, den Betriebsablauf innerhalb des Prozessorchips zu rationalisieren und die Arbeitsgeschwindigkeit zu steigern.* (...)

5.1.2. Definitionen

Definitionen vermitteln nicht nur neue Wörter, sondern begrifflich gefaßtes Wissen – die kognitiven Bausteine, aus denen sich ein Fach als eigene Wissenswelt zusammensetzt. Sie lassen sich als Antworten auf Fragen einer Quaestio vom Typ

Q4 ("Was ist ein X?") fassen, wobei X ein fachlicher Terminus ist. Definitionen sollen die extensionsbestimmenden Merkmale von X angeben, weshalb bloße Hyperonym- oder Hyponymangaben unvollständige Definitionen sind. Allerdings läßt sich ein positives Maß für die Vollständigkeit einer Definition abstrakt schwer angeben. Da Definitionen über Unterdefinitionen iterativ verzweigen können, ist nicht eindeutig festzulegen, wann eine Definition beendet ist, oder welchen Maximalumfang sie haben kann. Auch hinsichtlich des sprachlichen Formats differieren Definitionen trotz methodologischer Normierungsversuche in der Sprachwirklichkeit stark. Dies gilt nicht nur für die Praxis der fachexternen, sondern auch der fachinternen Kommunikation.[61]

Beispiele

T 1
(...) Die hohe Dichte wurde dadurch erreicht, daß *der Kondensator, der die elektrische Ladung speichert, und der Transistor, der den Ladungsfluß steuert, übereinander angeordnet sind... Fehler im Kristallaufbau, sogenannte Versetzungen,* können nämlich zu einem Versagen der Speicherzellen führen. (...)

T 16
(...) Auch wurde mit platzsparenden *"Graben-Strukturen" für den Speicherkondensator die dritte Dimension in das Design des neuen Speicherbausteins einbezogen.* (...)

T 17
Projekt Mega/Siemens und Philips wollen mit *Super-Chips* Amerikaner und Japaner in der Mikroelektronik einholen

(...) Etwa alle vier Jahre steigert die Industrie die Kapazität *der fingernagelkleinen Silizium-Plättchen, in denen Computer Daten speichern,* auf das Vierfache. (...)

T 18
Was in den fingernagelgroßen Teilchen steckt
(...) Airbags, Funktelefone, Kühlschränke: Nichts geht mehr ohne *die fingernagelgroßen Bauelemente aus Silizium, Germanium oder Selen. Millionen von elektrischen Impulsen werden pro Sekunde in ihnen verarbeitet. Sie führen Steuer- und Rechenaufgaben aus. Ohne sie könnten Küchenherde ihre Betriebstempe-*

---

61 Eine Trennung zwischen analytischer und enzyklopädischer Definition spielt bei den hier relevanten Definitionen, deren Definienda materielle Objekte und physikalische Phänomene bezeichnen, keine Rolle: Es sind sowohl Aussagen über Bedeutungen als auch über sachliche Merkmale. - Zu Definitionsformen vgl. z.B. Wunderlich (1980: 93ff.), Darian (1982: 29ff.), von Hahn (1983: 93f.), Mönke (1991: 215ff.).

ratur nicht halten ... Ein "nackter" Chip wird als sogenannter Halbleiter bezeichnet. Ist dieser Halbleiter in ein kleines Kunststoff- oder Keramikgehäuse mit Anschlußsteckern gebettet, spricht man von einer integrierten Schaltung (IC)(...)

T 2
(...) *Ein neuer Chip,* der nach Meinung amerikanischer Fachleute schneller als alle bisher bekannten Chips arbeitet, stammt aus den Labors der kalifornischen Firma MIPS Computer Systems Inc. *Man nennt ihn: Arithmetik-Koprozessor. Diese Schaltung ist speziell auf arithmetische Berechnungen wie etwa das Addieren oder das Multiplizieren zweier Zahlen ausgelegt, doch dabei kann sie nicht allein operieren, sondern muß mit einem Hauptprozessor, CPU genannt, zusammenarbeiten. Der CPU-Chip sorgt dabei für die Steuerung der internen Abläufe innerhalb des Rechners, während der Koprozessor allein für arithmetische Berechnungen da ist* (...)

T 19
(...) Noch vor dreißig Jahren gab es *das Wort "Chip"* nicht (oder doch nur in einer völlig anderen Bedeutung). (...) *Chips, das wären wörtlich genommen nur Schnipsel von irgend etwas. Aber diese "Schnipsel" aus Silizium besitzen etwas, das sie so interessant für die Wirtschaft macht: es sind vorgefertigte Informationsstrukturen, ja ganze Informationssysteme, die nach beschreibbaren Regeln auf Befehl tätig werden.* Der Amerikaner Jack Kilby gilt gemeinhin als der Erfinder der *Chips. Hatte man bis vor dreißig Jahren komplexe Schaltungen aus einer Vielzahl von einzelnen elektronischen Bauelementen zusammengefügt, versuchte Kilby, diese Bauelemente durch schrittweisen Aufbau von Einzelschichten direkt auf dem Siliziumscheibchen zu erzeugen. Die Idee war umwälzend: Mehr und mehr Bauelemente wurden auf einem Siliziumplättchen von der Größe eines Fingernagels "integriert".* (...)

Die Beispiele zeigen die Unterschiede in den sprachlichen Formen, Umfängen und im Grad der Vollständigkeit und Explizitheit definitiorischer Erläuterungen: von Nominalphrasen (T 1) über Nebensätze (T 16, T 17), Sätze, Satzsequenzen (T 18) und (T 2) bis hin zu ausgedehnten Textsegmenten (T 19).

Die ersten beiden Definitionen in (T 1) sind sprachlich nicht als solche markiert. Es handelt sich um verdeckte Definitionen, denn es werden weder metasprachliche Ausdrücke verwendet, noch wird die generische Bedeutung von *der Transistor* und *der Kondensator* deutlich: Die zugeordneten Merkmale könnten ohne Vorwissen auch so interpretiert werden, daß sie lediglich Merkmale dieser typspezifischen Bauelemente sind. Die zweite Definition in (T 1) ist metasprachlich markiert (*sogenannt*), aber unvollständig (nicht alle Fehler im Kristallaufbau sind "Versetzungen"). Die Definitionen in (T 16) und (T 17) sind ebenfalls verdeckt realisiert. Keine dieser Definitionen ist als "setzende Definition", also prädikativ im Satzzentrum nach dem Schema "X ist ..." realisiert. Vielmehr sind sie in Form freier Angaben als sententiell periphere Definitionen realisiert. Solche Formen sind typisch für nachrichtenorientierte Texte, in die sie als Nebenbei-Informationen eingeflochten werden können, ohne strukturelle Unterbrechungen hervorzurufen, wie das bei der Verwendung setzender, sententiell zentrierter Definitionen der Fall wäre. Diese Definitionen sind zwar Ausdruck von Laienorientierung, aber nur im "Nebenbei-Format".

In Beispiel (T 18) signalisiert die Überschrift (*Was in den fingernagelgroßen Teilchen steckt*) bereits eine definitorische Ausrichtung des gesamten Textes (der zur Themengruppe "Chip-Prinzip" gehört). Neben impliziten definitorischen Anteilen durch variierende koreferierende Ausdrücke (*Teilchen ... die fingernagelgroßen Bauelemente aus Silizium, Germanium oder Selen ... Chips*), finden sich auch explizite definitorische Anteile, die durch metasprachliche Ausdrücke im Satzzentrum und generische Referenz realisiert werden (*Ein "nackter" Chip wird als sogenannter Halbleiter bezeichnet.*). In (T 18/2/19) werden definitionsrelevante Merkmale über eine Sequenz von Sätzen gestreut. Sie werden teilweise durch koreferierende Nominalphrasen in Form von syntaktisch untergeordneten Adjektiven und Präpositionalgefügen (*fingernagelgroßen; aus Silizium, Germanium oder Selen*) sowie über die impliziten Prädikationen der referierenden Nomina selbst (*Bauelemente; Chips*) realisiert und zum Teil durch setzende Definitionen, also prädikativ realisierte sententiell zentrierte Definitionsbestandteile. In (T 19) ist *Chip* zudem in logisch und temporal (historisch-genetisch) miteinander verknüpfte Teildefinitionen aufgegliedert.

Definitionen dieser Art folgen einem in den Medien verbreiteten allgemeineren Muster, nämlich verteilte Merkmalszuweisungen durch variierende koreferierende Ausdrücke vorzunehmen (von Polenz 1988: 143). Auf diese Weise lassen sich umfangreichere Definitionen so realisieren, daß die definierenden mit nichtdefinierenden, aktuellen Merkmalen verknüpft werden. Das ist platzsparend und der Emittent vermeidet den "Lehrbuch-Stil" und macht die definitorischen Erläuterungen mit den medialen Kommunikator-Rollen kompatibel, allerdings um den Preis mangelnder Systematik: Eine Lernzielorientierung würde neben einer entsprechenden Adressaten-Kontaktierung eine Einführung der fachlichen Grundbegriffe und Komponenten und ihre schrittweise Synthetisierung nahelegen, ein Schema, dem, wie gezeigt, in lockerer Form auch populärwissenschaftliche Sachbücher zur Mikroelektronik folgen.

Die für ein systematisches Verständnis unabdingbaren zugrundeliegenden physikalischen, elektrotechnischen und informationslogischen Begriffsschichten werden nur sehr fragmentarisch in den Blick genommen. Vergleicht man den Transfer begrifflichen Wissens mit der Vermittlung kognitiver Bausteine, so beschränkt man sich in der fachexternen Pressekommunikation – um im Bild zu bleiben – auf den Transport einzelner solcher Steine. Das kognitive Fundament und der Bauplan des Fachs bleiben rudimentär.

Untersucht man anhand der Definitionen, inwieweit sich die Annahmen der Emittenten über das Vorwissen ihrer Adressaten im zeitlichen Verlauf verändert haben, so ergibt sich ein äußerst diffuses Bild, das nur den Schluß zuläßt, daß es innerhalb der Medien zu keinem Zeitpunkt eine einheitliche Vorstellung über das vorauszusetzende Wissensniveau gegeben hat. Die Heterogenität bezüglich der Wissensannahmen läßt sich bezogen auf das Korpus als ganzes, aber auch für einzelne Redaktionen und sogar innerhalb je einzelner Artikel nachweisen.

Definitorische Erläuterungen und Veranschaulichungen zu Grundbegriffen wie *Chip* oder *Bit* finden sich noch in Artikeln jüngeren und jüngsten Datums mit unterschiedlichen Umfängen, die von Nebenbei-Formaten wie z.B. koreferentiellen Variationen bis hin zu Textteilen oder ganzen Texten reichen (T 19/1990, T 1/1993, T 18/ 1994, T 15/ 1996). Das ist insofern bemerkenswert, als das Prinzip der integrierten Schaltkreise bereits 1959 erfunden wurde und spätestens seit Anfang der siebziger Jahre auch auf die Alltagswelt nachhaltige Wirkungen ausübt (Kirpal 1993).

Trotzdem gibt es Emittenten, die offenbar nicht davon ausgehen, daß entsprechende Kenntnisse mittlerweile zur Allgemeinbildung zu zählen sind. Ein Grund für diese Einschätzung könnte darin liegen, daß Chips im Gegensatz zu anderen Bestandteilen der Computertechnologie auch für Computerbenutzer im Regelfall verborgen bleiben, daß sie anders als die Computer-Peripherie keine Gegenstände des praktischen Umgangs sind und deshalb ihre wissensmäßige Verankerung im allgemeinen Bewußtsein von diesen Emittenten als gering veranschlagt wird. Im Kontrast dazu stehen Artikel gleichen oder älteren Datums, die nicht nur solche Grundbegriffe, sondern auch speziellere Begriffe (z.B. *Transistor, Nanometer, Quadratmikrometer, Gigabit, Ansteuerungsschaltung, Ladungsknoten*) unerläutert lassen (T 21/1984, T 22/1985, T 20/1992). Auch innerhalb desselben Ressorts einer Zeitung muß es keine temporale Kontinuität im Sinne einer gemeinsam fortgeschriebenen Vorstellung bezüglich des Adressatenwissens geben. Texte aus der Wissenschaftssparte der F.A.Z. belegen, daß jüngere Texte explikationsfreudiger sein können als ältere (T 1/1993, T 20/1992, T 22/1985).

Schließlich lassen sich heterogene Wissensvoraussetzungen auch innerhalb einzelner Artikel feststellen. Einerseits werden bestimmte Fachbegriffe erläutert, andererseits wird die Kenntnis anderer Fachbegriffe und ihrer Zusammenhänge, die in gleichem oder noch stärkerem Maße spezifisch sind, vorausgesetzt bzw. für das Textverständnis als unnötig erachtet: Ein Adressat, der die im Text (T 21) unerläutert bleibenden Begriffe (*einschreiben, auslesen, Versorgungsspannung, Ansteuerungsschaltung, Photolithographie, Ladungsknoten*) kennt bzw. adäquat monosemieren kann, dürfte kaum auf die im Text gelieferten Umrechnungen von Bit-Angaben angewiesen sein. Das Motiv für diese Umrechnung liegt denn wohl auch eher darin, daß hiermit auch dem Laien ohne Vorwissen die Superlativität des neuartigen Merkmals deutlich gemacht werden kann.

Für die Heterogenität der Wissensvoraussetzungen sind theoretisch verschiedene Erklärungsmöglichkeiten denkbar:

(a) Unterschiedliche Emittenten peilen hinsichtlich der Vorbildung ihrer Adressaten unterschiedliche Zielgruppen an: Dafür wären mit Wichter (1994: 10, 42ff.) das Fachaußenfeld (nicht vorgebildete Laien) und das Fachumfeld (vorgebildete Laien, Nutzer, möglicherweise auch Experten aus Nachbarfächern) zu unterscheiden. Hier liegt die Annahme nahe, daß Sparten wie "Wissenschaft" und "Technik" sich primär an das Fachumfeld wenden, die "Wirtschaft" (teilweise auch Beilagen) hingegen eher an das Fachaußenfeld. Dafür spricht, daß ausführliche definitorische Erläuterungen zu Grundbegriffen in Texten der zuletzt genannten Sparten plaziert sind, während sie in den "Technik"-Sparten, die sich an Nutzer wenden, fehlen. Innerhalb der Wissenschaftssparten allerdings sind, wie gezeigt, die Wissensvoraussetzungen ebenfalls heterogen. Auch hier können in rudimentärer Form in Artikeln neuen Datums Erläuterungen von Grundbegriffen auftauchen. Zu bedenken ist außerdem, daß auf Chips auch in einer ganzen Reihe von nichtfachexternen Artikeln – also ohne jede Bezugnahme auf fachliche Merkmale – referiert wird.

(b) Unterschiedliche Emittenten peilen zwar die gleiche Zielgruppe an, machen aber unterschiedliche Annahmen bezüglich der Vorbildung dieser Zielgruppe. Wer begriffliches Grundwissen zu *Chip* als Bestandteil der Allgemeinbildung einschätzt, wird auf entsprechende Definitionen auch bei der Zielgruppe Fachaußenfeld eher verzichten, als ein Emittent, der diese Wissenseinschätzung nicht teilt.

(c) Die Diskontinuität, mit der in der thematisch universalen Presse über ein Themengebiet wie "Chips" berichtet wird, macht für die Emittenten konsistente Wissensannahmen zusätzlich schwierig: Anders als bei Artikeln zu einem privilegierten Sachbereich wie beispielsweise der Innenpolitik, bei denen der Emittent davon ausgehen kann, daß bei seinen Adressaten durch die tägliche kontinuierliche Berichterstattung Wissensbestände aufgebaut wurden, die er voraussetzen kann, wären solche Erwartungen bei diskontinuierlichen Themengebieten unplausibel.

(d) Die Thesen (a), (b) und (c) können textinterne Heterogenitäten nicht erklären. Für solche Texte liegt die Annahme nahe, daß Emittenten in erster Linie das Fachumfeld anpeilen, dem Fachaußenfeld aber zumindest gewisse Minimalinformationen zukommen lassen wollen.

(e) Die Emittenten projizieren ihr eigenes Vorwissen, von dem ausgehend sie sich die fachlichen Sachverhalte angeeignet haben, auf die Adressaten und liefern dementsprechende Definitionen.

(f) Eine wichtige Rolle können natürlich auch äußere textproduzierende Faktoren spielen: Dazu gehören Platzbegrenzungen, aber auch die Art der verarbeiteten Quellen. Wenn der Emittent sich nur auf sie stützt, hängt von ihnen ab, welche begrifflichen Informationen der Artikel enthält.

Es dürfte sich vielfach um eine Mischung verschiedener dieser Faktoren handeln. In jedem Fall läßt sich feststellen, daß die Laienorientierung, soweit sie sich im begrifflichen Wissenstransfer äußert, sich in diesem Korpus als ein äußerst heterogenes Phänomen darstellt, das sich einem dahinter stehenden didaktischen Schema nicht zuordnen läßt. Dieser an den Texten ermittelte Befund wird durch mediensoziologische Untersuchungen gestützt: Befragungen von Journalisten aus Wissenschafts- und Technikressorts zeigen, daß kein Konsens darüber herrscht, wieviel Vorwissen vorausgesetzt werden kann oder soll, inwieweit man ein vorgängiges Interesse an den Themen annehmen kann oder inwieweit es durch die Artikel erst zu wecken ist, kurz wie "allgemein" oder "speziell" die jeweiligen Artikel ausfallen sollen. Diese Unsicherheit ergibt sich aus einer allgemeinen Unkenntnis der Fachjournalisten bezüglich ihres Publikums.[62]

5.1.3. Veranschaulichungen

Veranschaulichende Erläuterungen werden durch Metaphern und Analogien realisiert, die Vergleiche technischer mit alltagsweltlichen Merkmalen herstellen. Bei den technischen Merkmalen kann es sich um Abmessungen, Funktionen, Konstruktionsmerkmale oder physikalische Vorgänge handeln. Die alltagsweltlichen Bereiche, die zum Vergleich herangezogen werden, sind vielfältig:

– mikrophysikalische Vorgänge/Insekten (T 23)

(...) *An Spezialchips für Militär- und Raumfahrttechnologie spürte Bridgewood "Kriechströme" auf, die sich ins Labyrinth der hauchfeinen Isolierschichten fraßen. Wie Zecken krallten sich dabei elektrische Ladungen in den Isolierfilm - um dann plötzlich die schützende Haut zu zerstören.* (...)

– technische Funktion/Körperfunktion und geistige Funktion (T 24)

Herz und Hirn eines jeden Computers ist der Mikroprozessor. (...)

– elektronische Dimensionen/Körperdimensionen (T 25)

(...) *Das bedeutet, im Querschnitt eines menschlichen Haares könnte man rund 250 dieser Zellen, also 250 Bit an Informationen, unterbringen.* (...)

---

62 Vgl. Hömberg (1990a: 97), auch Brodde (1992: 152)

– Speicherkapazität/Zeitungsinhalt (T 3)

Den Inhalt von über 250 DIN-A-4-Schreibmaschinenseiten oder die Normalausgabe einer überregionalen Zeitung mit 20 Seiten auf einem kleinen Stück Silizium: Diese Vision rückt immer näher (...)

– Chip-Konstruktion/Fahrzeug (T 5)

(...) *Wenn es einmal nicht mehr möglich sein wird, den einzelnen Transistor weiter zu verkleinern - dann bleibt wohl nur noch ein Ausweg: man nimmt sich die Londoner Doppeldeckerbusse zum Vorbild und baut Chips mit einem zweiten Stockwerk.* (...)

Die Varianz der Bereiche, die zur Metaphorisierung und Analogisierung herangezogen werden können, ist groß. Die fachexterne Kommunikation macht sich zunutze, daß mit Metaphern und Analogisierungen Ähnlichkeiten und Vergleichbarkeiten mindestens ebenso sehr hergestellt wie bloß festgestellt werden, indem nur die gemeinsamen Merkmale aktiviert, alle anderen hingegen "narkotisiert" werden (Eco 1992: 199).

Nun sind Analogisierungen als solche kein spezifisches Merkmal fachexterner Kommunikation. Fachsprachen machen sich diese Möglichkeit in großem Umfang für ihre Terminologiebildung zunutze. Dies gilt insbesondere auch für die Fachsprache(n) der Informatik und Datenverarbeitung.[63] Die Unterschiede liegen vielmehr in der Intention und in der Realisierung. In der Fachsprache werden Analogisierungen als Werkzeuge genutzt, um gemeinsprachliche Ausdrücke für die Terminologiebildung zu rekrutieren. Es handelt sich also vielfach um Katachresen, deren analogisierende Motivierung schnell verblaßt – sie werden zu "toten" Metaphern. In der fachexternen Kommunikation hingegen geht es nicht um Wortneuschöpfungen. Vielmehr werden hier die Analogisierungen als solche explizit präsentiert, um ihre kognitive Veranschaulichungsleistung zu nutzen. Veranschaulichungen werden ähnlich heterogen eingesetzt wie Definitionen. Sie dienen dem Ausgleich eines Mangels: Mit ihnen wird versucht, die Abwesenheit von Zeichnungen und vergrößernden Fotos zu kompensieren, die von einer Lernzielorientierung her gesehen unabdingbar wären für eine Wissensvermittlung solch komplexer und der alltagsweltlichen Erfahrung entzogener Gegenstände. So macht auch der Behelfscharakter der veranschaulichenden Erläuterungen wie der der definitorischen Erläuterungen die Zweitrangigkeit didaktischer Absichten deutlich.

---

63 Vgl. Liang (1985: 21), Schmitz (1988: 162), Weingarten (1988: 69), ders. (1989: 86 ff.), Zoeppritz (1988: 110)

Damit wird auf eine wesentliche Vermittlungsform verzichtet, da Bilder gerade für den Transfer fachlicher Inhalte eine wichtige Funktion haben: Da sie Sachverhalte nicht, wie die Sprache, sequenzieren und linearisieren, sondern analog repräsentieren, ergänzen sie deskriptiv-explikative Textstrukturen, indem sie komplexe Zusammenhänge, deren effektiver Darstellung im Medium Sprache Grenzen gesetzt sind, visuell synchron vermitteln. Angesichts der weiten Verbreitung, die Bebilderungen gerade auch in fachinternen Zusammenhängen haben und angesichts der mikroskopischen Dimensionen und komplizierten Strukturen von Chips wäre unter einem lernzielorientierten Aspekt zu erwarten, daß vor allem Konstruktionszeichnungen in der fachexternen Kommunikation eine wichtige Rolle spielen.[64]

Daß erläuternde Bebilderungen im Korpus weitgehend fehlen, kann teilweise mit Platzbegrenzungen erklärt werden – allerdings nicht bei den Artikeln, die andersartige Bebilderungen aufweisen. Darüber hinaus sind natürlich auch derartige Platzbegrenzungen letztlich ein grundlegender Indikator für die Zweitrangigkeit von Lernzielorientierungen gegenüber dem Primat thematischer Vielfalt im Medium insgesamt.

5.2. Die Attraktor-Komponente der lexikalischen Laienorientierung

In einigen Texten wird mit gemeinsprachlichen Ausdrücken auf fachliche Gegenstände und Merkmale referiert, um Distanz zur fachlichen Terminologie zu signalisieren: Anstelle von Termini werden Ausdrücke gebraucht, die in stilistisch-konnotativem Kontrast zur Fachsprachlichkeit stehen oder auch Kombinationen solcher Ausdrücke mit fachlichen Ausdrücken. In solcher Informalität werden Freiheitsgrade fachexterner Kommunikation gegenüber fachsprachlichen Konventionen zum Ausdruck gebracht. Zum Teil geschieht das in sprachspielerischer Form: Durch die Nutzung sprachimmanenter Beziehungen auf der phonologischen, syntaktischen oder semantischen Ebene und ihre Koppelung mit fachlichen Referenzen sollen komische, überraschende oder ästhetische Effekte erzeugt werden.

So finden sich Augenblicksbildungen (*Gleitkommaknechte*) und Doppeldeutigkeiten (*Takt angeben*: "dominieren" im gemeinsprachlichen und "takten" im fachlichen Sinne). Stilistische Spannungen werden durch kontextverschobenen Gebrauch von Wörtern hervorgerufen: durch die Kombinationen technischer mit alltagssprachlichen oder "bildungssprachlichen" Ausdrücken oder durch informelle Umgangssprache (*atomarer Fliegendreck, subtile Siliziumgebilde, Mogelpackung, Speicherkapazität verbraten, um einen Chip vom Band zu kippen, Glitzersteinchen*).

---

64 Sowohl Sachbücher als auch Special-Interest-Zeitschriften (z.B. "Spektrum" oder "Bild der Wissenschaft") machen von diesen Mitteln reichhaltigen Gebrauch in Form von Detail- und Aufrißzeichnungen.

Orte für solche lexikostilistischen Abweichungen sind vielfach die Überschriften, da die lexikalische hier mit der typographischen Attraktorwirkung verbunden werden kann. Die lexikalische Abweichung in der Schlagzeile, die in bloß assoziativer Beziehung zum Thema steht, wird durch fachsprachkonforme Referenzen in den anderen Teilen des Text-Kopfes (Dachzeile, Unterzeile, Vorspann) "aufgefangen" und monosemiert.

Beispiele

T 2
In der Kürze liegt die Würze/Geschickte Rechnerarchitektur macht Computer schneller

T 6
Ihre Größe liegt im Kleinen/Bei der Mega-Chip-Produktion werden die physikalischen Grenzen sichtbar

T 10
Chip-Chip-Hurra

T 24
Prozessoren/Winzlinge für die Logik

T 26
Bulkware/Chips: Flops mit Fehlern

T 27
David hilft Goliath/Ein Ingenieur aus Konstanz bringt mit einem neuen Mikroprozessor die Industrie auf Trab

5.3. Zusammenfassung: Die lexikalische Laienorientierung

Die Laienorientierung auf der lexikalischen Ebene läßt sich parallel zur textuellen Ebene in die Komponenten der Verständnishilfen und der Attraktoren aufgliedern. Zur ersten Komponente gehören Übersetzungen, Definitionen und Veranschaulichungen. Zur zweiten Komponente gehören Formen lexikostilistischer Varianz.

Es gibt auf der Seite der Emittenten keine übereinstimmenden und zeitlich fortgeschriebenen Vorstellungen über das Adressaten-Vorwissen. Eine systematische Wissensvermittlung findet nicht statt. Damit werden die diesbezüglichen Befunde der textuellen Ebene bestätigt und vertieft. Das gilt insbesondere für die Angemessenheit der begrifflichen Trennung zwischen "Laienorientierung" und "Lernzielorientierung". In der Forschung sind entsprechende Differenzierungen oft nicht hinreichend genau vorgenommen worden. Deshalb (und auch durch eine verengte Sicht auf Wortschatzprobleme) ist verschiedentlich das Hauptcharakteristikum medialer fachexterner Kommunikation pauschal in ihrer "übersetzenden" oder "fachdidaktischen " Funktion gesehen worden, durch die "Brücken" zwischen Fach- und Laienwelten geschlagen werden.[65] Diese Einschätzung dürfte für bestimmte Sektoren der fachexternen Kommunikation gültig sein. Für das Korpus trifft sie indes nicht zu.

65 Besonders pointiert bei Burger (1990: 275), der der massenmedialen fachexternen Kommunikation einen "betont didaktischen, gelegentlich penetrant didaktischen Anstrich" nachsagt und konstatiert: "Der Journalist 'dient' der Popularisierung wissenschaftlichen Wissens."

6. Zusammenfassung

Gegenstand der Arbeit ist die Beschreibung und Erklärung eines Ausschnitts der fachexternen Pressekommunikation. Dies geschieht exemplarisch anhand eines Korpus von Texten aus Tages- und Wochenzeitungen zum Thema "Mikrochips". Fachexterne Kommunikation ist als ein Bereich zu sehen, der von den Varietäten Fachsprache und Pressesprache bestimmt wird. Dabei bezeichnen diese Begriffe keine eigenständigen Zeichensysteme, sondern Merkmalsbündel auf unterschiedlichen sprachlichen Ebenen, die sich aus den jeweils spezifischen Rahmenbedingungen der Textproduktion herleiten lassen.

Anlaß der Untersuchung war, daß diesem Kommunikationsbereich in der Öffentlichkeit wie auch in der Sprachwissenschaft eine entscheidende kognitive Brükkenfunktion zwischen den sich immer weiter spezialisierenden Fächern einerseits und der Alltagswelt andererseits zugeschrieben wird, ohne daß die tatsächlichen Merkmale entsprechender Texte und die medialen Bedingungen ihrer Produktion ausreichend geklärt wären. In einschlägigen Forschungsarbeiten findet sich vielfach eine Verengung des Forschungsfeldes bezüglich der sprachlichen Untersuchungsebenen wie auch der pragmalinguistischen Rahmenbedingungen. Man beschränkt sich häufig auf die Terminologien und ihre Erläuterungen. Ausgeblendet wird die Frage, ob sich nicht auch in den Funktionen, Themen und Strukturen der Texte spezifische Ausprägungen von Fachexternalität feststellen lassen. Darüber hinaus wird in den einschlägigen Vertikalitätsmodellen die fachexterne Kommunikation vielfach von vornherein auf eine informationsverteilende oder fachdidaktische Rolle – gewissermaßen als Transferagentur an der Peripherie der Fächer – festgelegt. Die Eigenständigkeit der Presse als realitätsverarbeitende und textproduzierende Institution gegenüber den technischen und naturwissenschaftlichen Fächern und die vielfältigen Formen fachexterner Pressekommunikation legten es dagegen nahe, in stärkerem Maße auch andere spezifisch pressesprachliche Merkmale in den Blick zu nehmen.

Da in der thematisch universalen Presse auf fachliche Sachverhalte in verschiedenartigsten Zusammenhängen referiert wird, mußte der Begriff "fachexterne Kommunikation" präzisiert und operationalisiert werden. Um zu einer sinnvollen Eingrenzung des Korpus zu kommen, wurden die Texte nach den in ihnen vorkommenden "Sachperspektiven" differenziert. Voraussetzung dafür, daß ein Text zum Korpus und damit zur fachexternen Kommunikation der Mikroelektronik gezählt wurde, war, daß in ihm auf Mikrochips unter einer fachkonformen "Technologie-Perspektive" bezug genommen wird, also hinsichtlich logischer, konstruktiver, funktionaler oder physikalischer Merkmale. Texte, in denen diese Perspektive dominiert, wurden als "primär fachexterne" Texte eingestuft. Texte, in denen die Technologie-Perspektive von anderen Perspektiven dominiert wird, wurden als "sekundär fachexterne Texte" eingestuft. Diese anderen Perspektiven, unter denen der Themenbereich in den Blick genommen wird, sind die "Alltagswelt-Perspektive", die "Persönlichkeitsperspektive", die "Waren-Perspektive" und die "Politik-Perspektive". Sofern auf Mikrochips ausschließlich unter diesen letztgenannten Perspektiven referiert wird, gelten sie nicht als fachextern. Durch diese Festlegung einer fachlichen Perspektive als korpusrelevant wurde "fachexterne Kommunikation" einerseits weit genug definiert, um inhaltliche Mischungen zu erfassen, andererseits aber verhindert, daß der Begriff und damit der Untersuchungsbereich unspezifisch werden.

Um die Texte entsprechend den unterschiedlichen Merkmalsebenen zu kategorisieren, erwiesen sich die journalistischen Textnamen und mit ihnen auch die darauf aufbauenden linguistischen Textsortenkonzepte als zu heterogen. Statt dessen wurden die Texte in einem integrativen Ansatz mit Hilfe funktionaler, thematischer und struktureller Kategorien erfaßt. Die entsprechenden Merkmalsebenen sind durch die jeweilige kommunikative Aufgabe, die einem Text zugrundeliegt, aufeinander bezogen. Sie entspringt dem grundlegenden Zweck, dem der Text dienen soll, und legt das Thema fest, welches durch den Text entfaltet wird. Die kommunikative Aufgabe wurde in Form einer Text-Quaestio im Sinne einer den Text veranlassenden Fragestellung formuliert, und die Themenentfaltung wurde als eine durch diese Quaestio ausgelöste referentielle Bewegung aufgefaßt, in deren Verlauf die unterschiedlichen inhaltlichen Bereiche schrittweise erfaßt und in den Text eingeführt werden. Das Resultat dieser Themenentfaltung ist die Textstruktur, ein logisch-semantisches Gefüge, dessen Basiseinheiten Propositionen sind. Um die Textstruktur sowohl auf der globalen wie auf den untergeordneten lokalen Ebenen begrifflich zu fassen, wurden die Kategorien 'deskriptiv', 'explikativ', 'argumentativ' und 'narrativ' herangezogen.

Auf der funktionalen Ebene wurden, intentional basierten texttheoretischen Ansätzen folgend, die grundlegenden textuellen Zwecke erfaßt. Als presserelevant wurden die Informations- und die Appellfunktion angesetzt. Die Informationsfunktion findet sich in einer nachrichten- und einer hintergrundorientierten Ausprägung. Erstere ist dadurch gekennzeichnet, daß punktuelle und partikulare Sachverhalte mit kurz- und mittelfristiger Aktualität mitgeteilt werden, letztere dadurch, daß zeitlich ausgedehntere bzw. nicht gebundene Sachverhalte mit langfristiger Aktualität mitgeteilt werden, die eine wissensmäßige Einbettung von Nachrichten-Sachverhalten erlauben. Die Appellfunktion findet sich in einer empfehlenden Ausprägung, die verbraucherorientierte Ratschläge umfaßt und in einer politischen Ausprägung, die auf politische Meinungsbildung abzielt. Während die beiden Ausprägungen der Informationsfunktion sich in einem Teil der Texte als dominierend nachweisen lassen, kommen die Ausprägungen der Appellfunktion nur hybrid, also kodominierend mit der Informationsfunktion vor. Den Funktionen bzw. funktionalen Ausprägungen entsprechend ließ sich das Korpus auf vier Texttypen aufteilen:

Text-Typ I: Diese Texte werden von einer nachrichtenorientierten Informationsfunktion dominiert. Es gibt (a) eine primär fachexterne und (b) eine sekundär fachexterne Variante: Die primär fachexternen Texte erscheinen vornehmlich in der Sparte "Wissenschaft", die sekundär fachexternen Texte in der Sparte "Wirtschaft".

Text-Typ II: Dieser Texttyp weist eine dominierende informativ/appellativ-empfehlende Hybridfunktion auf. Die Texte sind primär fachextern. Die informative Komponente der Hybridfunktion ist ihrerseits in den beiden Ausprägungen 'nachrichtenorientiert' und 'hintergrundorientiert' vertreten. Die Texte erscheinen in der Motor/Technik-Sparte.

Text-Typ III: In den Texten dieses Typs dominiert die hintergrundorientierte Informationsfunktion. Der Texttyp weist (a) eine primär fachexterne und (b) eine sekundär fachexterne Variante auf. Die primär fachexternen Texte erscheinen in Wissenschafts- und Wirtschaftssparten und Sonderbeilagen. Die sekundär fachexternen Texte erscheinen in der Wirtschaftssparte.

Text-Typ IV: Dieser Texttyp ist sekundär fachextern mit einer dominierenden Hybridfunktion, in der die politische Appellfunktion und die hintergrundorientierte Informationsfunktion verschmolzen sind. Diese Texte erscheinen in der Wirtschaftssparte.

Als eine weitere Kategorie wurden die "Kommunikator-Rollen" eingeführt, die den im Text realisierten auktorialen Blickwinkel auf die präsentierten Sachverhalte, die Art der Adressierung sowie den damit verbundenen "kommunikativen Stil" bezeichnen. Unterschieden wurden die Rolle des 'Faktenvermittlers' mit einer objektivierenden Darstellung von Sachverhalten, die Rolle des 'Reporters' mit einer subjektivierenden Darstellung von Sachverhalten und die Rolle des 'Kritischen Beobachters', mit der eine eigenständig vorgenommene Beurteilung von Sachverhalten zum Ausdruck gebracht wird. Diese Rollen sind keine personenbezogenen, sondern textanalytische Kategorien. Sie sind jeweils durch spezifische Arten des auktorialen Selbstbezugs und die Auswahl und Aspektualisierung von Referenzobjekten gekennzeichnet. In diesen Rollen machen die Emittenten den Adressaten unverbindliche Informations- und Meinungsbildungsangebote. Eine 'Lehrer-Rolle', die sich in entsprechenden didaktischen Adressaten-Ansprachen und der Aufbereitung der Inhalte als Lernstoffe äußern würde, ließ sich (auch in informellen Varianten) im Korpus nicht feststellen. Dadurch unterscheiden sich die Korpustexte von popularisierenden und didaktisierenden Texten, wie sie sich in Lehr- und Sachbüchern oder populärwissenschaftlichen Zeitschriften finden. Bezogen auf das Korpus ist die Faktenvermittler-Rolle als grundlegend anzusehen. Sie kommt in allen Texten vor, entweder allein, oder in Kombination mit den anderen Rollen: Der funktionale Texttyp I weist eine reine Faktenvermittler-Rolle auf. In den Texten von Typ II findet sich eine Rollen-Kombination aus Faktenvermittler und Kritischem Beobachter mit Verbraucherorientierung. Die zum Typ III gehörenden Texte realisieren z.T. die Faktenvermittler-Rolle, z.T. eine Kombination der Faktenvermittler- und Reporterrolle. Beim Typ IV schließlich ist die Rolle des Faktenvermittlers mit der des Kritischen Politik-Beobachters kombiniert.

In einem weiteren Schritt wurden die Korpustexte in Themenarten untergliedert. Grundlage hierfür waren die jeweiligen Ausschnitte und Aspekte der Realität, die für die Themenbildung gewählt wurden. Folgende Themenarten ließen sich herausarbeiten und den Texttypen zuordnen:

– Primär fachexterne Texte:

(1) Text-Typen I(a) und II
Themenart 'Neue Chips'
- Typ I(a): Neuheiten aus Forschungs- und Entwicklungsabteilungen
- Typ II: Marktneuheiten, die verbraucherorientiert bewertet werden

(2) Text-Typ III(a)
Themenart 'Chips als Forschungs- und Entwicklungskonzepte': Mikroelektronische Trends und Konzepte für neuartige Chip-Typen

(3) Text-Typ III(a)
Themenart 'Das Prinzip Chip': Grundlegende Merkmale von Chips allgemein oder von Chip-Typen, die bereits zum Stand der Technik gehören

(4) Text-Typ III(a)
Themenart 'Die Arbeitswelt der Chip-Akteure': Individuelle Akteure, Arbeitsumgebungen, Produktionsabläufe

– Sekundär fachexterne Texte:

(5) Text-Typ I(b)
Themenart 'Politisch-wirtschaftliche Chip-Ereignisse': Symbolische Akte, Pressekonferenzen mit Politiker- oder Managerbeteiligung, bei denen Chips eine Rolle spielen

(6) Text-Typen III(b) und IV
Themenart 'Chips als Markt- und Standortfaktor': Chips in ökonomischen und politischen Machtkalkülen

Der Auswahl und Konzipierung der Themen liegen Selektionskriterien zugrunde, in denen sich allgemeine Prioritäten der Massenmedien niederschlagen und die festlegen, "was ein Thema ist". Korpusrelevante Kriterien sind, neben der (mehrstufigen) Aktualität, die Adressatenrelevanz sowie fakultativ Superlativität, Personalisierungspotential, Prominenz und Negativität. Leitkriterium ist die Adressatenrelevanz: Während sie bei den sekundär fachexternen Texten bereits durch den politischen Kontext gegeben ist, wird ihr bei den primär fachexternen Texten durch eine permanente Resultatsorientierung Rechnung getragen. Auch wo Zwischenergebnisse, Forschungskonzepte oder spezifische Konstruktionsprinzipien thematisiert werden, wird *Chip* als Endresultat, publikumswirksamer Schlüsselbegriff und gesellschaftlich legitimierter Daseinszweck des Fachs herausgestellt. Dadurch wird die Relevanz des Fachs und damit des Artikels verbürgt. Daß diese Legitimierung sich im zeitlichen Verlauf von Text zu Text wiederholt, ergibt sich aus der Diskontinuität der fachlichen Berichterstattung und der Dispersität des Publikums auch in Bezug auf entsprechende Wissenshorizonte.

Dadurch daß thematische Selektionskriterien im Rahmen der jeweiligen Textfunktion die Auswahl von Realitätssegmenten steuern, spielen sie auch bei der Konzipierung der daraus gebildeten Themen eine Rolle. Dies äußert sich in den unterschiedlichen Fokussierungen auf das Fach Mikroelektronik. Je nach thematischen Prioritäten werden unterschiedlich weite Blickwinkel auf diesen Komplex aus spezifischen Zielsetzungen, Theorien, Wissensbeständen, Verfahrensweisen und Objekten realisiert. Das geschieht häufig polyperspektiv, in einer Verknüpfung fachlicher und nichtfachlicher Perspektiven. Letztere erfassen nicht nur außerfachliche Sachbereiche, sondern präsentieren auch fachliche Sachverhalte in einer reportageartigen und absichtlich laienhaften Sichtweise. Die Verzahnung der Perspektiven wird auf der globalen Textebene durch Umschaltsegmente bewirkt, die als Scharniere zwischen unterschiedlich perspektivierten Teiltexten fungieren. Auch auf der Satzebene können bereits unterschiedlich perspektivierte Propositionen miteinander verklammert sein. Besonders markant ist die Polyperspektivik in den politisch-appellativen Texten, in denen fachliche Sachverhalte, die auf der lokalen Textebene deskriptiv-explikativ strukturiert sind, im Rahmen einer globalen, argumentativen Textstruktur für die politische Meinungsbildung instrumentalisiert werden. Auch die deskriptiv strukturierten Texte oder Textsegmente, die unter einer rein fachlichen Technologieperspektive stehen, werden durch mediale Faktoren dominiert. Sie überwölben die Strukturmerkmale, die durch die technischen Eigenschaften der Objekte selbst bzw. durch die Logik des Fachs bedingt sind. Herausgearbeitet wurden u.a. als nachrichtenorientierte Strukturmerkmale bei technischen Beschreibungen: die Topikalisierung neuartiger und adressatenrelevanter Merkmale, die Kontrastierung, um Neuartigkeit und Superlativität zu akzentuieren, die Nachordnung oder Ausgrenzung von Merkmalen kausal verknüpfter Objektebenen, die nicht diesen Kriterien entsprechen. Hier werden mediale Strukturprinzipien, wie sie sich in ereignisorientierten Nachrichtentexten hinsichtlich der temporalen Anordnung entwickelt haben, von einer ereignis- und zeitbezogenen in eine auf Objekte und ihre interne Struktur bezogene referentielle Bewegung übertragen.

Strukturmerkmale, die auf eine Laienorientierung zurückgehen, finden sich auch als Verständnishilfen in definitorischen und historisch-genetischen Strukturen innerhalb von technischen Beschreibungen. Als Attraktoren finden sie sich u.a. in einer Koppelung der Technologieperspektive mit der Alltagswelt-Perspektive, durch die Laien "abgeholt" und stufenweise an die fachlichen Sachverhalte und die Fachsprache herangeführt werden. Eine ähnliche Rolle spielt die Persönlichkeitsperspektive, die mit einer narrativen Komplikation im Zusammenhang stehen und dadurch gleichfalls als Attraktor angesehen werden kann. Solche Merkmale sind aber nicht durchgängig festzustellen. Es ist bereits im Zusammenhang mit den Kommunikator-Rollen festgestellt worden, daß die Texte keine Indikatoren für eine Lehrer-Rolle aufweisen. Eben deshalb ist bei den Texten statt von einer "Lernzielorientierung" von einer bloßen "Laienorientierung" auszugehen als einer schwächeren Variante der Überbrückung zwischen Fach- und Laienwelt. Da in der Forschung unter Berufung auf Wortschatzbefunde verschiedentlich das Hauptcharakteristikum medialer fachexterner Kommunikation in ihrer "übersetzenden" oder "fachdidaktischen" Funktion gesehen wird, wurden die textuellen noch durch lexikalisch-satzsemantische Untersuchungen von terminologischen Definitionen und Veranschaulichungen ergänzt. Sie bestätigen die gemachten Annahmen: Es gibt auf der Seite der Emittenten keine übereinstimmenden und zeitlich fortgeschriebenen Vorstellungen über das Adressaten-Vorwissen. Eine gezielte, auf Nachhaltigkeit angelegte Wissensvermittlung findet nicht statt. Definitionen oder veranschaulichende Erläuterungen werden punktuell und oft fragmentarisch eingesetzt. Die Laienorientierung erweist sich als ein pressesprachlicher Faktor unter anderen. Sie kommt nur eingebettet im Rollenkontext von 'Faktenvermittler' und 'Reporter' zum Tragen und ist funktional als ein Element der hintergrundorientierten Informationsfunktion zu sehen.

Insgesamt läßt sich feststellen, daß die pressesprachlichen die fachsprachlichen Anteile insofern dominieren, als letztere in einen funktionalen, thematischen und strukturellen Rahmen eingebunden sind, der pressesprachlich bestimmt ist. Massenmediale Fach-'Externalität' ist somit auch hinsichtlich ihrer sprachlichen Merkmale nicht nur als Vermittlung fachlicher Inhalte außerhalb fachlicher Grenzen zu begreifen, sondern darüber hinaus in einem zweiten Sinn als Außenstandpunkt zu sehen, von dem aus das Fach wahrgenommen wird. Die universalen Massenmedien, in denen sich dieser Außenstandpunkt befindet, sind nun aber ihrerseits keine neutralen Relaisstationen für die Weiterleitung von Botschaften, sondern professionelle Systeme, denen eine eigene Fachlichkeit zukommt. Ihre Aufgabe ist die Wahrnehmung, Verarbeitung und Vermittlung von Realitätssegmenten entsprechend historisch gewachsenen Kriterien und Verfahrensweisen. Diesem Filter-, Selektions- und Versprachlichungsprozeß unterliegen fachliche und nichtfachliche Sachverhalte gleichermaßen. Zwar haben die universalen Massenmedien durch Ressortbildungen in begrenztem Umfang auf fachliche Ausdifferenzierungen reagiert. Das übergreifende Leitprinzip ist aber faktisch nach wie vor eine in der Aufklärung wurzelnde, auf Politik zentrierte thematische Universalität – die in Anbetracht der journalistischen Selektionskriterien wohl besser als 'Polythematizität' zu bezeichnen wäre – und die Orientierung an einer durch Allgemeinbildung als gemeinsamem Wissenshorizont vereinten "Öffentlichkeit" (was mittlerweile wohl zu einem Gutteil als Fiktion anzusehen ist). Die Dynamik wissenschaftlicher und technischer Fächer steht diesem Leitprinzip entgegen. Sie ist bestimmt durch eine immer noch weiter gehende sachliche Spezialisierung und kommunikative Exklusivität, die auf immer kleinere Zielgruppen ausgerichtet ist. Laienorientierungen sind vor diesem Hintergrund als Notbehelfe zu sehen. Fachextern arbeitende Journalisten üben den Dauerspagat. Sie stehen, um im Bild zu bleiben, mit dem kommunikativen Standbein in der Welt der Massenmedien und mit dem thematischen Spielbein in einer sich immer weiter ausdifferenzierenden Fachwelt. Sie können keine echten Brücken zwischen Fach- und Laienwelt bauen, sondern nur partikulare Informations- und Meinungsbildungsangebote machen. Die Möglichkeiten der universalen Medien, kompensatorisch als eine Art übergreifende Volkshochschule zu wirken, sind angesichts dieser Bedingungen begrenzt. Ein medialer Reflex auf diese Situation ist die mittlerweile kaum noch überschaubare Zahl von Special-Interest-Publikationen mit einer entsprechenden Differenzierung der Zielgruppen nach Themenbereichen und Wissensniveaus. Eine lohnende Frage wäre, welche Formen fachexterner Kommunikation sich hier herausgebildet haben und inwieweit sich Übergänge feststellen lassen zur fachexternen Kommunikation der universalen Medien an dem einen und zur fachinternen Kommunikation an dem anderen Ende der Skala.

7. Literaturverzeichnis

Adams-Smith, D. E. (1987): The Process of Popularization. Rewriting Medical Research Papers for the Layman. In: Journal of the Royal Society of Medicine. Bd. 80. S. 634-36

Arntz, R. (1988): Zum Verhältnis von Textlinguistik und Fachsprache. In: (ders.) (Hg.): Textlinguistik und Fachsprache. Akten des internationalen übersetzungswissenschaftlichen AILA-Symposiums, Hildesheim, 13.-16. April. Hildesheim, Zürich, New York. S.3-5

Bammé, A./Kotzmann E./Reschenberg, H. (Hg.) (1989): Unverständliche Wissenschaft. Probleme und Perspektiven der Wissenschaftspublizistik. München

Baumann, K.-D. (1992): Integrative Fachtextlinguistik. Tübingen.

Bausch, K.-H./Schewe, W.H.U./Spiegel, H.-R. (Hg.) (1976): Fachsprachen. Terminologie, Struktur, Normung. Berlin, Köln

Bausch, K.-H. (1976): Fach- und Gemeinsprache als kommunikationssoziologisches Problem. In: Bausch et al. (1976) S. 124-136

de Beaugrande, R.A./Dressler, W.U. (1981): Einführung in die Textlinguistik. Tübingen

Beckmann, U. (1991): Text und Textwelten. Zur Problematik der Bedeutungskonstituierung zu Texten. Hamburg

Beier, R. (1983): Fachexterne Kommunikation im Englischen. Umrisse eines forschungsbedürftigen Verwendungsbereichs der Sprache. In: Schlieben-Lange/ Kreuzer S. 91-109

Beisbart, O./Dobnig-Jülch, E./Eroms, H.-W./Koß, G. (1976): Textlinguistik und ihre Didaktik. Donauwörth

Bell, A. (1991a): The Language of News Media. Oxford

- (1991b): Hot Air: Media, Miscommunication and the Climate Change Issue. In: Coupland, N./Giles, H./Wiemann, J.M (Hg.): The Handbook of Miscommunication and Problematic Talk, Newbury Park. S. 259-82

Bergenholtz, H./Schaeder, B. (Hg.) (1979): Empirische Textwissenschaft. Aufbau und Auswertung von Text-Corpora. Königstein/Ts.

Beste, D. (1989): Wissenschafts- und Technikjournalismus. Übersetzen oder Werten? In: Bammé et al. S. 59-73

Biere, B. U. (1990): Dialog mit der Öffentlichkeit? Linguistische Bemerkungen zum Verhältnis von Wissenschaft und Wissenschaftsjournalismus. In: Rickheit, G./Wichter, S. (Hg.): Dialog. Festschrift für Siegfried Grosse. Tübingen. S. 365-373

Brandt, W. (1991): Zeitungssprache heute: Überschriften. Eine Stichprobe. In: Brinker (1991) S. 213-244

Brendel, D./Grobe B.E. (1976): Journalistisches Grundwissen. München

Brinker, K. (Hg.) (1991): Aspekte der Textlinguistik. Hildesheim, Zürich, New York

- (1992): Linguistische Textanalyse. Eine Einführung in Grundbegriffe und Methoden. Hamburg, 3., durchges. u. erw. Auflage

Brodde, K. (1992): Wer hat Angst vor DNS? Die Karriere des Themas Gentechnik in der deutschen Tagespresse von 1973 - 1989. Frankfurt/M.

Brömme, I. (1989): Gnadenlose Geheimsprache. Zur journalistischen Weitergabe medizinischer Inhalte Inhalte. In Bamée et al. (Hg.) S. 97-104

Bucher, H.-J. (1986): Pressekommunikation – Grundstrukturen einer öffentlichen Form der Kommunikation aus linguistischer Sicht. Tübingen

Bungarten, Th. (1979): Das Korpus als empirische Grundlage in der Linguistik und Literaturwissenschaft. In: Bergenholtz/Schaeder (Hg.) S. 28-51

- (Hg.) (1981): Wissenschaftssprache. Beiträge zur Methodologie, theoretischen Fundierung und Deskription. München

- (Hg.) (1986): Wissenschaftssprache und Gesellschaft. Aspekte der wissenschaftlichen Kommunikation und des Wissenstransfers in der heutigen Zeit. Hamburg

Burger, H. (1990): Sprache der Massenmedien. Berlin, New York, 2., durchges. u. erw. Aufl.

Darian, S. (1982): The Role of Definitions in Scientific and Technical Writing: Forms, Functions, and Properties. In: J. Hoedt et al. (Hg.): Proceedings of the 3rd European Symposium on LSP, Copenhagen, August 1981, "Pragmatics and LSP". Kopenhagen, S. 27-47 van Dijk, T.A. (1980): Textwissenschaft. Eine interdisziplinäre Einführung. Tübingen

- (1985): Structures of News in the Press. In: ders. (Hg.): Discourse and Communication. New Approaches to the Analysis of Mass Media Discourse and Communication. Berlin, New York. S. 63-93

- (1988): News as Discourse. Hillsdale, N.J.

Dimter, M. (1981): Textklassenkonzepte heutiger Alltagssprache. Kommunikationssituation, Textfunktion und Textinhalt als Kategorien alltagssprachlicher Textklassifikation. Tübingen

Dubois, B.L. (1986): From "New England Journal of Medicine" and "Journal of the American Medical Association" through the "Associated Press" to Local Newspaper: Scientific Translation for the Laity. In: Bungarten (Hg.) (1986) S. 243-253

Duden-Grammatik (1973). Bd. 4, Mannheim, Leipzig, Wien, Zürich. 3., neu bearb. u. erw. Auflage

Duden-Informatik (1993). Mannheim, Leipzig, Wien, Zürich

Eco, U. (1992): Die Grenzen der Interpretation. München, Wien
ital. (1990): I limiti dell'interpretazione, Mailand

Eckert, M./ Schubert, H. (1986): Kristalle, Elektronen, Transistoren. Von der Gelehrtenstube zur Industrieforschung. Hamburg

Eikmeyer, H. J./Rieser, H. (Hg.) (1981): Words, Worlds and Contexts. New Approaches in Word Semantics. Berlin, New York

Eikmeyer, H. J./Rieser, H. (1981): Meanings, Intensions, and Stereotypes. A New Approach to Linguistic Semantics. In: Eikmeyer/Rieser (Hg.) (1981) S. 133-150

Eikmeyer, H. J. (1983): Kontext und Bedeutung. In: Petöfi (Hg.) (1983) S. 47-71

Enderlein, R. (1993): Mikroelektronik. Heidelberg, Berlin, Oxford

Fluck, H.-R. (1985): Fachsprachen. Einführung und Bibliographie. München. 3., aktual. u. erw. Auflage

Flöhl, R. (1990): Künstliche Horizonte? Zum konfliktreichen Verhältnis zwischen Wissenschaft und Medien. In: Medium. H. 1, S. 22-28

Früh, W. (1991): Inhaltsanalyse. Theorie und Praxis. München, 3. überarb. Aufl.

Galtung, J./Ruge, M. H. (1965): The Structure of Foreign News. The Presentation of the Congo, Cuba and Cyprus Crises in Four Foreign Newspapers. In: Journal of Peace Research. Bd.2, H.1, S. 64-91

Gläser, R. (1990): Fachtextsorten im Englischen. Tübingen

Gülich, E./Raible, W. (1977): Linguistische Textmodelle. Grundlagen und Möglichkeiten. München

von Hahn, W. (1980): Fachsprachen. In: Lexikon der Germanistischen Linguistik. 2. Aufl. Tübingen. S. 390-395

- (Hg.) (1981): Fachsprachen. Darmstadt

- (1983): Fachkommunikation. Entwicklung - Linguistische Konzepte - Betriebliche Beispiele. Berlin, New York

Haller, M. (1994): Recherche und Nachrichtenproduktion als Konstruktionsprozesse. In: Merten et al. S.277-290

Handwerker, B. (1991): Zum Begriff der Paraphrase in Linguistik und Übersetzungstheorie. In: Zeitschrift für Literaturwissenschaft und Linguistik. H.84. S. 14-29

Haß, U. (1989): Rückwirkungen der (wissenschafts)-journalistischen auf die wissenschaftliche Arbeit. In: Bammé et al. S. 199-216

Heinemann, W./Viehweger, D. (1991): Textlinguistik. Eine Einführung. Tübingen

Helbig, G. (1986): Entwicklung der Sprachwissenschaft seit 1970. Leipzig

Hellwig, P. (1984): Titulus oder Über den Zusammenhang von Titeln und Texten. Titel sind ein Schlüssel zur Textkonstitution. In: Zeitschrift für germanistische Linguistik. H. 12, S. 1-20

Henne, H./Mentrup, W. (Hg.) (1983): Wortschatz und Verständigungsprobleme. Was sind "schwere Wörter" im Deutschen? Düsseldorf

Hennig, J./Möhn, D. (1983): Wissenschaftsmagazine im Fernsehen. Zur Rekonstruktion einer massenmedialen Kommunikation. In: Schlieben-Lange/Kreuzer (Hg.) S. 74-90

Hömberg, W. (1990a): Das verspätete Ressort. Die Situation des Wissenschaftsjournalismus. Konstanz

- (1990b): Veröffentlichungen zum Wissenschaftsjournalismus 1983-1988. Eine Auswahlbibliographie. In: Ruß-Mohl, St. (Hg.): Wissenschaftsjournalismus und Öffentlichkeitsarbeit. Tagungsbericht zum 3. Colloqium Wissenschaftsjournalismus vom 4./5. November 1988 in Berlin. Stuttgart 1990. S. 247-262

Hoffmann, L. (1985): Kommunikationsmittel Fachsprache. Tübingen, 2., völlig neu bearb. Aufl.

- (1988): Vom Fachwort zum Fachtext. Beiträge zur angewandten Linguistik. Tübingen

- (1992): Fachtextsorten in der Fremdsprachenausbildung. In: Fachsprache. H. 3-4. S. 141-148

Ickler, Th. (1983): Zur Semantik der Fachsprachen. In: Kelz, H. (Hg.) (1983) S. 143-153

Ischreyt, H. (1965): Studien zum Verhältnis von Sprache und Technik. Institutionelle Sprachlenkung in der Terminologie der Technik. Düsseldorf

Johnson-Laird, P.N. (1983): Mental Models. Towards a Cognitive Science of Language, Inference, and Consciousness. Cambridge

- (1988): The Computer and the Mind. An Introduction to Cognitive Science. Cambridge

Kaempfert, M. (1983): Typen lexikalisch bedingter Schwierigkeiten in der Kommunikation. In: Henne/Mentrup S. 34-51

Kalverkämper, H. (1989): Gemeinsprache und Fachsprache - Plädoyer für eine integrierende Sichtweise. In: Stickel, G. (Hg.): Deutsche Gegenwartssprache. Tendenzen und Perspektiven. Jahrbuch des Instituts für deutsche Sprache. S. 89-113

Kelz, H.P. (Hg.) (1983): Fachsprache. Sprachanalysen und Vermittlungsmethoden. Bonn

Kepplinger, H.M./Mathes, R. (1988): Künstliche Horizonte. Die Darstellung von Technik in Zeitungen und Zeitschriften der Bundesrepublik Deutschland von 1965-86. In: Scharioth, J./Uhl, H. (Hg.) (1988): Medien und Technikakzeptanz. München

Kepplinger, H.M. (1989): Theorien der Nachrichtenauswahl als Theorien der Realität. In: Aus Politik und Zeitgeschichte. Beilage zur Wochenzeitung Das Parlament B 15/89. S. 3-16

Kidder, T. (1984): Die Seele einer neuen Maschine. Vom Entstehen eines Computers. Hamburg
engl.: (1981) The Soul of a New Machine. Boston/Toronto

Kirpal, A. (1993): Aufbruch in die Siliziumzeit. Die Entwicklung des monolithisch integrierten Schaltkreises. In: Kultur & Technik. H. 1. S. 51-55

Kleiber, G. (1993): Prototypensemantik. Eine Einführung. Tübingen

Klein, W./von Stutterheim, Ch. (1987): Quaestio und referentielle Bewegung in Erzählungen. In: Linguistische Berichte. H. 109. S. 163-183

- (1992): Textstruktur und referentielle Bewegung. In: Zeitschrift für Literaturwissenschaft und Linguistik. H. 86. S. 67-92

Klix, F. (1994): Wissenselemente: Bausteine für Gedächtnis und Sprache. In: Kornadt et al. S. 133-160

Kohlmann, U./Speck, A./Scharnhorst, U./von Stutterheim, Ch. (1989): Textstruktur und sprachliche Form in Objektbeschreibungen. In: Deutsche Sprache. H. 2. S. 137-169

Kornadt, H.-J./Grabowski, J./Mangold-Allwinn, R. (Hg.) (1994): Sprache und Kognition. Perspektiven moderner Sprachpsychologie. Heidelberg, Berlin, Oxford

Leibniz, G.F. (1678): Unvorgreifliche Gedanken, betreffend die Ausübung und Verbesserung der deutschen Sprache, hg. v. U. Pörksen, Stuttgart 1983

Liang, Y. (1985): Untersuchungen zur deutschen Fachsprache der elektronischen Datenverarbeitung. Eine morphematisch-semantische Analyse der Substantivbenennungen. Stuttgart

Littmann, G. (1981): Fachsprachliche Syntax. Zur Theorie und Praxis syntaxbezogener Sprachvariantenforschung. Hamburg

Lötscher, A. (1987): Text und Thema. Studien zur thematischen Konstituenz von Texten. Tübingen

- (1991): Thematische Textorganisation in deskriptiven Texten als Selektions-/ Linearisierungsproblem. In: Brinker (1991) (Hg.) S.73-106

Lüdtke, J. (1986): Klassifikatoren und wissenschaftliche Argumentation. In: Bungarten (1986) S. 294-308

Lüger, H.-H. (1995): Pressesprache. Tübingen, 2., neu bearb. Aufl.

Lütge, G. (1993): Mikroelektronik: Lockruf der Subventionen. In: Die Zeit, 31.12., S.19

Lyons, J. (1977): Semantics (1). Cambridge

Mathes, R. (1989): Die Politisierung und Umbewertung von Technik und technischem Fortschritt in der Bundesrepublik Deutschland. In: Bammé et al. S. 263-293

Mentrup, W. (Hg.) (1979): Fachsprachen und Gemeinsprache. Jahrbuch 1978 des Instituts für deutsche Sprache. Düsseldorf

Merten, K./Schmidt, S. J./Weischenberg, S. (Hg.) (1994): Die Wirklichkeit der Medien. Eine Einführung in die Kommunikationswissenschaft. Opladen

Meyer, W./Boele, K. (1994): Journalismus von heute. Starnberg

Möhn, D. (1975): Sprachliche Sozialisation und Kommunikation in der Industriegesellschaft. Objekte der fachsprachlichen Linguistik. In: Muttersprache. H. 85, S. 169-185

- (1977): Zur Entwicklung neuer Fachsprachen. In: Deutsche Gesellschaft für Dokumentation e.V. (Hg.): Deutscher Dokumentartag 1976. München. S. 311-321

- (1979a): Zur Aktualität der Fachsprachenforschung. In: Mentrup S. 10-24

- (1979b): Formen der fachexternen Kommunikation. Linguistische Analyse und fachdidaktische Vermittlung. In: Der Deutschunterricht 31. H. 5. S. 71-87

- (1981<1968>): Fach- und Gemeinsprache. Zur Emanzipation und Isolation der Sprache. In: v. Hahn (Hg.) (1981) S. 172-217 (zuerst in: Wortgeographie und Gesellschaft. Festgabe für Ludwig Erich Schmitt <zum 60. Geburtstag>. Berlin. S. 315-348)

- (1991): Instruktionstexte. Ein Problemfall bei der Textidentifikation. In: Brinker (Hg.) S. 183-212

Möhn, D./Pelka, R. (1984): Fachsprachen. Eine Einführung. Tübingen

Mönke, H.(1991): Definition / Definitionskategorien / Definitionsmatrix. In: Schneider, H. J. (Hg.) (1991) S. 215-220

Neffe, J. (1989): Die Qual mit den Quellen. Presse und Wissenschaft. In: Geo-Wissen "Kommunikation". H. 2. S. 165-166

Neubauer, F./Petöfi, J. S. (1981): Word Semantics, Lexicon System, and Text Interpretation. In: Eikmeyer/Rieser (Hg.) (1981) S. 343-377

Noelle-Neumann, E./Schulz, W./Wilke, J. (Hg.) (1994): Fischer Lexikon. Publizistik, Massenkommunikation

Oksaar, E. (1988): Fachsprachliche Dimensionen. Tübingen

Peters, H. P. (1984): Entstehung, Verarbeitung und Verbreitung von Wissenschaftsnachrichten am Beispiel von zwanzig Forschungseinrichtungen. Jülich

Petöfi, J. S. (Hg.) (1983): Texte und Sachverhalte. Aspekte der Wort- und Textbedeutung. Hamburg

Petöfi, J. S./Podlech, A./von Savigny, E. (Hg.) (1975): Fachsprache–Umgangssprache. Wissenschaftstheoretische und linguistische Aspekte der Problematik, sprachliche Aspekte der Jurisprudenz und der Theologie, maschinelle Textverarbeitung. Kronberg/Ts.

Pörksen, U. (1986): Deutsche Naturwissenschaftssprachen. Historische und kritische Studien. Tübingen

- (1988): Die Mathematisierung der Umgangssprache. In: H.M. Gauger/H. Heckmann (Hg.) (1988): Wir sprechen anders. Warum Computer nicht sprechen können. Frankfurt /M., S. 55-63

von Polenz, P. (1978): Geschichte der deutschen Sprache. Berlin, New York

- (1981): Über die Jargonisierung von Wissenschaftssprache und wider die Deagentivierung. In: Bungarten (1981) S. 85-110

- (1988): Deutsche Satzsemantik. Grundbegriffe des Zwischen-den-Zeilen-Lesens. Berlin, New York. 2., durchges. Aufl.

Putnam, H. (1975): The meaning of "meaning". In: (ders.): Philosophical Papers. Bd 2. Mind, Language and Reality. Cambridge MA. S. 215-271
(dt. Die Bedeutung von "Bedeutung", Frankfurt a.M. 1979)

Reiser, St. (1994): Politik und Massenmedien im Wahlkampf. Thematisierungsstrategien und Wahlkampfmanagement. In: Media Perspektiven. H. 7. S. 341-348

Reumann, K. (1994): Journalistische Darstellungsformen. In: Noelle-Neumann et al. S. 91-116

Rieger, B. (1979): Repräsentativität: von der Unangemessenheit eines Begriffs zur Kennzeichnung eines Problems linguistischer Korpusbildung. In: Bergenholtz/ Schaeder S. 52-70

Rolf, E. (1993): Die Funktionen der Gebrauchstextsorten. Berlin, New York

Ronge, Volker (1989): 'Verständliche Wissenschaft' - Probleme eines prima vista plausiblen Postulats. In: Bammé et al. (1989) S. 217-265

Ruhrmann, G. (1994): Ereignis, Nachricht und Rezipient. In: Merten et al. S. 237-256

von Savigny, E. (1975): Inwiefern ist die Umgangssprache grundlegend für die Fachsprache? In: Petöfi et al. (1975) S. 1-32

- (Hg.) (1976): Probleme der sprachlichen Bedeutung. Unter besonderer Berücksichtigung des Verhältnisses Fachsprache-Umgangssprache. Kronberg/Ts.

Scheerer, E. (1991): Mündlichkeit und Schriftlichkeit: Implikationen für die Modellierung kognitiver Prozesse. Report No.71/1991 of the research group on "Mind and Brain". Zentrum für interdisziplinäre Forschung an der Universität Bielefeld

Schlieben-Lange, B./Kreuzer, H. (1983): Probleme und Perspektiven der Fachsprachen- und Fachliteraturforschung. Zur Einleitung. In: Schlieben-Lange/ Kreuzer (Hg.) S. 7-26

Schlieben-Lange, B./Kreuzer, H. (Hg.) (1983): Fachsprache und Fachliteratur. In: Zeitschrift für Literaturwissenschaft und Linguistik. H. 51/52

Schmidt, S. J./Weischenberg, S. (1994): Mediengattungen, Berichterstattungsmuster, Darstellungsformen. In: Merten et al. S. 212-235

Schmitz, U. (1988): Maschinelle Operationen als menschliche Handlungen. Vom Sprechen über Computer und mit ihnen. In: Weingarten/Fiehler S. 159-177

Schneider, H.-J. (Hg.) (1991): Lexikon der Informatik und Datenverarbeitung. München, Wien, 3., akt. u. erw. Aufl.

Schulz, W. (1976): Die Konstruktion von Realität in den Nachrichtenmedien. Analyse der aktuellen Berichterstattung. Freiburg, München

- (1994a): Inhaltsanalyse. In: Noelle-Neumann et al. S. 41-63

- (1994b): Nachricht. In: Noelle-Neumann et al. S. 307-337

Schulze, H. H. (1989): Computer-Enzyklopädie. Lexikon und Fachwörterbuch für Datenverarbeitung und Telekommunikation (6 Bde.). Hamburg

Searle, J.R. (1970): Speech Acts. An Essay in the Philosophy of Language. Cambridge
dt. Übers.: (1971): Sprechakte. Ein sprachphilosophischer Essay. Frankfurt/M.

- (1981): A Taxonomy of Illocutionary Acts. In: ders., Expression and Meaning. Studies in the Theory of Speech Acts. Cambridge S. 1-29

- (1983): Intentionality. An Essay in the Philosophy of Mind. Cambridge, Neuaufl. 1993
dt. Übers.: (1991): Intentionalität. Eine Abhandlung zur Philosophie des Geistes. Frankfurt/M.

Searle, J.R./Vanderveken, D. (1985): Foundations of Illocutionary Logic. Cambridge

Simmler, F. (1993): Zum Verhältnis von publizistischen Gattungen und linguistischen Textsorten. In: Zeitschrift für Germanistik. H. 2, S. 349-363.

Sökeland, W. (1980): Indirektheit von Sprechhandlungen. Eine linguistische Untersuchung. Tübingen

- (1981): Erklärungen und Argumentationen in wissenschaftlicher Kommunikation. In: Bungarten (1981) S. 261-293

Spohn, W. (1976): Die Funktion fachsprachlicher Begriffe in wissenschaftlichen Theorien. In: von Savigny (1976) S. 19-37

Starlinger, P./Korbmann, R. (1994): Schriftwechsel. In: Bild der Wissenschaft. H.12. S.32-34

Stegmüller, W. (1969): Probleme und Resultate der Wissenschaftstheorie und Analytischen Philosophie, Bd.I, Wissenschaftliche Erklärung und Begründung, Teil 1, Das ABC der modernen Logik und Semantik. Der Begriff der Erklärung und seine Spielarten. Berlin, Heidelberg, New York

von Stutterheim, Ch. (1994): Quaestio und Textaufbau. In: Kornadt et al. S. 251-272

Stüwe, H. (1993): Strategischer Dialog mit Tücken. Die Bonner Forschungsrunde. In: Frankfurter Allgemeine Zeitung v. 4.11.

Toulmin, St. (1958): The Uses of Argument. Cambridge

Unger, Ch. (1989): Vom Sach- zum Fachwortschatz. Zur Genese einer Fachsprache. In: Fachsprache. Bd. 11. H. 1-2. S. 3-12

Vater, H. (1991): Referenzrelationen in Texten. In: Brinker (Hg.) (1991) S. 19-54

- (1992): Einführung in die Textlinguistik. München

Weber, R. (1989): Die Rolle des Wissenschaftsjournalismus in der Energiediskussion. In: Bammé et al. S. 79-84

Weingarten, R. (1988): Typisierungen technisierter Kommunikation. In: Weingarten/Fiehler (1988) (Hg.) S. 57-74

- (1989): Die Verkabelung der Sprache. Grenzen der Technisierung von Kommunikation. Frankfurt/M.

Weingarten, R./Fiehler, R. (Hg.) (1988): Technisierte Kommunikation. Opladen

Weischenberg, S./Löffelholz, M./Scholl, A. (1994): Merkmale und Einstellungen von Journalisten. Kommunikatorstudie: Journalismus in Deutschland. In: Media Perspektiven H. 4. S. 154-167

Wichter, S. (1983): Dimensionen fachexterner Kommunikation. In: Henne/ Mentrup S. 72-91

- (1991): Zur Computerwortschatz-Ausbreitung in die Gemeinsprache. Elemente der vertikalen Sprachgeschichte einer Sache. Frankfurt/M., Bern, New York, Paris

- (1994): Experten- und Laienwortschätze. Umriß einer Lexikologie der Vertikalität. Tübingen

Wilke, J. (1986): Probleme wissenschaftlicher Informationsvermittlung durch die Massenmedien. In: Bungarten (Hg.) (1986) S. 304-318

Wilke, J./Noelle-Neumann, E. (1994): Pressegeschichte. In: Noelle-Neumann et al. (Hg.) S. 417-452

Wimmer, R. (1979): Das Verhältnis von Fachsprache und Gemeinsprache in Lehrtexten. In: Mentrup (Hg.) S. 246-275

Wolfe, T. (1992): Die neue Welt des Robert Noyce. Eine Pioniergeschichte aus dem Silicon Valley. München
(engl. (1982): The Tinkerings of Robert Noyce. New York)

Wunderlich, D. (1980): Arbeitsbuch Semantik. Königstein

Zoeppritz, M (1988): 'Kommunikation' mit der Maschine. In: Weingarten/Fiehler (Hg.) (1988) S. 109-122

8. Anhang

a) dokumentierte Belege:

T 1 Frankfurter Allgemeine Zeitung, 14.4.93

Ein Speicherchip mit 256 Megabit

Die meisten Unternehmen der Halbleiterindustrie machen mit ihren elektronischen Speicherchips zwar Verluste, gleichwohl geht der Wettlauf unvermindert weiter. Während inzwischen Chips mit einer Kapazität von 16 Megabit auf dem Markt sind, hat eine japanische Firma unlängst den Prototyp eines Speichers mit 256 Megabit vorgestellt. Damit läßt sich auf einem Scheibchen von etwa 1,6 x 2,5 Zentimetern der Text von rund 18 000 Schreibmaschinenseiten unterbringen. Eine Speicherzelle mißt nur noch 0,67 Quadratmikrometer („New Scientist", Nr. 1855, S. 20). Die hohe Dichte wurde dadurch erreicht, daß der Kondensator, der die elektrische Ladung speichert, und der Transistor, der den Ladungsfluß steuert, übereinander angeordnet sind. Bei der relativ großen Chip-Fläche kommt es auf eine extrem perfekte Kristallstruktur des Siliziums an. Fehler im Kristallaufbau, sogenannte Versetzungen, können nämlich zu einem Versagen der Speicherzellen führen. F.A.Z.

T2 Süddeutsche Zeitung, 11.9.87

In der Kürze liegt die Würze

Geschickte Rechnerarchitektur macht Computer schneller

Ein neuer Chip, der nach Meinung amerikanischer Fachleute schneller als alle bisher bekannten Chips arbeitet, stammt aus den Labors der kalifornischen Firma MIPS Computer Systems Inc.: Man nennt ihn: Arithmetik-Koprozessor. Diese Schaltung ist speziell auf arithmetische Berechnungen wie etwa das Addieren oder das Multiplizieren zweier Zahlen ausgelegt; doch dabei kann sie nicht allein operieren, sondern muß mit einem Hauptprozessor-Chip, CPU genannt, zusammenarbeiten. Der CPU-Chip sorgt dabei für die Steuerung der allgemeinen Abläufe innerhalb des Rechners, während der Koprozessor allein für arithmetische Berechnungen da ist.

Mit der Typenbezeichnung „R 2010" tritt der neue Rekordchip als Koprozessor an die Seite eines schon bewährten CPU-Chips mit der Bezeichnung „R 2000". Der Rekordchip ersetzt nun eine Sammlung von rund 150 anderen Chips, die dem R 2000 bisher als Arithmetik-Koprozessor dienten, die aber vergleichsweise wenig Leistung brachten.

Die herkömmliche Technik mit ihren rund 150 Chips hatte im Vergleich zur neuen Ein-Chip-Lösung nicht nur den Nachteil, daß sie viel mehr Platz benötigte. Sie verbrauchte mit 50 bis 60 Watt auch rund 20- bis 30mal soviel Strom und erzeugte dementsprechend viel Wärme; störende Hitze also, die wiederum entsprechend aufwendige Kühlvorrichtungen verlangt.

Der größte Vorteil der neuen Technik liegt in der Arbeitsgeschwindigkeit. Denn bestimmte Versionen der neuen Chips ermöglichen nun den Bau von Rechnersystemen, die sechs- bis siebenmal schneller arbeiten als bisherige MIPS-Computer auf Basis der – obendrein kostenaufwendigen – 150-Chip-Technik. Das flotte Rechentempo ermöglicht es, daß kompakte und vergleichsweise billige Computer auf Basis des neuen Chips sechs- bis zehnmal so schnell rechnen können wie herkömmliche Standard-„Minicomputer", die zudem größer und teurer sind.

Betrachtet man das Geheimnis dieser verblüffenden Leistung näher, so zeigt sich, daß die Ein-Chip-Technik nicht allein kompakter, stromsparender, kühler und billiger ist als die herkömmliche Bauweise. Während ein Koprozessor der alten, komplizierten Art höchstens 8 Millionen interne Arbeitstakte pro Sekunde durchlaufen kann – mehr ist schaltungstechnisch nicht möglich –, lassen sich besondere Exemplare der Ein-Chip-Version sogar mit der doppelten Taktfrequenz betreiben. Sie sind es denn auch, die die erwähnten Rekordleistungen des Rechentempos bieten.

Zum schnellsten unter den heute bekannten Ein-Chip-Arithmetik-Koprozessoren wird der neue R 2010 aber nicht nur durch die höhere Arbeitsfrequenz, sondern auch durch Besonderheiten seiner internen Arbeitsweise. Er kann eine Addition beziehungsweise Subtraktion nämlich in durchschnittlich zwei Arbeitstakten ausführen, während die herkömmliche Version dieses Koprozessors ein Mehrfaches an Takten benötigte. Auch bei Multiplikationen und Divisionen sind jetzt viel weniger Arbeitszyklen nötig als früher.

Der Beschleunigung der Rechenvorgänge dient ebenfalls eine weitere Besonderheit der neuen Chips. Sie sind intern in mehrere, voneinander unabhängig funktionierende Teile gegliedert – somit können Additionen, Multiplikationen und Divisionen teilweise parallel nebeneinander ausgeführt werden. Dies wiederum spart Zeit im Vergleich zu Schaltungen, die nur immer eine Arbeit nach der anderen bewältigen.

Neben weiteren Tricks, die das Duo aus CPU- und Koprozessor-Chip „beschleunigen", ist an der Neuentwicklung noch interessant, daß hier ein besonders schneller Transport von Daten möglich ist. Der neue Koprozessor kann Zahlenwerte, die er benötigt beziehungsweise die er abspeichern will, unmittelbar aus dem Hauptspeicher des Rechners holen oder dorthin übertragen, während andere Koprozessoren diese Daten erst über die CPU laufen lassen müssen.

Die Technik des neuen Chips zeigt beispielhaft, daß das Ziel, immer schnellere, kompaktere und billigere Computer zu bauen, auf mehreren Wegen nebeneinander angesteuert werden kann. Denn neben Fortschritten in der Mikroelektronik an sich, die zu immer kleineren Geräten mit immer höherer Arbeitsfrequenz führen, sind auch Fortschritte in der sogenannten Rechnerarchitektur wichtig. Dabei geht es darum, parallel arbeitende Funktionselemente zu „bauen" oder kürzere Wege für das Einholen und Abspeichern von Zahlen „anzulegen". EGON SCHMIDT

T3 Die Welt, 18.3.87

Mit dem Super-Chip gut im Rennen

THOMAS LINKE, Bonn

Den Inhalt von über 250 DIN-A-4-Schreibmaschinenseiten oder die Normalausgabe einer überregionalen Zeitung mit 20 Seiten auf einem kleinen Stück Silizium: Diese Vision rückt immer näher – und die Deutschen gehören zu den ersten, die es möglich machen werden. Im weltweiten Wettrennen um die Bausteine für immer schnellere und leistungsfähigere Computer und andere informationstechnische Systeme hat Siemens zusammen mit Philips und staatlicher Unterstützung einen großen Erfolg erzielt. Vertreter der Firma überreichten Bundesforschungsminister Heinz Riesenhuber gestern in Bonn den Prototyp eines Vier-Megabit-Chip – weniger als ein Quadratzentimeter groß.

„Nach allen Informationen über die Konkurrenten mit ihren spektakulären Ankündigungen wird die Bundesrepublik Deutschland mit den führenden Nationen Japan und USA gleichziehen", erklärte der Forschungsminister stolz. Riesenhuber zeigte sich zuversichtlich, daß der neue Superchip ab Herbst 1988 reif für die Serienfertigung ist und dann zumindest zeitgleich mit entsprechenden japanischen Chips auf dem Weltmarkt angeboten werden kann. Zu Beginn des Vorhabens betrug der zeitliche Rückstand gegenüber den Marktführern etwa zwei Jahre. Auch Siemens-Vorstandsmitglied Hermann R. Franz machte bei der Konkurrenz Eindruck: „Wir sind in time, wir sind in budget."

Die einzelnen Schaltstrukturen auf dem Chip sind nur 0,8 Tausendstel Millimeter breit. Die zu Beginn des Jahrzehnts noch nicht für möglich gehaltene unvorstellbare Dichte wurde erreicht, indem man erstmals als dritte Dimension der Schaltungen die Höhe nutzte: In den Chip wurden „Gräben" von einem Tausendstel Millimeter Breite und vier Tausendstel Millimeter Tiefe gezogen, an deren Wänden zusätzliche Speicherplätze untergebracht werden konnten. Diese Speicherzellen sind so winzig, daß 250 von ihnen auf dem Querschnitt eines Menschenhaares Platz hätten.

Die Gesamtkosten von rund 3,4 Milliarden Mark werden überwiegend von den Firmen getragen. 1,4 Milliarden zahlen Siemens und Philipps/Valvo für die Chip-Entwicklung und 1,5 Milliarden für den Bau der Produktionsanlagen. Riesenhuber fördert das Projekt mit 320 Millionen Mark, die niederländische Regierung steuert 160 Millionen bei.

Zur Zeit ist noch kein serienreifer 4-M-Chip auf dem Markt. Japanische Ankündigungen der letzten beiden Jahre hätten sich inzwischen als verfrüht herausgestellt, erklärte Professor Ingolf Ruge von der vom Forschungsministerium beauftragten internationalen Expertengruppe. „Siemens und Philips liegen im Wettbewerb um den neuen Superchip, an dem sich weltweit acht Firmen beteiligen, sehr gut im Rennen."

T4 Frankfurter Allgemeine Zeitung, 17.11.92

Die Kraft der verdoppelten Taktfrequenz

Hewlett-Packards neue Vectras nutzen Intels Overdrive-Prozessoren

Allein durch Austausch des Prozessors sollen Personal Computer in Zukunft mit den wachsenden Anforderungen immer bombastischerer Software Schritt halten können, sprich: schneller werden. Das verspricht der Chiphersteller Intel. Künftig soll es heißen: Klappe auf, Prozessor raus, Prozessor rein. Schon zeigt das alte Stück neue Kraft – wenn's denn so einfach wäre.

In den Genuß dieser neuen und noch nicht ganz billigen Aufrüstung kommt nämlich nur die noch immer eingeschränkte Zahl derer, die einen 486-PC ihr eigen nennen. Nur für diese Systeme bietet Intel die nachrüstbaren „Overdrive"-Prozessoren an – nicht jedoch für die vielen Millionen 386-PC, die durch einen schnelleren Prozessor leicht aufzuwerten wären. Bei den Overdrives handelt es sich um vollwertige 486-CPUs, deren Arbeitsgeschwindigkeit im Vergleich zu den bisherigen Modellen glatt verdoppelt wurde. Allerdings nur intern, denn was da mit 50 oder 66 Megahertz rackert, tickt nach außen nur mit der halben Geschwindigkeit.

Doch das hat seinen guten Grund. Schließlich müßte sonst auch der Rest des Systems auf die neue Geschwindigkeit getrimmt werden – bei älteren Modellen nahezu unmöglich. So aber fügt sich der neue Overdrive-Prozessor mit seiner „speed-doubling"-Technik nahtlos in das System ein: die 50-MHz-Version in Systeme, die bisher mit der 25-MHz-Version des 486 DX- oder SX-Prozessors bestückt waren, und die 66-MHz-Version in Systemen mit dem 33-MHz-Prozessor.

Leider funktioniert solch ein Overdrive jedoch nicht in jedem 486-Rechner. So kann es bei manchen Systemen zu Problemen mit dem rechnereigenen Bios kommen, dem in Festspeicher-Bausteinen eingebrannten Basic-Input-Output-System. Außerdem erweisen sich die Prozessoren durch die erhöhte Taktfrequenz als wahre Heißsporne und heizen sich in kurzer Zeit bis auf Bratpfannentemperatur auf. Intel hat die Overdrive-Prozessoren mit einem Kühlkörper bestückt, ohne den sich die flinken Rechner das Lebenslicht auf Dauer selbst ausblasen würden. Das Doppelte an Leistung darf man von einem solchen System allerdings nicht erwarten, schließlich bleibt beim Zugriff auf die Festplatte oder den RAM-Speicher alles beim alten.

Während die Overdrive-Prozessoren den alten Prozessor in Systemen mit 486DX-Prozessor ersetzen, werden sie bei Rechnern mit 486SX-Prozessor in einen zusätzlichen Sockel auf der Hauptplatine gesteckt, der ursprünglich für die Aufnahme eines numerischen Coprozessors vorgesehen war. Im Rechner stecken dann zwei Prozessoren, von denen jedoch nur der Overdrive-Prozessor aktiv ist. Dummerweise hat Intel die Sache so gedreht, daß man den alten Prozessor nicht herausnehmen und weiterverkaufen kann.

Für Besitzer von 486SX-Rechnern kommt nur die 50-MHz-Version des Overdrive – passend zum SX25 – in Frage, weil es bisher keine SX-Version mit 33 MHz gibt und folglich auch keine Rechner, die für das Zusammenspiel mit dem 66-MHz-Overdrive-Prozessor geeignet wären. Daß diese Hürde überwunden werden kann, demonstriert als einer der ersten Hersteller Hewlett Packard mit seinen neuen HP-Vectra-Serien 486N und 486U. Beide Reihen basieren auf einem einheitlichen Motherboard, das vom 486SX-Prozessor mit 25 MHz bis zum Overdrive mit 66 MHz alle Mitglieder der i486-Familie verkraftet. Die gesamte Elektronik außerhalb der CPU läßt sich mit Dipschalter von 25 MHz auf 33 MHz umschalten.

Auf eine noch höhere Taktfrequenz außerhalb des Prozessors sind die HP-Rechner allerdings nicht vorbereitet – nicht ohne Grund. Schließlich ist die Speed-Doubling-Technik aus der Einsicht erwachsen, daß reinrassige 50-MHz-Systeme derzeit nur schwer zu fertigen sind. Viele Probleme bei Rechnern mit Intels ursprünglicher 50-MHz-Version des 486DX-Prozessors haben das gezeigt. Vor allem die Störstrahlung schafft den Ingenieuren Probleme, denn bei steigenden Taktfrequenzen begibt sich der PC zunehmend in Konkurrenz zu Hochfrequenzgeräten – und funkt auf deren Frequenzen. Zukünftige Overdrive-Prozessoren werden deshalb auch nach außen weiterhin mit weniger als 50 MHz operieren.

Doch die Taktfrequenz ist nicht die einzige Schwierigkeit. Auch das Bios muß auf die Zusammenarbeit mit den verschiedenen Prozessortypen individuell eingestellt werden – eine Aufgabe, die bei den HP-Geräten durch Verwendung eines wiederbeschreibbaren EEPROM-Bausteins geschickt gelöst wurde. Bei Bedarf läßt sich dadurch ein neues Bios von der Diskette aus in den Rechner „einbrennen", ohne daß ein umständliches Hantieren erforderlich wäre. Für weniger als 3000 Mark erhält der HP-Kunde das Einstiegsmodell mit 486SX25-Prozessor, dem er durch Einsatz eines Overdrive-Nachrüstprozessors jederzeit die höheren Weihen geben kann. Mit einem Overdrive holt er sich dabei kostbare Steckspiele ins Haus, denn derzeit schlagen die beiden 50- und 66-MHz-Versionen noch mit rund 2000 Mark zu Buche. Doch das dürfte sich bald ändern, wie die Preisentwicklung bei Prozessoren in der Vergangenheit immer wieder gezeigt hat. MICHAEL TISCHER

T5 Süddeutsche Zeitung, 23.4.87

Chips in mehreren Etagen

Neue Technik soll die Zahl der Transistoren erheblich steigern

Unvorstellbar war vor 30 Jahren, wie billig und klein Computer einmal werden würden. So erstaunlich diese rasante Entwicklung bei elektronischen Mikrochips nun aber auch ist – eines bleibt sicher: sie kann nicht in alle Ewigkeit so weitergehen. Wenn es einmal nicht mehr möglich sein wird, den einzelnen Transistor weiter zu verkleinern – dann bleibt wohl nur noch ein Ausweg: man nimmt sich die Londoner Doppeldeckerbusse zum Vorbild und baut Chips mit einem zweiten Stockwerk. Dann könnte man – theoretisch – doppelt so viel Schaltkreise pro Chip unterbringen als es bei der heute üblichen Technik möglich ist. Und geht man, wie dies bereits diskutiert wird, gar auf drei- oder vierstöckige Chips über, so können entsprechend mehr Schaltelemente untergebracht werden.

An der Technik der „dreidimensionalen" Chips arbeiten weltweit bislang nur wenige Laboratorien; in Japan wird sie am intensivsten vorangetrieben. Doch auch in Frankreich und in der Bundesrepublik will man diese Idee realisieren. Am Münchner Fraunhofer-Institut für Festkörpertechnologie sollen die attraktiven Perspektiven in Zusammenarbeit mit deutschen Elektronikunternehmen verstärkt angegangen werden. Um dreidimensionale Chipstrukturen zu erzeugen, hat das Fraunhofer-Institut die Entwicklung eines besonderen Verfahrens in Angriff genommen, mit dessen Hilfe der „erste Stock" eine völlig ebene Oberfläche erhält. Dies geschieht, indem auf die ebene Oberfläche polykristallines Silizium aufgedampft wird. Jetzt müssen die Forscher dafür sorgen, daß aus den vielen winzigen, aufgedampften Siliziumkristallen ein Siliziumeinkristall wird; denn nur dieser Einkristall kann den Transistoren der zweiten Ebene als Grundlage dienen.

Zur Erzeugung dieses Einkristalls benützen Wissenschaftler am Münchner Fraunhofer-Institut einen Laserstrahl, der das aufgedampfte, polykristalline Silizium mit seiner Wärme schmilzt. Bei der Abkühlung kann der Vorgang so gesteuert werden, daß dieses geschmolzene Silizium sich streng regelmäßig als monokristalline Siliziumfläche verfestigt; Fachleute sprechen hier von einem „epitaktischen Kristallwachstum".

In der Praxis gehen die Forscher bei der Erzeugung vergleichsweise großflächiger, monokristalliner Siliziumschichten so vor, daß sie mit ihrem Laser stets nur eine Teilfläche des Chips erwärmen und dann laufend zu benachbarten Stellen weiterwandern. Dadurch können sie nämlich erreichen, daß die frisch erwärmten Stellen beim Abkühlen exakt jene Gitterstruktur fortsetzen, die beim soeben abgekühlten bereits entstanden ist.

Ein besonderes Problem bei der Herstellung dreidimensionaler beziehungsweise doppelstökkiger Chips liegt in der großen Empfindlichkeit der unteren Lage von Transistoren begründet. Die Sensibilität des unteren Stockwerks zwingt zu einer Technik, bei der die aufgedampfte, polykristalline Siliziumschicht nur ganz behutsam erwärmt wird. Überhaupt müssen alle Arbeitsschritte an diesen Chips auf die Sensibilität der schon fertigen Strukturen Rücksicht nehmen.

Bereits heute ist nach Ansicht führender Experten sicher, daß die Zukunft Chips mit 16 Millionen – oder noch mehr – Speicherzellen bringen wird. Prognosen, in denen Techniker davon sprechen, daß man diese Zahl in fernerer Zukunft sogar noch mit vier oder gar sechzehn multiplizieren kann, sind keineswegs aus der Luft gegriffen. Wenn es soweit kommen sollte, dann dürften in jenem Stadium der Chiptechnik diese sogenannten 3D-Schaltungen eine wichtige Rolle spielen.

EGON SCHMIDT

T6 Frankfurter Rundschau, 17.8.87

Ihre Größe liegt im Kleinen

Bei der Mega-Chip-Produktion werden die physikalischen Grenzen sichtbar

Als Superlative der Technik galten vor einigen Jahrzehnten noch monströse Maschinen und Bauten. Heute, im Zeitalter der Silicium-Herrschaft, liegt die Zukunft im Mikrometerbereich, in Strukturen, die mit dem bloßen Auge längst nicht mehr zu erkennen sind: Das Mikro-Chip, immer kleiner geworden, gewinnt im technischen und wirtschaftlichen Wettlauf immer mehr an Größe und Bedeutung.

Auf einer Fläche von wenigen Quadratmillimetern häufen sich heute eine Kapazität von elektronischen Schaltungen, für die man vor vierzig Jahren noch ein ganzes Gebäude auf der Fläche eines Tennisplatzes benötigt hatte. So bestand das „Gehirn" von ENIAC, dem ersten vollelektronischen Computer der Welt, aus 18 000 Röhren. Die amerikanische Entwicklung aus dem Jahre 1945 wog 30 Tonnen und verbrauchte 150 Kilowatt Strom. Ein Mikrocomputer mit vergleichbarer Leistung benötigt dagegen heute eine Fläche von 25 Quadratmillimetern, arbeitet 100mal schneller und zuverlässiger und verbraucht nur noch ein Watt Energie.

Doch damit ist die Entwicklung noch lange nicht an ihre technischen oder ihre wirtschaftlichen Grenzen vorgestoßen. Der mikroelektronische Markt steckt noch in den Kinderschuhen, doch seine künftige Rolle in der Gesellschaft ist bereits heute abzusehen. Experten erwarten für das Jahr 2000, daß der Weltmarkt für die Mikroelektronik insgesamt so groß sein wird wie der gesamte Automobilmarkt: 200 Milliarden Mark.

Mikroelektronik als ein Werkzeug der Informationsverarbeitung durchdringt bereits heute zahlreiche technische Bereiche: Ohne Chips gäbe es weder ein Antiblockiersystem noch eine elektronische Benzineinspritzung in den Kraftfahrzeugen, keine vollautomatischen Waschmaschinen im Haushalt und Produktionsstraßen in der Industrie. Chips bringen die medizinische Diagnostik voran und rationalisieren die Arbeit von Behörden und in Verwaltungen, sie ermöglichen weltweite Kommunikation und lösen damit den Strukturwandel weg von einer Produktions- hin zur Dienstleistungs- und Informationsgesellschaft aus. Für deren Zukunft ist der Chip zum Grundbaustein geworden und die Mikroelektronik zur Schlüsseltechnologie unserer Zeit.

Erst die Entwicklung der Halbleitertechnologie machte es möglich, mit Informationen, die in dem Alphabet des binären Zahlencodes mit den Werten 0 und 1 geschrieben sind, in größerem Maße zu rechnen. Denn für die Übertragung, Verarbeitung und Speicherung dieser „digitalen" Zahlen konnten zwei verschiedene physikalische Zustände benutzt werden: „Stromfluß" — „kein Stromfluß". Diese Eigenschaft haben beispielsweise Schalter, die die zwei Stellungen „Ein" und Aus" einnehmen können. In den Rechnern der ersten Generation waren solche Schalter Vakuumröhren, in denen der elektrische Strom den Zustand je nach angelegter Spannung steuert.

1948 entwickelten John Bardeen, Walter Brattain und William Shockley in den US-amerikanischen Bell-Laboratorien die ersten Transistoren und stellten damit die Weichen zu der späteren integrierten Schaltung.

Die Basis für diese Technologie ist ein Halbleiter. In der Physik wird zwischen elektrischen Leitern wie Metalle und Nichtleitern, dazu gehört beispielsweise Porzellan, unterschieden. Eine Zwitterstellung nimmt der Halbleiter ein, wie es das Silizium ist. Im hochreinen, einkristallinen Zustand und bei Zimmertemperatur ist Silizium nicht in der Lage, Strom zu leiten. Doch unter Wärme- oder Lichteinfluß oder in Kombination mit chemischen Elementen wie Bor oder Phosphor kann Strom fließen.

Silizium, das in einem aufwendigen technischen Verfahren aus Quarzsand hergestellt wird, eignet sich besonders für die Produktion von Transistoren, wenn sein Kristallgitter mit Fremdatomen „bestäubt" wird, die entweder ein Elektron mehr (Phosphor) oder weniger (Bor) als das Silizium in seiner äußeren Schale haben. Dadurch entstehen entweder „Elektronenlöcher" oder ein „Elektronenüberschuß" an der äußeren Schicht, wodurch der Halbleiter „positiv" oder „negativ" leitend wird, abhängig davon, ob ein Strom durch ihn fließt oder nicht. Entsprechend präpariert arbeiten die Transistoren wie winzige elektronische Schalter, die den Fluß der Elektronen entweder unterbrechen oder durchlassen, ab- oder anschalten.

Hohe Integrationsdichte

Allerdings mußten während der Anfangsjahre noch Transistoren, die erheblich kleiner sind und deutlich weniger Energie verbrauchen als Röhren, immer noch einzeln mit den anderen Bausteinen einer Schaltung verdrahtet werden. Erst

1959 gelang es, mehrere Transistoren und ihre elektrischen Verbindungen auf einem einzigen Siliziumplättchen zu einer Einheit zusammenzufügen. Der Chip, eine Einheit aus mehreren integrierten Schaltern, war damit geboren.

Durch verbesserte Produktionstechniken konnten immer mehr Transistoren auf einem Chip untergebracht werden. 1980 wurde die Schwelle von 100 000 Schaltungselementen pro Baustein überschritten. Durch die ständig kleiner werdenden Strukturen der Schaltung und durch die dichtere Packung der Transistoren konnte die Integrationsdichte in den letzten 20 Jahren auf das 10 000fache gesteigert werden. 1985 lag der Weltstandard der in der Serienproduktion beherrschten Integrationsdichte bei 500 000 Transistoren auf 45 Quadratmillimeter Siliziumfläche. Dies entspricht einer Kapazität von über 256 000 bit oder den Informationsgehalt von 20 Schreibmaschinenseiten, die sich auf einen Baustein speichern lassen. Damit hat sich innerhalb eines Jahrzehnts der Flächenbedarf für eine Computerspeichereinheit auf 1/380 verkleinert.

Die nächste Generation von solchen Speicherbausteinen, die bereits ihr Debut auf dem Weltmarkt gab, ist der Mega-Chip, in dem über zwei Millionen Schaltungselemente Platz finden. Und bereits heute wird an ersten Mustern für den 4-Megabit-Chip gearbeitet, der etwa 10 Millionen Schaltungselemente integrieren soll.

Doch für die Entwicklung und serienmäßige Produktion solcher Superschaltelemente müssen noch einige technische und physikalische Barrieren überwunden werden. Wurden bislang die Schaltpläne in das Siliziumkristall über einen lichtempfindlichen Lack geätzt, der nach einer Schablone belichtet wird, so ist im lichtoptischen Bereich diese Schattenprojektion mit einer Maske des Chip-Bauplans nicht mehr möglich, wenn Strukturen mit einer Breite von 0,5 Nanometer erreicht werden sollen. Beugungs- und Interferenzeffekte und stehende Lichtwellen durch Reflektionen durch den lichtempfindlichen Lackauftrag bewirken Strukturungenauigkeiten und damit Fehler in den Schaltkreisen des Chips. Einen Ausweg bietet hier die Röntgenstrahllitographie, die bis hin in den Submikrometerbereich ohne Begrenzung der Strukturauflösung eingesetzt werden kann.

Ein zweiter Problemkreis betrifft die röntgenempfindlichen Fotolacke. Es müssen Materialien entwickelt werden, die bei einer hohen Strukturauflösung immer noch empfindlich sind und dennoch ätzbeständig bleiben.

Um solche Mega-Chips herstellen zu können, ist darüber hinaus noch ein „ruhiger" Arbeitsplatz erforderlich. Im Strukturbereich von 0,5 Nanometer darf es kein Wackeln und keine Erschütterung geben, um die Justierung mit einer Genauigkeit von 0,01 Nanometer auch während der Dauer der Belichtung durchzuhalten.

Physikalische Grenzen sind bei der Entwicklung der Mega-Chip-Generation sichtbar und — nach Ansicht der Fachleute — wird diese Grenze bei unvermindertem Technologiefortschritt im Jahre 2020 erreicht sein. Bis zu 100 Millionen Transistoren sollen dann — so die kühnsten Träume der Chip-Designer — in einem Baustein integriert sein.

T7 Frankfurter Rundschau, 29.1.87

Ingrid Scheithauer

Wenn die Luft reiner als rein sein muß

Für die Chip-Produktion ist ein besonderes Klima nötig

Es ist das Eintauchen in eine andere Welt. Die Hektik bleibt vor den schleusenähnlichen Eingängen. Langsam, unendlich langsam erscheinen die Bewegungen der Menschen, die in ihren weißen und blauen Arbeitsanzügen mit Mundschutz, Kopfbedeckung, Handschuhen und Überschuhen an Astronauten erinnern. Das Bild einer Raumstation paßt durchaus. Abgeschirmt von der Außenwelt, staubfrei, schwingungsfrei, werden in den sogenannten „Reinsträumen" Chips produziert, die zum Motor der elektronischen Revolution geworden sind.

Mit der Devise „Immer kleiner, immer schneller und leistungsfähiger" bei der Weiterentwicklung und Verbesserung elektronischer Bausteine ist auf sie selbst nicht zu verzichten. Ohne Computer geht da nichts mehr. Schließlich sind bei der Erstellung von Schaltplänen, kurz „Chip-Design" genannt, Millionen von Transistoren, Dioden, Widerständen oder Kondensatoren und alle Verbindungsleitungen sowie Anschlußstellen zu einer Einheit zu integrieren. Der Plan für eine Schaltung mit rund einer halben Million Transistoren weist zehn Millionen Koordinaten auf.

All diese Transistoren und ihre Verbindungen werden auf einem Stückchen Silizium zusammengepackt. Anfang der 70er Jahre konnte man rund 1000 Bauelemente integrieren. Diese Zahl hat sich von da an alle zwei bis drei Jahre vervierfacht: 4000, 16 000, 64 000 und 1983 256 000 Speicherstellen auf einem einzigen Chip. Seit 1986 werden die ersten 1-Megabit-Chips mit einer Milliarde Speicherzellen gebaut. An der Entwicklung des 4-Megabit wird intensiv gearbeitet, schließlich geht es um den immer wieder reklamierten Wettbewerbsvorsprung. Hier allerdings tun sich Grenzen auf. Denn — 10 000fach vergrößert, ergäbe der 4-Megabit-Chip ein verwirrendes Labyrinth aus bleistiftdikken Bändern und Gängen in der Größe eines Fußballfeldes. Die metallischen Leiterbahnen auf dem vergrößerten Chip wären kleine „Hürden" von sieben Millimeter Breite und einem Zentimeter Höhe. In Wirklichkeit messen diese Strukturen aber zwischen 0,7 und einem millionstel Meter (Mikrometer). Ein menschliches Haar hat — als Vergleich dazu — einen Durchmesser von 50 Mikrometer. Ein ernst zu nehmender Störfaktor ebenso wie Staubpartikel oder Blütenpollen. Fallen sie während der Herstellung auf das Siliziumplättchen und werden gleichsam miteingebaut, funktioniert der Chip nicht mehr.

Aus diesem Grund müssen die Produktionsstraßen für die elektronischen Bauteile von allen diesen Partikeln freigehalten sein. Diese Bedingungen sind in den Reinsträumen erfüllt. Riesige Klimaanlagen und -gebläse sorgen dafür, daß die Luft weitgehend von Staubpartikeln frei ist. Lediglich ein Teilchen von der Größe eines halben tausendstel Millimeters in einem Liter Luft gilt als akzeptabel. Ein Liter Großstadtluft hat dazu im Vergleich rund eine Million Staub- und Schmutzpartikel.

Menschen gelten in der Vorstellungswelt der Reinraum-Techniker als Gefahr für die saubere Luft. An ihnen hängt ein „Partikelreservoir von ungefähr zwei Milliarden", erklärt ein Ingenieur. Aus diesem Grund müssen all jene, die in der Chip-Herstellung arbeiten, erst einmal möglichst staubfrei werden. Dies geschieht in „Schleusen", die zu dem Reinraum führen. In der ersten Zone einer solchen Schleuse werden zunächst einmal die Straßenschuhe gewechselt, die Arbeitskleidung abgelegt. Dann geht es weiter unter eine „Luftdusche", die den Staub wegbläst. Anschließend wird die „Reinraumkleidung" angelegt. Der „Chip-Astronaut" ist komplett.

Aber auch am Arbeitsplatz müssen alle an der Produktion Beteiligten sich an eine Vielzahl von Vorschriften halten. Nur keinen Staub aufwirbeln, heißt es. Deswegen sind die Bewegungen langsam, bedächtig. Jedes ruckartige, schnelle Reagieren reißt ein Loch in den Laminarstrom, der mit einer Geschwindigkeit von 40 Metern pro Sekunde gleichmäßig die Luft von oben nach unten drückt und damit auch die verbliebenen Störenfriede in Form der Schmutzpartikel auf dem Boden hält.

Aber nicht nur die Menschen werden in den Reinraum „eingeschleust", sondern auch die für die Chip-Produktion notwendigen Materialien müssen möglichst staubfrei sein. Rund 80 geschlossene Leitungssysteme sind nötig, um die Chemikalien vom Keller zu den Maschinen zu bringen. Und alles muß vorher durch Luftschleusen. Auch das normale Leitungswasser ist nicht rein genug. Es muß deionisiert werden und ist damit reiner als destilliertes Wasser.

Die Produktionsanlagen sind so aufgestellt, daß im Reinraum nur die Bedienungstableaus zugänglich sind. Ihre Fläche soll möglichst klein sein, dem Laminarstrom so wenig wie möglich Widerstand bieten. Deshalb erfolgt die Wartung der Maschinen von Bereichen außerhalb des Reinraums. Die Folge für die Form des Reinraums ist, daß er mehrere Finger hat, kein rechteckiger Raum ist, sondern eher verwinkelt wie eine Bienenwabe aussieht.

Neben dem „Reinheitsgebot" verlangt die Produktion der elektronischen Bauelemente auch die Schwingungsfreiheit der zur Herstellung benötigten Geräte. Erschütterungen, die ein vorbeifahrendes Auto auslöst, vermindern die Qualität der Photonegative mit den winzigen Schaltstrukturen. Auf der Siliziumscheibe — der Basis des Chips — wird nämlich zunächst eine dünne Oxidationsschicht erzeugt, auf die ein lichtempfindlicher Fotolack aufgetragen wird. Dieser wird durch eine Maske, die bereits die Strukturen der späteren Schaltung aufweist, belichtet und dann entwickelt. Dann werden „Fenster" durch die Öffnungen des Photolacks in die Oxidationsschicht geätzt, durch die man das Silizium — mit Bor oder Phosphor — dotiert. Diese Schritte werden so oft wiederholt mit den verschiedenen Masken, bis alle Schaltungselemente auf dem Chip vorhanden sind. Die notwendigen metallischen Leitbahnen, die die Transistoren miteinander verbinden, werden schließlich aufgedampft. Klar, daß bei diesen komplizierten Vorgängen jedes Staubkorn und jede Erschütterung den Herstellungsprozeß empfindlich stören würden.

Damit aber Reinheit und Schwingungsfreiheit im Produktionsbereich der Chips erreicht werden können, ist eine riesige Infrastruktur nötig. So ist das Fabrikgebäude mindestens sechsmal so groß wie die eigentliche Fertigungsstraße. Gegen Schwingungen durch eine von der Hülle getrennte Grundplatte, von oben durch riesige Klimaanlagen versorgt, von Lagern und weiteren Einrichtungen umgeben, ist der Reinraum der Kern eines Gebäudes, in dem die Bausteine der Mikroelektronik entstehen. Je kleiner und je leistungsfähiger diese Chips werden, desto störanfälliger wird auch ihre Herstellung. Die Tendenz zur Automatisierung wächst auch hier, der „Störfaktor" Mensch soll, je kleiner die Transistoren auf den Chips, von der direkten Berührung mit dem Produkt ferngehalten werden.

T8 Süddeutsche Zeitung, 28.5.86

Mikroelektronik: Eine Herausforderung namens Ein-Megabit-Chip

Der Schweinezyklus in der Computerwelt

Von unserem Redaktionsmitglied Axel Hacke

Sindelfingen/München, im Mai

Hans-Heinz Steinbeck hat es mitgebracht, das Prachtstück, seinen ganzen Stolz. Er legt einen schweren gläsernen Block auf den Tisch. Darin ist das Wunderding eingelassen, damit es nicht verlorengeht. Zu sehen ist auf blauem Grund ein feines goldenes Plättchen, leicht schimmernd, von dünnen, regelmäßigen Adern überzogen. 10,5 Millimeter lang ist es, 7,7 Millimeter breit, gerade so groß wie der Nagel am kleinen Finger. „Damit Sie es mal sehen", sagt Steinbeck, „aber eigentlich sehen Sie ja nichts."

Das Eigentliche, das Wichtige an diesem winzigen Ding ist nicht zu sehen, nicht einmal mit einer dicken Lupe. Es ist nicht mit den Händen zu greifen, nicht einmal mit einer Pinzette. Es wird gemessen in Tausendstelmillimetern und ist hundertmal dünner als ein Menschenhaar. Gerade weil das so ist, greifen alle Beteiligten gern zu den größten Worten, wenn sie ausdrücken möchten, worum es ihnen geht. Zum Beispiel Steinbecks Konkurrent Hans Friedrich. Eine halbe Stunde lang redet er über seine Arbeit an diesem zierlichen Stück, und mindestens dreimal hört man dies: nationale Schlüsselaufgabe, Notwendigkeit eines nationalen Engagements, hohes nationales Interesse.

Ein Vernichtungswettbewerb

Hans-Heinz Steinbeck ist Abteilungsleiter bei IBM in Sindelfingen, Hans Friedrich Chef des MEGA-Projekts der Firma Siemens in München-Neuperlach. Der eine arbeitet in einem langgezogenen Gebäude, das Besuchern von weitem gelegentlich wie ein in schwäbische Wälder verirrter Ozeandampfer anmutet. Der andere sitzt in einem unübersehbaren, verschachtelten Bürokomplex, in einer Computerwelt, deren Häuser nach Bäumen benannt worden sind und in der man so bizarre Erlebnisse haben kann wie einen Spaziergang durch lange unterirdische Gänge, zwischen Rohren und Kabeln, umhuscht von Elektroautos, schließlich vor einem gelben Fahrstuhl ankommend, an dem steht: Lindenhaus.

Steinbeck und Friedrich stehen in einem Wettbewerb, der vor allem von Siemens mittlerweile zu einer Prestigeangelegenheit kaum noch zu übersehenden Ausmaßes stilisiert worden ist, zu einem Rennen ins nächste Jahrtausend, zu einem Vernichtungswettbewerb, von dessen Ausgang das Gedeihen der Industrie in Elektrotechnik, Datentechnik, Bürotechnik, Maschinenbau, Fahrzeugbau, Feinmechanik, Optik abhängt. Es läßt sich nicht leugnen, daß die Sindelfinger dabei die Nase vorn haben, denn was Steinbeck da auf den Tisch gelegt hat, ist der Gegenstand, um den es geht: der Ein-Megabit-Chip. IBM hat im Frühjahr dieses Jahres in Sindelfingen und in Burlington/USA mit der Serienfertigung dieses Speicherbausteines begonnen. Siemens wird dies wohl erst Anfang 1987 tun, in einem funkelnagelneuen Werk in Regensburg. Weitere amerikanische und japanische Firmen werden irgendwo zeitlich dazwischenliegen.

Der Megabit-Chip: Mit den bisher in Computern vorhandenen Bausteinen war es möglich, maximal 256 000 Bits auf einem Chip zu speichern. Da man für einen Buchstaben acht Bit Speicherkapazität benötigt, hatten dort 32 000 Buchstaben Platz, das ist etwa der Text von zwei Zeitungsseiten. Der Ein-Megabit-Chip dagegen hat Platz für viermal mehr Bits (präzise: 1 048 576), ist aber kaum größer als sein Vorgänger. Jene ohnehin unvorstellbar winzigen Transistoren, Kondensatoren und Leiterbahnen auf dem 256-Kilobit-Chip müssen auf ein Viertel der bisherigen Größe verkleinert werden. Gearbeitet wird mit Oxidschichten, die ein Hundertsel von einem Tausendstelmillimeter dick sind. Wer sich mit Chips beschäftigen will, muß lernen, daß Riesen auf einer Fingerkuppe Platz haben, daß Tausende von Engeln auf einer Nadelspitze tanzen können. Der Prozeß der Vervierfachung der Speicherkapazität wiederholt sich zur Zeit alle zwei bis drei Jahre, so daß schon jetzt abzusehen ist, wann die ersten Vier-Megabit-Chips, die 16-Megabit-Speicher ausgeliefert werden können – von einer nervösen, hektischen Branche, die nach Zeitplänen arbeitet, die der Computer diktiert und die Menschen wie Steinbeck und Friedrich einhalten müssen.

Gehen wir also ins Sindelfinger IBM-Werk, Betriebsstätte Hulb, ein streng bewachtes Areal. Hier herrscht Ruhe und nicht nur Sauberkeit, sondern Reinheit, nein „Reinstheit", wie Hans-Heinz Steinbeck immer sagt. Hinter Glaswänden, an denen Besucher wie an einem Menschenzoo vorbeigeführt werden, arbeiten Leute in weißen Kitteln und Kapuzen, aus denen nur noch Nase, Mund und Augen herausschauen. Der Mensch,

Warum die Konkurrenten IBM und Siemens in der Entwicklung immer leistungsfähigerer Speicherelemente eine nationale Schlüsselaufgabe sehen

sagt Markus Zügel, Bereichsleiter für Halbleiterprozesse, sei „ein ständiger Partikelproduzent". Ein Partikel ist für einen Halbleiteringenieur ein Ungeheuer, ein subversives, bedrohliches Element, das die Arbeit von Monaten in einem Moment zunichte machen kann. „Von Menschen", sagt ein Physiker mit dem Ausdruck der Abscheu, „da blättert praktisch alles ab, was man sich vorstellen kann: Haarspray, Schminke, alles."

Das Elektronenmikroskop zeigt, wie sich Blütenpollen, zwanzig Tausendstelmillimeter breit, behäbig und schwer auf die zarte Struktur eines Chips legen und diese erdrücken. Beim Ein-Megabit-Chip darf der Durchmesser solcher Teilchen einen halben Tausendstelmillimeter nicht überschreiten – ein Kurzschluß wäre die Folge. An den Werkbänken in Steinbecks Reinsträumen dürfen in 28 Litern Luft nicht mehr als zehn Partikel dieser Größe sein, in derselben Menge Außenluft aber fliegen 35 000 Teilchen dieses Ausmaßes. Vergrößerte man einen Vier-Megabit-Speicher auf die Größe von 40 Fußballfeldern, dann richtete jede Erbse auf dieser Fläche einen irreparablen Schaden an. „Sie hätten dann", sagt Steinbeck, „auf der Stelle Schrott."

Was man dagegen tun kann? Ein ständiger Luftstrom in den Produktionsräumen sorgt dafür, daß die Luft etwa 2000mal pro Stunde ausgetauscht wird. Die Oberfläche der Geräte muß extrem glatt sein, damit kein Stäubchen haften bleibt. Fusselfreies Reinstraumpapier wird benutzt. Die zur Verarbeitung notwendigen Gase werden durch elektropolierte Edelstahlrohre geschickt. Wasser muß ständig in Bewegung sein, denn sobald es steht, bilden sich Bakterien. Was wunder, daß es Steinbeck am liebsten wäre, in seiner Fabrik arbeiteten nur noch Maschinen. „Ein Roboter", sagte er, „hat halt keine Haare und keine Haut. Und wenn man ihn gut schmiert, macht er nicht zu viele Partikel."

Aber noch sind es eben Menschen, mit denen Steinbeck arbeiten muß. Sie sitzen vor Oszillatoren und Wafer-Steppern, vor Ionenimplantationsanlagen und automatisierten Heißprozeßgeräten, vor Laserapparaten zur Partikelmessung und Elektronenstrahlgeneratoren. Fast 400 einzelne Produktionsschritte sind es bei IBM bis zum fertigen Speicher. An jeder dieser Stationen kann irgendein Fehler passieren wie in jeder anderen Fabrik auch. Nur: Hier sind solche Fehler am einzelnen Produkt nicht mehr zu korrigieren. Und: Bemerkt werden sie in der Regel erst am Ende des langen Prozesses, der für jeden Chip mindestens acht Wochen, höchstens drei Monate dauert. So kann es sein, daß in einer Chip-Fabrik manchmal wochenlang an einem Produkt gearbeitet wird, das man am Ende wegwerfen muß, obwohl die Firma, die es in ihre Geräte einbauen möchte, es dringend braucht und die Verkaufsabteilung finstere Drohungen ausstößt. „Das ist das schlimmste", seufzt Steinbeck, „wenn der Verkauf an uns scheitert."

Was hier geschieht ist charakteristisch für eine Industrie, in der Produkte nicht mehr zuerst am Reißbrett entwickelt werden und dann in einer davon völlig getrennten Produktion gefertigt werden. Hier sind, schon um Zeit zu sparen, beide Prozesse eng verbunden, manchmal gar nicht mehr recht zu trennen. Und entscheidend über Sieg oder Niederlage ist nicht der geniale Entwurf, sondern die penible Arbeit in der Produktion, „in der Linie", wie Steinbeck sagt, dort, wo das zarte Gebilde der Ingenieure ständig bedroht ist. Bei den von Computern konstruierten Speicherchips muß weniger das Produkt als der Prozeß, in dem es hergestellt wird, entworfen und perfektioniert werden. Wie lange das dauert, zeigt das Beispiel Siemens: Seit Anfang des Jahres arbeitet die Chip-Fabrik in Regensburg, aber die Serienfertigung wird erst im nächsten Jahr beginnen.

„Einen Megabit-Chip mal im Labor herzustellen", sagt Hans-Heinz Steinbeck, „das ist nicht so schwer. Aber hunderttausend gleiche zu bauen in gleichbleibender Qualität, das ist das Problem. Das Geld wird bei uns in der Produktion verdient." In den IBM-Labors von Burlington gab es den Megabit-Chip schon Ende 1984; bei Siemens gibt es ihn auch, nur eben nicht in Stückzahlen, die bei einem solchen Massenprodukt der Rede wert wären.

Worauf es ankommt, das ist der *yield*, die Ausbeute, nach der die Chip-Fabrikateure jagen. Die Bausteine werden auf einer Siliziumscheibe, dem sogenannten *wafer*, hergestellt, auf dem eine bestimmte Anzahl von ihnen Platz hat. Läuft eine Produktion an, so funktionieren von den Chips zunächst nur wenige; die anderen wandern in den Mülleimer. Die Zahl fehlerloser Chips muß so schnell wie möglich nach oben geschraubt werden, auf einen Anteil von etwa 50 bis 60 Prozent. Die Kapazität einer Chip-Fabrik wird so von Monat zu Monat erhöht, ohne daß eine neue Fertigungshalle gebaut werden müßte – und dies in einem exakt berechenbaren Prozeß, der in der sogenannten Lernkurve verläuft oder nach dem „Fleischerhaken-Effekt" (Steinbeck): Flach beginnend steigt die Kurve bald steil an, wird zum Ende wieder flach. „Ich kann Ihnen jetzt schon sagen, wie viele solcher Chips ich in welchem Quartal 1990 produzieren werde", sagt Steinbeck.

Eine merkwürdige Stabilität ist das in einer Industrie, die durch Unruhe und Aufgeregtheit geprägt ist, in der Zeit wie nirgendwo sonst Geld ist. Alles ist geplant in der Branche, gerade deshalb hat es jeder eilig. Die Hektik „in diesem entsetzlich schnellen Rennen" (Friedrich) hat vor allem einen Grund: Nur wer den Einstieg in eine neue Generation von Chips als erster schafft, wird wirklich das Geld wieder einnehmen, das er für die Entwicklung ausgegeben hat. Solange er diesen Chip allein besitzt, solange hat er keine Konkurrenz, solange sind die Preise hoch. Schon wenig später, sobald es mehr Anbieter auf dem Markt gibt, fallen die Preise. Die neuen Speicher werden dann als Massenware angeboten, zu verdienen ist kaum noch etwas – „ein Schweinezyklus in Extremform", wie Hermann-Josef Winter, Pressesprecher von IBM Deutschland, formuliert. (Waren früher die Preise für Schweine hoch, begannen immer mehr Bauern Schweine zu züchten, die Preise fielen, die Bauern schlitterten in die Krise.)

So kostete der 256-Kilobit-Chip Anfang 1984 noch 70 Mark pro Stück, im Oktober 1985 nur noch 5 Mark. Als im Herbst 1984 der Halbleitermarkt in den USA zusammenbrach, da stürzten die Preise innerhalb weniger Wochen auf ein Achtel. Andererseits erzählt man sich auch nette Geschichten über jene Zeiten, in denen Chips rar waren wie Wasser in der Wüste, wie Schwarzmarktware in schummrigen Bars gehandelt wurden und nur noch zu entsprechenden Preisen erhältlich waren.

Fieberhafte Hatz

Beteiligt an der Hetzjagd auf Mikrometer und Nanosekunden sind noch einige wenige amerikanische Firmen wie IBM und Texas Instruments sowie AT & T, die Japaner und auch eine Firma in Südkorea. Etliche andere Chip-Fabrikanten haben schon resigniert. Nicht so Siemens, das gemeinsam mit dem holländischen Konzern Philips und dessen deutscher Tochter Valvo den Megabit-Chip entwickeln möchte. Für die Deutschen soll dies Hans Friedrich im Münchner MEGA-Projekt tun, und dazu hat er eine klar definierte Aufgabe: Bis 1990 müssen seine Leute einen Vier-Megabit-Chip verkaufsfertig gemacht haben. Damit soll die seit langem in diesem Bereich klaffende Lücke zwischen den Europäern einerseits, Japanern und Amerikanern andererseits geschlossen werden, die früher zwei Jahre umfaßte und derzeit noch etwa ein Jahr beträgt. Dieses Ziel zu erreichen, lassen sich beide Firmen insgesamt 3,5 Milliarden Mark kosten. Gefördert wird das Projekt von der Bundesregierung mit 320 Millionen Mark, von der holländischen Regierung mit 170 Millionen.

Und das alles, um die modernsten Chips verkaufen zu können? „MEGA ist doch nicht wichtig wegen des Verkaufs von Speichern", sagt der Münchner Professor Ingolf Ruge, Leiter des Fraunhofer-Instituts für Festkörperphysik. Es gehe hier, sagt auch Hans Friedrich, „nicht um das Rennen um einen bestimmten Chip, es geht um das Rennen in der Mikroelektronik selber". Sein Vorgesetzter Hermann R. Franz, als Siemens-Vorstandsmitglied zuständig für den Unternehmensbereich Bauelemente, führt das weiter: „Zweck der Übung ist sicher auch, gute Speicher zu machen. Aber Kern der Übung ist: Wir wollen lernen, mit Strukturen von weniger als einem Tausendstelmillimeter umzugehen." Wer dies nämlich kann, der kann nicht nur die Speicherbausteine für Computer bauen, sondern er kann auch immer kleinere Logik-Chips bauen, jene Werkzeuge, mit denen Computer, Werkzeugmaschinen, Videosysteme, Telephonanlagen gesteuert werden. Sie werden nicht in großen Stückzahlen produziert, sind aber viel komplizierter gebaut als die Speicher, deren Struktur sehr regelmäßig ist, deren Fehler man sehr schnell feststellt und an denen man deshalb sehr gut für andere Aufgaben üben kann.

„Die Speicherchips brauchen wir als Technologie-Lokomotive", sagt Hermann R. Franz, und sein Kollege bei IBM, Günther Schlappa, stellvertretender Geschäftsführer von IBM Deutschland, kann ihm da nur beipflichten: „Es stellt sich immer mehr heraus, daß die Speichertechnik die Speerspitze ist in der Frage, wer eigentlich die technologische *leadership* hat." So geht es bei der fieberhaften Hatz auf den Megabit-Chip letztlich um nichts anderes als um eine gute Position in der gesamten Mikroelektronik, die für Friedrich „erstens die Schlüsseltechnologie für die gesamte Technik ist, die die Leistungsfähigkeit aller anderen Bereiche bestimmt, zweitens selbst einen außerordentlich rasch wachsenden Markt darstellt". Ende der neunziger Jahre, so wird bei Siemens gerechnet, wird der Weltmarkt in dieser Branche so groß sein wie der gesamte Automobilmarkt: 32 Milliarden Mark Umsatz noch 1983, 230 Milliarden 1993, 600 Milliarden im Jahr 2000.

Wer da mitmischen will, muß unabhängig sein. Er muß seine Chips selbst bauen können, um nicht von Lieferungen anderer abhängig zu sein. „Do-it-yourself heißt die Devise", sagt Siemens-Vorstandsmitglied Franz, „sonst bist du deine Selbständigkeit los." Könnte Siemens seine Megabit-Chips nicht selbst bauen, müßte es die kleinen Dinger in Japan oder den USA kaufen, wäre von Schwankungen der Konjunktur vollends abhängig. Wichtiger noch scheint Ingolf Ruge, seit etlichen Jahren vor solchen Problemen warnend, dieser Aspekt: „Unsere Welt wird immer mehr system-orientiert, und solche Systeme werden immer kleiner und immer mehr in Silizium hergestellt. Man kann doch nicht in Zukunft in Deutschland Systeme entwerfen und dann nach Japan gehen und denen sagen: Gieß' mir das mal in Silizium. Da gibt man doch sein gesamtes Ingenieurwissen preis."

Angesichts solcher Perspektiven macht es den Halbleiterforschern auch keine Sorgen, daß die Entwicklung ihrer Produkte mittlerweile so schnell voranschreitet, daß manche Computerbenutzer gar nicht mehr wissen, was sie angesichts der ungeheuren Speicherkapazität, die ihnen zur Verfügung steht, eigentlich alles speichern sollen. „Wenn man diese Technik nicht beherrscht, kann man in Zukunft keine Schaltkästen für Telephone mehr machen, kann keine Steuerungen für Verkehrssysteme mehr konkurrenzfähig anbieten", befürchtet Hermann R. Franz. „Keine Umweltüberwachungsstation würde uns sagen, was vom Himmel fällt, wenn wir nicht viele Meßergebnisse verarbeiten und schnell miteinander vergleichen können. Man kann hingreifen, wohin man will." Viele Anwendungsmöglichkeiten für die neuen Chips liegen nicht in Computern selbst, sondern woanders, im digitalen Fernsehen zum Beispiel.

Ist es vielleicht ein Wunder, daß in dieser Industrie, in der offenbar so viel auf dem Spiel steht, daß Ingolf Ruge von einem „Wirtschaftskrieg" spricht und Hans Friedrich von den Chips als den „strategischen Waffen für die Leistungsfähigkeit unseres eigenen Systems", die Luft immer voller Gerüchte ist? Firmen nutzen es für geschickte Publicity-Aktionen gerne aus, daß in der Öffentlichkeit niemand so genau weiß, was eigentlich ein Megabit-Chip ist, und immerzu wird irgendwo ein absolut führendes Produkt vorgestellt, damit die eigene Leistungskraft bewiesen werden kann. Daß der Ein-Megabit-Chip, den eine japanische Firma vor einiger Zeit präsentierte, nur eine für die Mikroelektronik riesengroße Kombination von vier 256-Kilobit-Speichern war – was macht das schon? Die Zeitungen waren voll.

Daß nun der Konkurrent IBM den Ein-Megabit-Chip wirklich in Serie baut, findet andererseits Hans Friedrich „nicht beunruhigend". Denn der Winzling wird von IBM bisher nicht verkauft, sondern nur in eigene Computer eingebaut. Und während noch Günther Schlappa von IBM laut darüber nachdenkt, ob man nicht vielleicht doch einmal das gute Stück auch anderen zur Verfügung stellen sollte („So eine Frage wird bei uns immer neu betrachtet, wir sagen nie nein"), erklärt sein Siemens-Kollege Franz das Konkurrenzprodukt kurzerhand zur „nicht handelsgängigen Ware". Ein Siemens-Manager sagt: „ Wenn IBM heute damit an den Markt ginge, dann würde das keiner kaufen." Das kleine Ding sei nämlich mit gut 80 Quadratmillimetern immer noch zu groß für Geräte, die nicht von IBM stammen.

Beunruhigende Indizien

Siemens hat andere Probleme. Die Krise der Jahre 1984 und 1985 veranlaßte nämlich die japanischen Firmen, ihre Entwicklung des Ein-Megabit-Chips so zu forcieren, daß den Siemens-Oberen schlagartig klar wurde, daß sie da nicht würden mithalten können. Die Firma entwickelte deshalb den eigenen Chip nicht weiter, sondern kaufte Lizenzen des japanischen Konzerns Toshiba. Erstens führte das zu einem öffentlichen Skandal, weil Forschungsminister Riesenhuber seine Förderungsgelder in japanischen Kassen wähnte – was so nicht richtig ist. Zweitens aber blieb die Aktion wohl nicht ohne Folgen für die vom Konzern gern zur verschworenen Gemeinschaft stilisierten Mitarbeiter des Projekts. „Der Toshiba-Kauf hat sich nachhaltig auf die Motivation der Leute im Projekt ausgewirkt, selbst wenn heute viele die Notwendigkeit der Investition einsehen", sagt ein dort beschäftigter Ingenieur. „Jeder Erfinder hängt an seinem Werk. Jetzt muß man plötzlich etwas machen, was sich ein anderer ausgedacht hat. Die ganz große Identifikation mit der Arbeit und der Firma ist danach nie wieder in Gang gekommen."

Solche Frustration trifft zusammen mit Ärger über die starre Gehaltsstruktur des Konzerns, der einen Laborleiter auch schon mal gehen läßt, wenn der mehr Geld verlangt, andererseits aber vor kurzem für hohe Gehälter amerikanische Ingenieure eingestellt hat. „Wenn Siemens sich da nicht etwas einfallen läßt", sagt ein Projekt-Mitarbeiter, „wird es in nächster Zeit einen Abwanderungsprozeß geben. So kann man langfristig keine hochqualifizierten und hochmotivierten Leute halten. Und das ist entscheidend." Denn wo ein einziger Fehler ein Produkt zerstören kann, da müssen Angestellte sorgfältiger arbeiten als anderswo.

Viel größere Gefahr für den Zeitplan des MEGA-Projekts aber kommt aus einer anderen Richtung. Wo es um die industrielle Zukunft ganzer Länder geht, wo in einem „brutalen Geschäft" (Ingolf Ruge) vor allem Zeitgewinn zählt, da könnte es sein, daß Konkurrenten nicht nur versuchen, schneller zu sein als andere, sondern daß sie auch alles tun, damit andere langsamer sind. Und da will es der Zufall, daß die Geräte, die man bei Siemens für die Produktion modernster Chips braucht, nicht in Europa, sondern fast ausschließlich in den USA und Japan produziert werden. Für sie gibt es keinen Ersatz. Ruge, der als Wissenschaftler einer sechsköpfigen Expertenkommission angehört, die dem MEGA-Projekt gerade erst bescheinigt hat, daß es seinen Zeitplan einhalten könne, sagt: „Es beschleicht uns der Verdacht, daß einige Verzögerungen in der Lieferung solcher Geräte nicht nur durch Zoll-Formalitäten bedingt sind." Also hilft da jemand nach, um den eigenen Firmen etwas unter die Arme zu greifen? „Es gibt verdammte Anzeichen dafür", sagt Ruge laut, „und wir sind beunruhigt. Denn wenn ein Gerät in diesem Konzert der Produktion nicht da ist, dann geht alles nicht."

„Man kann nicht mehr als alles tun", hat Hans Friedrich gesagt. So gesehen könnte es allerdings schon sein, daß es im Rennen um den Super-Chip zumindest einige gibt, die mehr tun können als Hans Friedrich.

T9 Wirtschaftswoche, 11.12.87

Griff nach den Sternen

Woran ganze Hundertschaften von Chip-Designern und Wissenschaftlern verzweifeln, ist dem Konstanzer Computerpionier Otto Müller jetzt gelungen: Mit der Entwicklung eines Mikroprozessors mit Leistungsdaten von Großrechnern feiert der Nixdorf-Weggefährte ein tolles Comeback.

Den Drang nach oben und das Faible für höhere Werte muß Ilse Müller wohl von ihren Vorfahren geerbt haben. Einer der Ahnen, so weiß sie aus der Familienchronik, habe sogar beim Bau des Ulmer Münsters, dem höchsten Kirchturm der Welt, mit Hand angelegt. Auch jetzt türmt sich im Wohnzimmer der prächtigen Villa im Konstanzer Ortsteil Litzelstetten – mit Blick auf die Bodenseeinsel Mainau – wieder ein Superlativ auf den anderen. „Wir wollen einen Weltstandard setzen", tönt Ilse Müller, „und wir werden in die Computergeschichte eingehen."

Große Worte und Marketing sind ihre Leidenschaft, wohl wissend, daß hinter dem Erfolg eines Mannes in der Regel auch eine Frau steht. „Bärle", flüstert die 48jährige Gattin, während sie ihrem Ehemann über die Stoppeln streicht, „du bist mal wieder nicht rasiert." Doch Otto Müller beschäftigt sich lieber mit wichtigeren Dingen.

Am liebsten mit der Entwicklung von Mikroprozessoren, jenen aus Steuer- und Rechenwerk bestehenden Herzstücken eines Computers. Auf Architektur, Logik und Schnelligkeit kommt es bei diesen Bauelementen an. Miniaturisierung diktiert den Trend, Leistung und immer noch mehr Leistung. Ausgerechnet hier, in einem Fünf-Mann-Ingenieurbüro in der beschaulichen Provinz, soll der Welt schnellster 32-Bit-Mikroprozessor entwickelt worden sein? Noch dazu von einem Mann, um den es in den vergangenen Jahren nach seinem Abschied aus dem Management der von ihm gegründeten CTM Computertechnik Müller recht still geworden ist?

„Der Müller", so hieß es in der Branche mit gönnerhaft schmunzelndem Unterton, „der bastelt mal wieder an irgendeinem Chip herum." Doch nichts bringt den „zur Zeit wohl besten Computerdesigner der Welt" (Ilse Müller) mehr in Rage als der Versuch, ihn auch nur in die Nähe von Bastlern rücken zu wollen. Sein Prozessor mit Codenamen MM 1, echauffiert sich der 53jährige Ingenieur prompt, beruhe „auf ganz neuen logischen Algorithmen – auf neuen Prinzipien, wie man beispielsweise die Operanten vom Speicher holt". Das alles habe er fest im Griff, Schritt für Schritt mit mathematischer Präzision in zwei Jahren entwickelt. „Nur Deppen", so lautet sein Werturteil über die Bastler, „müssen Logik ausprobieren."

Das aus Müllers Privatschatulle mit 3,5 Millionen Mark finanzierte Meisterstück dürfte ganze Hundertschaften von hochbezahlten und mit üppigen Budgets ausgestatteten Entwicklern und Informatikern in den Labors der Chip-Industrie in helle Aufregung versetzen. „Motorola wird heulen", unkt Ilse Müller. Denn Ottos zum Patent angemeldeter Prozessor, der auf einem Siliziumwinzling von 35 Quadratmillimetern mit nur 70000 Transistoren auskommt, hat offenbar die Nagelprobe der Computersimulation erfolgreich bestanden und famose Daten an den Tag gelegt: rund 33000 Dhrystones oder 25 Millionen Instruktionen pro Sekunde (Mips, siehe Grafik). Mit diesen – den PS-Angaben der Automobilindustrie vergleichbaren – Leistungsziffern liegt der Konstanzer Prozessor in der Größenordnung des IBM-Rechners 3090/200. Personalcomputer der höheren Kategorie soll er in puncto Schnelligkeit gar um das Hundertfache übertreffen.

Das alles klingt wie ein unglaubliches Märchen, wäre da nicht der Münchner Siemens-Konzern, dessen kritische Experten aus der Bauelemente-Division Müllers Logikstein geschlagene sechs Monate auf Herz und Nieren prüften. Die Analyse, „bei der wir immer wieder gegen Akzeptanzprobleme ankämpfen mußten" (Ilse Müller), scheint die Zweifler überzeugt zu haben. Ende November unterschrieb Siemens-Vorstand Hermann R. Franz einen Lizenzvertrag, der dem Elektronikgiganten das Know-how des Computerpioniers sichern soll. Die Münchner trauen sich zu, bis Mitte 1988 den Prozessor zur Produktions- und Serienreife zu entwickeln.

Die zunehmende Bereitschaft zur Liaison mit Juniorpartnern à la Müller kommt nicht von ungefähr. Gut zwei Drittel aller in der Bundesrepublik benötigten Chips müssen aus USA oder Japan importiert werden – eine Situation, so Siemens-Manager Franz, „die ein auf Hochtechnologie angewiesenes Industrie- und Exportland wie die Bundesrepublik nicht beruhigen kann".

In den Denkstuben mancher Computerpioniere schlummern offenbar mehr Innovationsreserven als in den Entwicklungsfabriken der Großindustrie. Und das neu erwachte Selbstbewußtsein fordert einen höheren Preis als nur Lizenzgebühren von fünf Prozent. „Zwischen Siemens und uns", diktiert Ilse Müller, „muß sich eine echt symbiotische Verbindung entwickeln. Wir liefern die Technik, die geben ihren Namen und sorgen für den weltweiten Vertrieb."

Den Erfindergeist ihres Gatten stachelt die Marketingaktivistin der Müller-Compagnie nicht zum erstenmal an. Als Otto Müller 1963 in Diensten von AEG-Telefunken den Großrechner TR 440 mitentwickelte, beklagte sich seine Frau immer wieder über stupide Büroarbeiten und inspirierte den Gemahl zum Bau eines Kleinrechners für die Automatisierung von Routineschriftverkehr und Lohnabrechnungen. AEG produzierte die Maschine TR 10 in kleinen Stückzahlen.

Frustriert warf Müller das Handtuch und folgte einem Ruf der IBM an deren Watson-Forschungslaboratorium in Yorktown Heights. Das US-Gastspiel dauerte allerdings nur ein Jahr. Fasziniert von Müllers mikroprogrammgesteuerter Rechnertechnologie lockte Heinz Nixdorf 1964 den damals 30jährigen Auswanderer nach Paderborn, wo er in einer für den aufstrebenden Computernewcomer kritischen Phase den legendären Typ 820 entwickelte. Ein gewaltiger technischer Vorsprung, heißt es in Klaus Kempers Nixdorf-Biographie, „für den die Konkurrenten Jahre brauchten, um ihn aufzuholen".

Als Heinz Nixdorf mit Müllers Technologiesprüngen nicht mehr mithalten wollte und die Kollegen des Entwicklungsteams den „Rohdiamanten" (Nixdorf-Aufsichtsrat Rausch) immer mehr isolierten, versuchte er es auf eigene Faust. Unter Regie des Manager-Ehepaares brachte es die 1972 gegründete CTM auf Umsätze von über 100 Millionen Mark, ehe die Eigentümer wegen einer Liquiditätsenge 51 Prozent an die Nürnberger Diehl-Gruppe, später den Rest an Standard Elektronik Lorenz AG (SEL) verkaufen mußten, unter deren alleinigem Dach CTM heute firmiert.

„Diese Scharte haben wir nie ganz überwunden", begründet Ilse Müller den rastlosen Ehrgeiz, nach den Sternen zu greifen und es der Computerwelt mit dem Müller-Superprozessor noch einmal zeigen zu wollen. Das Comeback verspricht Genugtuung. „Stellen Sie sich vor", zürnt sie noch immer, „bei CTM laden die uns nicht mal mehr zu Feiern ein."

FRIEDRICH BRÄUNINGER

T10 Deutsches Allgemeines Sonntagsblatt, 17.7.88

In der Mikroelektronik hat Siemens mit der Musterfertigung des 4-Megabit-Chips mit dem Erzkonkurrenten Japan gleichgezogen. Doch allein um das kleine Plättchen geht es gar nicht. Die Herstellungsverfahren vielmehr zählen als Schlüsseltechnologie für andere Branchen und bringen das Geld für den, der die Nase vorn hat

Chip-Chip hurra

Von Michael Charlier

Ohne Chips geht nichts. Das gilt längst nicht mehr nur für Computertechnik oder Unterhaltungselektronik. Ob Waschmaschine, Telefon oder Kamera, ob U-Bahn oder PKW: Überall wird elektronisch gemessen, geregelt und gesteuert, sind hochintegrierte Schaltkreise zum unentbehrlichen Bestandteil der Konstruktion geworden. Die Meldung, daß Siemens die Entwicklung eines 4-Megabit-Speicherchips erfolgreich abgeschlossen und die Produktion von Musterserien aufgenommen hat, ist daher weit über die Elektro- und Elektronikwirtschaft hinaus von Bedeutung. Erstmals kann ein europäischer Hersteller ungefähr gleichzeitig mit der bisher übermächtigen japanischen Konkurrenz die Fertigung eines Bauelements der neuesten Generation aufnehmen. Außerdem haben wir alle schon für den neuen Superspeicher gezahlt: Allein das Bundesministerium für Forschung und Technologie ist mit 320 Millionen Mark an Subventionen dabei. Das klingt enorm – und macht doch gerade erst 10 Prozent der Gesamtkosten aus.

Was macht den Megachip so teuer – und warum, um alles in der Welt, gibt man dafür soviel Geld aus? Die Leistungsdaten des neuen Bauelements, dessen Großserienproduktion im nächsten Jahr beginnen soll, sind schon beeindruckend. Der 4-Megabit-Chip hat 4 Millionen Speicherstellen für jeweils eine Eins oder Null. Damit kann man Informationen im Umfang von über 200 000 Anschlägen aufzeichnen – das entspricht über 100 Schreibmaschinenseiten oder einer ganzen Ausgabe des Deutschen Allgemeinen Sonntagsblattes. Um diese Informationsmenge auf der Fläche von etwa 90 Quadratmillimetern – kaum so groß wie ein Fingernagel – unterbringen zu können, müssen auf dem Chip Strukturen kleiner als ein Tausendstel Millimeter erzeugt werden – das liegt schon in der Größenordnung der Wellenlänge des sichtbaren Lichtes. Diese Strukturen müssen nicht nur nebeneinander, sondern stellenweise in fünf und mehr Ebenen übereinander angeordnet werden – höchste Anforderungen also an die Technik. Sie wird als „Submikron-Technologie" bezeichnet, weil für ein Tausendstel Millimeter die Maßeinheit „Mikron" gebräuchlich ist.

Bei Siemens und Philips, die für die Entwicklung im Rahmen des sogenannten Megaprojektes zusammenarbeiteten, war ein Personalaufwand von etwa 2000 Mannjahren erforderlich, um diese Technologie zu meistern. Was man so meistern nennt: Die Herstellung eines 4-Megabit-Chips umfaßt 350 einzelne Technologieschritte, der kleinste Fehler schon in einem dieser Schritte stellt die Funktionsfähigkeit der gesamten Ergebnisse in Frage. Tatsächlich gelten hier Ausschußquoten von über 80 Prozent als normal. Selbst bei der Produktion des 1-Megabit-Speichers, in der einige Hersteller inzwischen zweijährige Erfahrung besitzen, werden erst allmählich etwas höhere Ausbeuten brauchbarer Chips erreicht.

Trotzdem sieht eine ganze Reihe von Herstellern in der Produktion dieser heiklen Bauteile eine lohnende Aufgabe. Das hat mehrere Gründe. Zunächst bietet der Chipmarkt weltweit ein höchst interessantes Volumen. Im Jahr 1986 betrug der Umsatz etwa 30 Milliarden Dollar, er wird sich bis 1995 verfünffachen. Das läßt es schon sinnvoll erscheinen, rechtzeitig mit Investitionen dabeizusein. Noch entscheidender ist ein anderer Gesichtspunkt. Der Anteil der Mikroelektronik am Industrieumsatz der Bundesrepublik beträgt zwar nur 0,5 Prozent, aber in Elektrotechnik, Büro- und Datentechnik, Maschinenbau, Fahrzeugbau sowie Feinmechanik und Optik ist der Einsatz höchstentwickelter mikroelektronischer Bauelemente ausschlaggebend für Leistungsvermögen und kommerziellen Erfolg der Produkte. Nach Meinung des Bonner Forschungsministeriums sind in der Bundesrepublik insgesamt 60 Prozent des Industrieumsatzes hochgradig von der Mikroelektronik abhängig. Sie ist in den vergangenen Jahren zur Schlüsseltechnologie geworden, die ausschlaggebende Bedeutung für die Wettbewerbsfähigkeit wichtiger Industriebranchen hat. Und die Produktion von Speicherbausteinen ist die Schlüsseltechnologie der Mikroelektronik: Die großen Speicherchips werden zwar fast ausschließlich für den Computerbau benötigt, aber an ihren logisch relativ einfachen und regelmäßigen Strukturen können die Hersteller das Know-how austüfteln und trainieren, das sie dann zur Entwicklung der wesentlich komplizierteren Logik-Schaltungen befähigt, ohne die „High-Technologie“ nur ein leeres Wort bleibt.

Diese Erkenntnis kommt für viele Hersteller in der Bundesrepublik und in den USA recht spät. In der Vergangenheit herrschte in den Leitungsstäben der Elektronik-Konzerne und Computerbauer die Ansicht vor, Speicherchips als Bauteile wie alle anderen auch zu betrachten, die man dort kauft, wo sie am günstigsten angeboten werden. Diese Fehleinschätzung hat nicht nur die technologische Entwicklung behindert, sie hat die Computerhersteller in den vergangenen Jahren auch viel Geld gekostet. Und das kam so: Bei den Speicherchips gibt es meistens drei bis vier Generationen gleichzeitig auf dem Markt, derzeit sind das die 64-Kilobit-Chips (64 000 Speicherstellen, Fassungsvermögen etwa sechs Schreibmaschinenseiten, Einsatz nur noch in Home-Computern), die 256-Kilobit-Chips mit dem vierfachen Leistungsvermögen (Einsatz in preiswerteren Personalcomputern) und der 1-Megabit-Chip (Einsatz in Spitzengeräten). Immer, wenn eine neue Generation auf den Markt kommt, wird das bisherige Spitzenmodell zum Standard, und die mit dem früheren Standard ausgerüsteten Geräte lassen sich gar nicht mehr oder nur noch mit bescheidener Rendite absetzen.

Davon haben zunächst die Amerikaner und dann die Japaner, die in den letzten

Bei der Chip-Fertigung, oben bei Siemens in München-Perlach, gehen die Größenordnungen ins Unvorstellbare: Der 4-Megabit-Chip ist etwa daumennagelgroß, und erst der Vergleich mit dem geschnittenen, vielfach vergrößerten Frauenhaar auf dem Speicherfeld zeigt die winzigen Strukturen des schlauen Plättchens

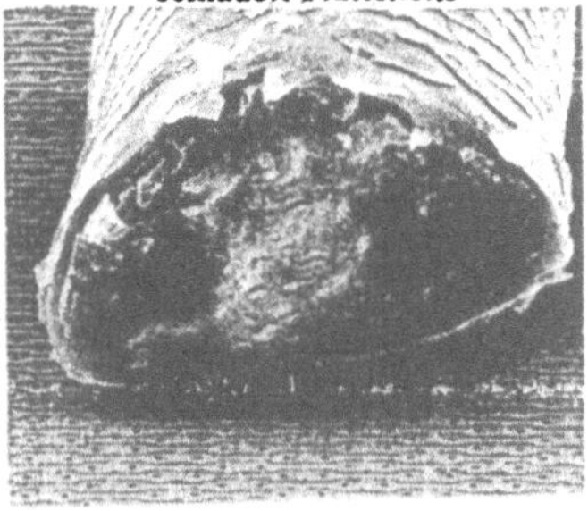

Jahren meist einen Vorsprung von zwei bis drei Jahren vor ihren Konkurrenten hatten, enorm profitiert: Solange die Produktionskapazitäten gering sind und die Nachfrage groß ist, können die Anbieter der neuen Chips nicht nur ihre gewaltigen Entwicklungskosten, sondern noch ganz beträchtliche Zusatzgewinne hereinholen. Wenn erst genügend Anbieter ihre Kapazitäten ausgebaut haben, sinkt der Preis schnell auf 10 Prozent und weniger – zuwenig, um die Investitionen hereinzuholen, von Gewinnen ganz zu schweigen.

Die europäischen Hersteller waren seit Jahren auf die Rolle des zuzahlenden Nachzüglers festgelegt. Das hat ihre Bereitschaft zur eigenständigen Speicherentwicklung nicht gerade gefördert. Doch während amerikanische und europäische Produzenten auch bei starken Markt-Ungleichgewichten ganz gut miteinander auskommen, verschärfte sich die Konkurrenzsituation drastisch, als die Japaner ab 1983 mächtig aufholten und die Führung auf dem Halbleitermarkt übernahmen. 1986 kamen fast 50 Prozent aller hochintegrierten Schaltkreise aus Japan, bei Speicher-Chips sogar etwa 80 Prozent. Der europäische Anteil sank auf unter 10 Prozent. Die USA und Europa zeigten sich beunruhigt. Beide befürchteten, daß die japanischen Hersteller ihre Überlegenheit auf dem Weltmarkt zum Monopol ausbauen wollten. Inwieweit das berechtigt ist, sei dahingestellt, jedenfalls leuchteten 1984 in Washington und den europäischen Hauptstädten gleichzeitig die Warnleuchten auf. Allerdings reagierten Amerikaner und Europäer höchst unterschiedlich. Die US-Hersteller erhoben protektionistische Forderungen an ihre Regierung, die schließlich zum „Chip-Krieg" von 1986 führten. Damals zwangen die USA die Japaner dazu, die Preise ihrer Chips erheblich zu erhöhen beziehungsweise die Produktion zu vermindern, um so die eigene Marktposition zu stärken. Die europäischen Hersteller von integrierten Schaltkreisen konnten keine politischen Machtmittel aufbieten. Aber sie strengten sich an, den technologischen Rückstand gegenüber den überlegenen Konkurrenten abzubauen – und baten dafür ihre Regierungen mit umfangreichen Subventionen zur Kasse.

Diese Strategie erweist sich jetzt als erfolgreich. Zum Jahresbeginn 1988 konnte Siemens im neuerrichteten Halbleiterwerk Regensburg die Serienproduktion von 1-Megabit-Chips aufnehmen – allerdings immer noch mehr als ein Jahr nach den japanischen Mitbewerbern und erst, nachdem man wesentliche Fertigungsverfahren beim Konkurrenten Toshiba für eine unbekannte, aber sicher beträchtliche Summe eingekauft hatte. Offenbar haben die Siemens-Leute die Technik aber jetzt im Griff, und noch in diesem Jahr soll der Ausstoß auf eine Million im Monat hochgefahren werden. Beim 4-Megabit-Chip will man nun, wenn alles klappt, von Anfang an voll dabeisein. Dabei trifft es sich gut, daß in den vergangenen sechs Monaten die Preise auf dem Halbleitermarkt wegen der japanischen Produktionseinschränkungen erheblich gestiegen sind. Computerhersteller außerhalb Japans sehen sich bei 256-Kilobit-Chips und bei 1-Megabit-Chips ernsten Lieferengpässen gegenüber – auch und gerade die amerikanischen, deren Regierung diese Produktionseinschränkungen erzwungen hat. Der Preis für den Megachip, der Ende 1987 für 15 Dollar zu haben war, ist auf 30 Dollar und höher angestiegen – und Siemens ist außerhalb Japans der einzige Hersteller, der diesen Chip nicht nur für den eigenen Bedarf produziert, sondern auch verkauft. Die Nachfrage ist groß, und erstmals verdienen die Münchener mit Speicherchips gutes Geld.

Die Kalkulation sieht dabei so aus, daß der 1-Megabit-Chip zunächst einmal wenigstens so viel Umsatz machen soll, wie das Regensburger Werk gekostet hat – so um die 600 Millionen. Der 4-Megabit-Chip und vor allem die in der Submikrontechnologie zu fertigenden Spezialschaltkreise sollen später auch die Entwicklungskosten für das Megaprojekt hereinholen, und in einigen Jahren rückt die Gewinnzone in greifbare Nähe. Eine Rückzahlung der staatlichen Finanzhilfe ist in dieser Kalkulation nicht vorgesehen, im Gegenteil: Für die nächsten Jahre hat die deutsche Elektronikindustrie weitere erhebliche Subventionswünsche angemeldet. Sie begründet das mit der Schlüsselfunktion der Mikroelektronik für die Gesamtwirtschaft und der Verzerrung des internationalen Wettbewerbs durch die umfangreiche Subventionierung der japanischen und amerikanischen Konkurrenz. Diese Argumente für die gesellschaftliche Übernahme eines Teils der Kosten für die Zukunftsausstattung eines ganzen Wirtschaftszweiges lassen sich nicht leicht widerlegen. Die gleichen Argumente entwerten aber auch jene Überlegungen, mit denen in technologisch weniger anspruchsvollen Zeiten die Prinzipien der gewinnorientierten Privatwirtschaft begründet wurden.

T11 Der Spiegel, 9.3.92

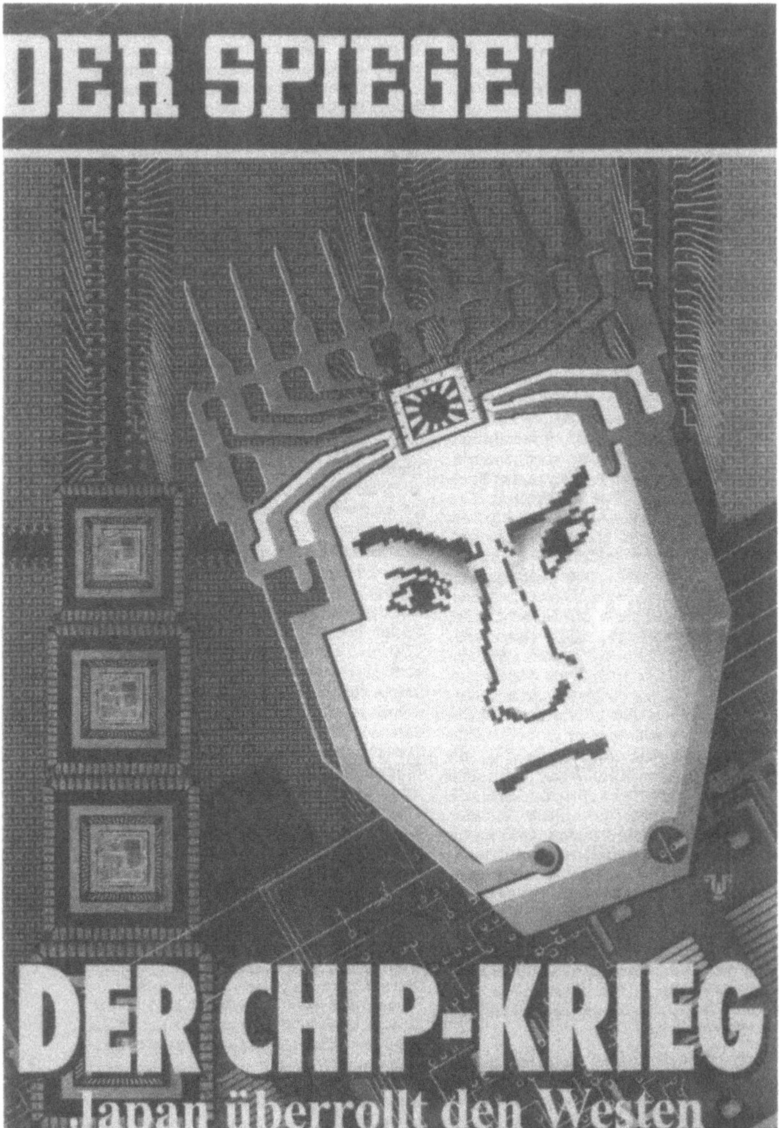

„Im Jahr 2000 sehen wir uns wieder"

Die deutsche Industrie ist alarmiert: Europa könnte wirtschaftlich schon bald auf den Status einer japanischen Kolonie herabsinken. Die Japaner haben in der entscheidenden Zukunftsindustrie, der Chip-Produktion, einen gewaltigen Vorsprung herausgearbeitet. Wird Europa zur drittklassigen Industrieregion?

Sie sind schon jetzt überall, die kleinen Dinger: in Aufzügen und Waschmaschinen, in Autos und Telefonen, in Armbanduhren und Satelliten. Sie speichern Millionen von Daten, sie steuern die Autoproduktion in menschenleeren Hallen, sie regeln den Großstadtverkehr und bringen Flugzeuge sicher über den Ozean.

Sie sind unentbehrlich geworden, die fingernagelgroßen Chips. Sie verkörpern die Zukunft – und die Macht.

Europa im Jahr 2012: Die wirtschaftliche Macht ist eindeutig verteilt. Die führende Wirtschaftsnation ist Japan, in der alles entscheidenden High-Tech-Industrie spielen europäische Hersteller nur noch Statistenrollen.

Europas Computerhersteller haben schon vor Jahren aufgegeben, sie arbeiten nun als Filialen der EDV-Giganten Fujitsu, Hitachi und IBM.

In der Unterhaltungselektronik steht der letzte europäische Hersteller von Fernsehgeräten in Übernahmeverhandlungen mit Matsushita. Die Halbleiterhersteller finden ein bescheidenes Auskommen als Zulieferer für die europäischen Fabriken japanischer Multis.

Nur zwei europäische Autofirmen sowie einige mittelständische Hersteller von Werkzeugmaschinen haben bislang immer noch ein Schlupfloch gefunden, um dem Würgegriff der japanischen Konkurrenten zu entgehen. Doch auch das soll nun anders werden.

Die Japaner verhängen ein Embargo, Chips werden einfach nicht mehr geliefert. Die Produktion ganzer Industriezweige gerät ins Stocken, später werden Werke geschlossen, Zehntausende müssen entlassen werden.

In vielen Städten und Industrieregionen in ganz Europa gehen Menschen auf die Straße, um gegen die Japaner zu demonstrieren. Die Gewerkschaften beschwichtigen: Zu viele Arbeitsplätze in Europa sind von japanischen Konzernen abhängig, und die Manager in Tokio und Osaka drohen, die Produktion in die Niedriglohnländer zu verlegen.

Ein Alptraum, ein Horrorszenario? Sicher. Doch weitab von der Realität? Wohl kaum.

„Wenn Europas Unternehmer und Politiker nicht bald die Gefahr erkennen und entschlossen handeln", mahnt Konrad Seitz, Chef des Planungsbüros im Auswärtigen Amt in Bonn, „spricht einiges dafür, daß Europa in weniger als 20 Jahren zur technologischen Kolonie Japans wird."

Japanische Konzerne, sagt Pasquale Pistorio, Chef des italienisch-französischen Halbleiterherstellers SGS-Thomson, „werden dann bestimmen, wer in Europa wann, wie und mit welchen Produkten beliefert wird".

Düstere Ahnungen bedrücken auch Olaf Henkel, den Deutschland-Chef des Computergiganten IBM. Es bestehe die Gefahr, warnt Henkel, daß „Europa auf das Niveau einer drittklassigen Industrieregion absinkt".

Der Bundesverband der Deutschen Industrie hat für die Bundesrepublik „Chip-Alarm" ausgelöst. Die Japaner, so heißt es in einem BDI-Papier, bereiteten einen Angriff auf die europäischen Elektronikmärkte vor. Nur eine Allianz von Wirtschaft, Wissenschaft und Politik könne den Angriff abwehren.

Starke Worte werden inzwischen viel gebraucht, aber erst allmählich setzt sich eine Erkenntnis durch, die der japanerfahrene ehemalige Philips-Chef Cornelis van der Klugt als „Domino-Effekt“ charakterisierte: Mit jeder Industriebranche, die Japan dem Westen entreißt, wird der Fall einer weiteren Branche vorbereitet. Das war bei Uhren so und bei Taschenrechnern, bei Schreibmaschinen und Motorrädern, bei Fotoapparaten, Videorecordern und Kopiergeräten.

Und die Japaner sind noch längst nicht mit ihren Eroberungen zufrieden. Die Europäer müßten „schon bald damit rechnen, auch dort hart getroffen zu werden, wo sie heute noch keine Gefahrenzeichen sehen“, warnt Folker Streib von der Commerzbank in Tokio.

Der Planungschef des Bonner Außenministers greift schon zu martialischen Vokabeln, um den Ernst der Lage deutlich zu machen. Die „Schlacht um Europa“, sagt Seitz, habe bereits begonnen: „Diesmal geht es ums Überleben.“

Der jüngste Bericht des Genfer World Economic Forum bestätigt die These. Danach ist die Bundesrepublik in ihrer Wettbewerbsfähigkeit weltweit hinter die USA auf Platz drei abgerutscht. Die wettbewerbsfähigste Wirtschaft der Welt, so die Forscher, sei Japan.

Noch wollen die Optimisten von Gefahr nichts wissen. Sie verweisen auf Europas Autoindustrie, die noch immer die größte der Welt ist, und andere starke Industrien. Unter den zehn größten Chemiefirmen der Welt haben sieben ihren Sitz in Europa. In einigen Teilgebieten der Lasertechnik liegen die Deutschen klar vor den USA und Japan, in der Medizinelektronik sind die Europäer, mit dem Münchner Siemens-Konzern an der Spitze, nach wie vor führend. Selbst die Flugzeugindustrie hat mit dem Airbus wieder Weltrang erlangt.

Mit einem Überschuß in der Handelsbilanz von mehr als 20 Milliarden Mark zählen die Deutschen immer noch zu den größten Exportnationen der Welt. Deutsche Autos und Werkzeugmaschinen, Kraftwerke und Waschmaschinen sind weltweit gefragt. Im vergangenen Jahr wuchs die deutsche Wirtschaft um 3.4 Prozent, und sie soll auch in diesem Jahr, trotz der Belastungen im Osten, um 1.5 Prozent zulegen.

Sind also alle Warnungen vor dem Angriff aus Fernost, vor dem Existenzkampf der Europäer übertrieben? Steckt dahinter nur die Absicht, unliebsame Konkurrenz abzuwehren, vermengt vielleicht mit einem subtilen Rassismus?

Es ist mehr als das – Europa ist wirtschaftlich für die technischen Umwälzungen, die in den kommenden Jahren anstehen, schlecht gerüstet. Wohlstand und Wirtschaftskraft der EG beruhen im wesentlichen auf fast ausgereiften Technologien und den nahezu gesättigten Märkten der zweiten industriellen Revolution: Maschinenbau, Elektrotechnik, Chemie und Automobilbau.

Die heutige Wettbewerbsfähigkeit beweist jedoch keineswegs, daß die Europäer auch in 10 oder 20 Jahren noch genauso konkurrenzfähig auf den Weltmärkten sein werden. In der Elektronik jedenfalls liegen die Europäer längst nicht mehr an der Spitze.

Elektronische Bausteine gewinnen für alle Industriezweige stark an Bedeutung. Doch die europäische Elektronikindustrie kann mit dem wachsenden Innovationstempo der Japaner und Nordamerikaner nicht mithalten. Allzuoft ist die europäische Industrie inzwischen auf Gedeih und Verderb auf Zulieferungen und Know-how aus Amerika, vor allem aber aus Japan angewiesen.

„Die Lage der europäischen Industrie“, heißt es in einem Memorandum der EG-Kommission über die Elektronikbranche, „ist in zentralen Bereichen besorgniserregend.“ Der Zustand der Computerhersteller, die fast alle mit Verlusten zu kämpfen haben, wird von der EG als „prekär“ eingestuft. Allzu häufig konzentrierten sich die Firmen „auf sehr ausgereifte Technologien und nicht genügend auf die kommerzielle Nutzung innovativer Produkte“.

Japanische Forscher und Hersteller haben bereits einen Vorsprung, der in vielen Fällen kaum noch aufzuholen ist. Ein typisches Beispiel sind die Bildschirme mit Flüssigkeitskristall (LCD) für Laptop-Computer und Mini-Fernseher. Demnächst werden die Flach-Bildschirme massenhaft als Kontrollanzeigen oder Displays in Flugzeug-Cockpits, im Auto, in medizinischen Geräten und Werkzeugmaschinen eingesetzt.

Weltweit führend ist die japanische Firma Sharp. Alle anderen Lieferanten hochauflösender LCD-Displays, deren Produktion kaum vorstellbare Präzision erfordert, sind ebenfalls in Japan ansässig. Erst 1993 will der niederländische Philips-Konzern als erste europäische Firma farbige LCD-Bildschirme herstellen.

Bedrohlicher noch als solche Monopole bei einzelnen Schlüsselkomponenten ist der wachsende Vorsprung der Japaner in der Mikroelektronik. Zwar erwirtschaftet die Industrie mit den kaum fingernagelgroßen Schaltkreisen, den sogenannten Chips, nicht einmal ein Prozent des Bruttosozialprodukts. Doch die Mikroelektronik wird neben der Biotechnik mit Sicherheit eine der strategischen Schlüsselbranchen der nächsten Jahrzehnte sein.

Chips sind, so Ingolf Ruge, Professor für Mikroelektronik in München, „das wichtigste Wirtschaftsgut, das es im Jahr 2000 geben wird". Chips werden „anstelle des Rohöls der alles entscheidende Rohstoff" sein – nicht nur für die Elektroindustrie. Die Mikroelektronik, sagt der deutsche Technologie-Forscher Leo Nefiodow, bestimme „das Wachstum der Volkswirtschaften, ihre Beherrschung entscheidet über den Rang der Industrienationen".

Die Informationstechnik, symbolisiert durch den Chip, ist auf dem besten Weg, zu einem zusätzlichen Produktionsfaktor zu werden, neben Kapital und Arbeit. Chips treiben den technischen Fortschritt im Maschinenbau und in der Feinmechanik voran, in der Büro- und Datentechnik, der Optik sowie der Automobilindustrie.

Zwei Drittel der erwerbstätigen Bevölkerung, so hat die EG-Kommission errechnet, sind direkt oder indirekt von der Mikroelektronik betroffen. In Deutschland sind rund drei Millionen Menschen in Branchen beschäftigt, die irgendwie mit Chips zu tun haben. Mit einem Umsatz von insgesamt 600 Milliarden Mark stellen sie gut ein Drittel des deutschen Industrieumsatzes.

Bedeutsamer noch ist, daß gut 50 Prozent der deutschen Exporte zu den forschungsintensiven Produkten zählen. Überall, im Maschinenbau wie in der Autoindustrie, in der Telekommunikation wie in der Feinmechanik und Optik, werden nur mit Hilfe der Chips die Ausfuhrüberschüsse der deutschen Wirtschaft erarbeitet.

Die kleinen komplizierten Schaltkreise, aufgedampft auf Siliziumplättchen, haben das Leben des Menschen dramatisch verändert. In Büros und daheim ist jeder von Geräten umgeben, die von Chips gesteuert werden. Im Auto regeln sie die Bremskraft (Anti-Blockier-System) und den Kraftstoffverbrauch. Auf Knopfdruck kann der moderne Mensch die Quadratwurzel von 788 544 erfahren, und er darf sich zur Entspannung von einer Maschine im Schach besiegen lassen.

Chips steuern Werkzeugmaschinen und Roboter, Elektroloks und Magnetschwebebahnen, Schiffe und Flugzeuge, sie überwachen Kernkraftwerke und Warenlager.

Täglich wird die Liste der Einsatzmöglichkeiten länger. Wahrscheinlich, so meinen Experten, ist bislang erst ein Fünftel aller möglichen Anwendungen verwirklicht. Erst in 20 oder 30 Jahren würden alle Möglichkeiten weitgehend erschlossen sein.

Erst dann, also etwa im Jahr 2015, dürfte die Mikroelektronik ihre Rolle als Motor technischer Innovationen verlieren. Die Zuwachsraten werden zwar abflachen, aber die wirtschaftliche Bedeutung der Chips wird sich möglicherweise erst dann voll erweisen.

„Die Halbleitertechnik", sagt Andrew Grove, Chef der amerikanischen Chip-Firma Intel, „ist die Technik, die zu anderen Techniken befähigt." Grove hält es für „reine Narrheit, das 21. Jahrhundert ohne funktionierende Halbleiterindustrie zu betreten".

Doch Westeuropa, wo 25 Prozent des Bruttosozialprodukts der westlichen Welt erarbeitet werden, ist offenbar so närrisch. „Wenn nicht Entscheidendes passiert", fürchtet Hans-Georg Junginger, Entwicklungschef bei Grundig, „wird Europa am Beginn des nächsten Jahrtausends mit Sicherheit ohne eigene Halbleiterhersteller, ohne Unterhaltungselektronik und ohne Computerindustrie dastehen."

Der drohende Verlust der Basistechnologie ist nach Ansicht von IBM-Chef Henkel „ein irreversibler Vorgang". Die Annahme, „das alles könne bei Bedarf wiederaufgebaut werden", warnt Henkel, sei „eine Illusion".

Schon heute existiert ein gewaltiges Gefahrenpotential: Europäische Firmen tragen zur weltweiten Wertschöpfung der Mikroelektronik und Computerindustrie kaum mehr als sieben Prozent bei. Und der Druck aus Übersee läßt die Anteile weiter schrumpfen.

Noch Ende der Siebziger war der niederländische Elektromulti Philips der drittgrößte Chip-Hersteller der Welt. Heute findet sich auf der Liste der zehn größten Halbleiterhersteller der Welt, angeführt vom Japan-Riesen NEC (siehe Grafik Seite 150), kein einziges europäisches Unternehmen mehr.

Im internationalen Vergleich sind die europäischen Chip-Riesen Philips, Siemens und SGS-Thomson allesamt Zwerge. Selbst gemeinsam erreichen die drei nicht einmal die Umsätze von NEC oder Toshiba.

Folge: Die europäische Wirtschaft kann ihren Chip-Bedarf, der ohnehin schon geringer ist als in den USA oder Japan, bestenfalls noch zu einem Drittel bei den europäischen Herstellern dekken. Hauptlieferanten für die von den Technikern als integrierte Schaltkreise (IC) bezeichneten Chips sind japanische und amerikanische Unternehmen. Immer mehr Spezialchips, wie etwa die digitalen Bildwandler in Camcordern und Fernsehkameras, sind ausschließlich in Japan zu bekommen.

Bereits 1990 hatte die EG in der Elektronik ein Handelsbilanzdefizit von 37 Milliarden Dollar. Jahr für Jahr wird es nach Meinung von Experten um etwa 10 Milliarden Dollar wachsen.

Noch verschleiert das breite Sortiment europäischer Hersteller die schon jetzt bestehende Abhängigkeit. Doch Insider wissen, daß immer mehr High-Tech-Produkte überwiegend aus japanischen Komponenten gefertigt oder bereits komplett in Japan hergestellt werden – einschließlich des deutschen Firmenlogos.

So werden Siemens-Großrechner komplett von Fujitsu gefertigt. Alle unter europäischen Markennamen verkauften Camcorder, fast alle Telefaxgeräte, Kopierer und Laptop-Computer stammen aus japanischer Fabrikation. Selbst Fernseher oder Mikrowellenherde könnten europäische Firmen nicht ohne japanische Zulieferer herstellen.

Anders als viele europäische Manager haben die Konzernstrategen in Fernost sehr früh die grundlegende strategische Bedeutung der Mikroelektronik erkannt. Als die japanische Regierung 1971 ihren „Plan für eine Informationsgesellschaft" verkündete, wirkte er wie ein Stück aus der Science-fiction-Literatur. Die atemraubende Entwicklung der Mikroelektronik war schließlich erst in Ansätzen erkennbar.

Gut zehn Jahre zuvor hatte der amerikanische Physiker Robert Noyce die Idee, verschiedene miniaturisierte Transistoren, Dioden, Kondensatoren und Widerstände auf nur einer Leiterplatte aus Silizium zu vereinen und sie so zu einer integrierten Schaltung zusammenzufassen. Damit wurde es möglich, die entscheidenden Bauelemente für Computer und andere Elektronikprodukte enorm zu verkleinern.

Die erste auf elektronischer Basis gebaute Rechenmaschine, der 1946 entstandende Eniac, enthielt 18 000 Elektronenröhren, wog 30 Tonnen und benötigte den Platz eines kleinen Einfamilienhauses. Der vom US-Militär eingesetzte Koloß konnte an einem Wochenende 15 Millionen Multiplikationen ausführen – dazu hätten die damals üblichen Lochkartenrechner fast vier Jahre benötigt.

Heute übertrifft jeder kleine Homecomputer die Leistungen des Eniac. Superrechner von der Größe eines Aktenschranks schaffen sogar locker 250 Millionen Rechenaufgaben in einer einzigen Sekunde.

Der Durchbruch zu diesen leistungsstarken Maschinen war geschafft, als die integrierten Schaltkreise auf winzige Siliziumscheiben statt auf Leiterplatten gepreßt wurden. Auf diesen Chips braucht der elektrische Strom nur noch Bruchteile von Sekunden, um die Schaltelemente und Leitungen zu durchlaufen.

Seit Ende der Sechziger hat sich die Leistungsfähigkeit der Chips mit verblüffender Regelmäßigkeit etwa alle drei Jahre vervierfacht. Dieser Zyklus wird wohl zumindest noch für die nächsten zwei oder drei Chip-Generationen gültig bleiben. Erst dann ist nach derzeitiger Erkenntnis die physikalische Grenze zur Verdichtung der Leistung mit den heute üblichen Verfahren erreicht.

Derzeit haben die leistungsfähigsten Speicherchips, bestehend aus fast neun Millionen Schaltelementen, eine Kapazität von vier Millionen Bits (vier Megabit). Das entspricht fast der Textmenge einer kompletten SPIEGEL-Ausgabe, gespeichert auf einer Fläche, die weniger als die Hälfte eines Pfennigstücks ausmacht. Der 16-Megabit-Chip wird bald ausgeliefert. 1995 soll dann der 64-Megabit-Speicher folgen.

Technikfanatiker pflegen mit überraschenden Gedankenspielen den Fortschritt plastisch darzustellen – etwa mit diesem Vergleich: Hätte sich das Transportwesen genauso schnell verändert wie die Elektronikindustrie seit der Erfindung des Transistors (1948), dann würde der neueste Airbus gerade 1000 Mark kosten und mit 20 Litern Treibstoff in 20 Minuten einmal um den Globus fliegen.

Und die Japaner, so wird zunehmend deutlicher, haben alles wieder einmal viel früher gewußt. Der Chip, so die Prognose des mächtigen japanischen Ministry of International Trade and Industry (Miti) von 1971, würde zum „Reis der Industrie" werden.

Das Miti, eine Art nationales Planungsbüro unter Beteiligung der Wirtschaft, setzte der heimischen Industrie das Ziel, bis zum Jahre 1979 den mindestens fünfjährigen Vorsprung der Amerikaner in der IC-Technik aufzuholen. Als erstes kauften die Japaner in den USA Lizenzen, gleichzeitig wurden die Forschungsausgaben kräftig gesteigert.

Die Anstrengung lohnte – 1979 feierte das Miti tatsächlich „das erste Jahr einer Ära der technologischen Unabhängigkeit". Für die Amerikaner war Unglaubliches passiert: Die Japaner erreichten mit ihren Produkten auf Anhieb einen Anteil von 42 Prozent auf dem US-Markt für Speicherchips, den sogenannten D-Ram.

Es kam noch schlimmer. US-Forschungsinstitute stellten fest, daß die japanischen Speicherchips nicht nur billiger, sondern auch besser waren als die amerikanischen. Die Ausfallrate der besten US-Chips lag immer noch fünfmal höher als die der japanischen.

Mit gewaltigem finanziellem Aufwand bauten Hitachi, NEC und Toshiba ihre Position aus. Die Folge: Bereits 1981 gab es in Japan sechs Unternehmen, die in der Lage waren, den damals stärksten D-Ram herzustellen. In den USA hatten dagegen erst drei Firmen mit der Massenproduktion begonnen.

Mitte der achtziger Jahre schließlich wurden weltweit so viele Speicherchips hergestellt, daß die Preise zusammenbrachen. Ohne sich um kurzfristige Verluste in Milliardenhöhe zu kümmern, bauten die japanischen Konzernstrategen weiter ihre Marktanteile aus.

Die US-Konzerne bewiesen weniger Stehvermögen. Reihenweise gaben renommierte Firmen die Produktion von Speicherchips auf.

Sogar Intel, eines der berühmtesten Unternehmen der Halbleiterbranche, kündigte am 9. Oktober 1985 den Rückzug an. „Dieser Tag", sagte später Intel-Vizepräsident George Schneer, „sitzt in meinem Gedächtnis fest wie Pearl Harbor" – der Tag des japanischen Überfalls auf die amerikanische Pazifikflotte im Zweiten Weltkrieg.

Die Wirkung war auch diesmal verheerend. Seit Mitte der achtziger Jahre haben die Japaner auf dem Gebiet der Speicherchips fast ein Weltmonopol. Erst allmählich erwächst ihnen neue Konkurrenz in Korea.

Die Abhängigkeit von ihren Konkurrenten in Fernost bekamen Amerikaner und Europäer schon mehrfach zu spüren. So wurde 1986, auf dem Höhepunkt des ersten Chip-Krieges, der Speicherchip mit einer Kapazität von 256 Kilobit für 1,25 Dollar verschleudert – die Japaner machten sich daran, mit Dumping den Markt zu erobern. Als sie es geschafft hatten, zwei Jahre später, mußten die Abnehmer bis zu 12 Dollar für den gleichen Chip bei den gleichen Verkäufern zahlen.

Oft waren die begehrten Chips auch gar nicht oder nicht in den gewünschten Mengen zu bekommen. Das führte dann zu Lieferengpässen bei Nixdorf oder dem Schweizer Uhrenhersteller SMH (Swatch), zu Exportverzögerungen bei Daimler-Benz oder Umsatzeinbußen beim Musikinstrumentenhersteller Hohner.

Speicherchips machen zwar nur einen Teil des gesamtes Halbleitermarkts aus. Aber Hitachi, Toshiba, NEC, Mitsubishi, Fujitsu und Matsushita bauen ihre Position mit strategischer Weitsicht aus. Etwa die Hälfte der Weltproduktion an Chips aller Art kommt bereits aus japanischen Fabriken.

Die Speicher gelten als wichtige Triebkräfte des technischen Fortschritts: Sie haben die größte Packungsdichte, also das größte Fassungsvermögen für winzige Bauteile, und die feinsten Strukturen. Kann eine Firma diese Chips in Massen herstellen, kann sie im Prinzip auch jede andere Chip-Art fertigen. „Wer nicht bei den Speichern mitmacht, ist gewaltig im Nachteil", sagt Jerry Sanders, Chef der US-Halbleiterfirma AMD.

Das hatten auch die wissenschaftlichen Berater des US-Verteidigungsministeriums erkannt. Die Studie, in der sie 25 Bereiche der Halbleitertechnologie untersuchten, kam zu keinem erfreulichen Ergebnis. Amerikanische Firmen, so das Fazit, lagen nur noch in fünf Feldern an der Spitze. Das war der Stand Ende 1986.

Inzwischen sind die Japaner ein gutes Stück vorangekommen. Lediglich bei den Mikroprozessoren – den Chips, die Computer und Maschinen steuern – haben US-Firmen wie Intel oder Motorola noch klar die technologische Führung.

Die Japaner haben inzwischen ein Material weiterentwickelt, Gallium-Arsenid, das ihren Vorsprung in der Halbleiterfertigung noch vergrößern wird. Der neue Stoff, bei dessen Entwicklung die Deutschen führend waren, erlaubt deutlich schnellere Schaltgeschwindigkeiten als auf den Siliziumchips und kann Licht unmittelbar in elektrische Impulse verwandeln. Für militärische Supercomputer sowie für die optische Nachrichtentechnik dürfte Gallium-Arsenid unentbehrlich werden.

Die wohl größte Gefahr für den Westen liegt in der wachsenden Abhängigkeit der Produktionstechnik: Ohne japanische Reinstchemikalien und ohne japanische Herstellungsapparate ist heute kein Unternehmen auf der Welt mehr in der Lage, einen Chip zu fertigen.

Schon die Herstellung des Basis-Materials Silizium ist weitgehend unter japanischer Kontrolle. Das Ausgangsmaterial zur Herstellung von Chips, das aus gebrannter Kieselerde zu Silizium mit einem Reinheitsgrad von 99,99999999 Prozent aufbereitet wird, stammt zu etwa drei Vierteln aus Japan.

Noch vor fünf Jahren war die Münchener Wacker-Chemie der weltweit bedeutendste Hersteller von Reinstsilizium, das in Scheibenform als sogenannte Wafer (Waffel) an die Abnehmer geliefert wird. Inzwischen wurden die Münchener von der japanischen Firma Shin-Etsu abgehängt, und weitere Japaner drängen nach vorn. Das deutsche Silizium ist teurer und oft von minderer Qualität als das japanischer Firmen.

Bei fast jedem der bis zu 500 Prozeßschritte, in denen aus der Silizium-Waffel ein hochintegrierter Schaltkreis entsteht, zeigt sich, wie abhängig Europäer und Amerikaner von den Japanern bereits sind. Vielfach geht es ohne japanische Materialien gar nicht mehr. Spezialchemikalien wie Wolframhexafluorid oder Ätzmittel wie Stickstofftrifluorid sind nur in Japan erhältlich.

Im Siemens-Werk Regensburg etwa, einer der modernsten Chip-Fabriken Europas, werden monatlich ein paar Kilogramm der Spezialchemikalie Triethylorthoarsenat (Arsenglas) benötigt. Da das Substrat in Europa nicht zu bekommen ist, lassen die Siemens-Einkäufer ihre Monatsrationen aus Japan einfliegen.

Selbst Standardchemikalien wie Phosphor, Arsen oder Bor sind bei deutschen und amerikanischen Chemieriesen nicht in der nötigen Reinheit zu bekommen. Zwar sind die Chemiemultis Europas inzwischen problembewußt und wollen die ultrareinen Substanzen in ihr Sortiment aufnehmen. Aber damit ist der Notstand bei der Chip-Herstellung nicht beseitigt: Auch bei Präzisionsgeräten für die Fertigung sind japanische Unternehmen oft die einzige Lieferquelle.

Noch vor zehn Jahren stellten US-Konzerne wie Perkin-Elmer oder Applied Material fast 80 Prozent der weltweit benötigten Fertigungsgeräte für Chips her. Heute liegen japanische High-Tech-Werke, angeführt von Tokyo Electron, an der Spitze und versorgen mehr als 50 Prozent des Weltmarkts.

In den nächsten Jahren erwarten Experten einen weiteren Rückgang des Marktanteils der US-Firmen. Europäische Hersteller spielen, außer bei der Produktion von Reinstsilizium, in der Chip-Basistechnologie ohnehin kaum noch eine Rolle. Als einzige europäische Firma kann sich die niederländische ASM International noch unter den Top Ten der Chip-Ausrüster behaupten.

Nun zahlt sich auch das frühe Engagement der Japaner in der Optikbranche aus. Firmen wie Nikon und Canon, die vor 20 Jahren mit billigen Nachbauten die europäischen Fotohersteller vom Markt fegten, haben sich zu führenden High-Tech-Unternehmen gewandelt. Sie beherrschen die Technik der Elektronenstrahllithographie und zählen zu den bedeutendsten Anbietern von Belichtungsgeräten für die Waferscheiben.

Die Chip-Herstellung ist überaus kompliziert und erfordert große Erfahrung. Unter Reinraum-Bedingungen – die Luft muß tausendmal sauberer sein als in einem Operationssaal – wird ständig an der Grenze des technisch Machbaren gearbeitet.

Jeder Einzelschritt erfordert eine Genauigkeit von 99,9 Prozent. Selbst unter diesen Bedingungen ergibt sich lediglich eine Ausbeute von rund 60 Prozent. Wenn nur bei einem Prozeßschritt minimale Ungenauigkeiten oder gar Fehler auftreten, ist die gesamte Serie Schrott wert.

So gelang es Siemens 1987 erst mit japanischer Hilfe, die Massenproduktion von Speicherchips in den Griff zu bekommen. Für die geplanten 16- und 64-Megabit-Chips hat sich Siemens mit IBM verbündet. Ein Mißerfolg käme die Firmen teuer zu stehen. Eine Chip-Fabrik kostet heute fast eine Milliarde Dollar. Nur wer zu den ersten Lieferanten einer neuen Chip-Generation gehört, verdient Geld, denn die Preise verfallen schnell. Siemens gehörte bislang nicht zu den ersten.

Mit ihrer konsequenten Strategie und einer starken Unterhaltungselektronik als Hauptabnehmer von Chips hat sich die japanische Industrie eine einzigartige Position erarbeitet: Japan verfügt als einziges Land der Welt über eine vollständige und gut funktionierende Infrastruktur in der Schlüsseltechnologie des Informationszeitalters.

„Der japanische Sieg in der Halbleiterindustrie", urteilt Genscher-Intimus Seitz in seinem Buch „Die japanisch-amerikanische Herausforderung", „läßt sich in seiner Bedeutung gar nicht überschätzen, denn damit haben die Japaner die Basis der gesamten informationstechnischen Industrie erobert."

Schon klagen West-Manager, daß sie von japanischen Unternehmen bei der Belieferung mit High-Tech-Produkten benachteiligt werden. Es ist gängige Praxis, daß neue High-Tech-Komponenten frühestens ein halbes Jahr nach der japanischen Markteinführung exportiert werden. In einigen Fällen wurden ausländische Kunden sogar bis zu zwei Jahre von der Belieferung ausgeschlossen.

Oft müssen Auslandskunden auch deutlich höhere Preise zahlen als japanische Abnehmer. So verlangte etwa ein japanischer Hersteller von Thermo-Druckköpfen für Faxgeräte von einem amerikanischen Kunden Preise, die fast so hoch waren wie die Endverkaufspreise für das komplette Faxgerät.

Solche Probleme kommen demnächst mit Sicherheit auch auf andere Branchen zu. Schon heute macht die Mikroelektronik etwa ein Sechstel der Produktionskosten eines Autos aus. Der Anteil wird in den nächsten zehn Jahren mindestens auf ein Viertel steigen. In einem Mittelklassewagen werden dann Elektronikkomponenten im Wert von 2000 Dollar stecken.

Meistens können die Autokonstrukteure und die Hersteller von Werkzeugmaschinen ihre elektronischen Steuerungen noch aus der Kombination verschiedener Sensoren und Standardchips aufbauen. Doch mehr und mehr wird es aus Kostengründen erforderlich, solche Schaltungen auf einem einzigen Chip zusammenzufassen.

Diese sogenannten Asics werden nach den Bauplänen und Wünschen des Auftraggebers maßgeschneidert. Die Lösung des Problems und seine Umsetzung im Asic bilden eine Einheit. Mit den Bauplänen für den maßgeschneiderten Chip gibt der Auftraggeber das gesamte Knowhow über sein neuestes Produkt an den Chip-Hersteller ab. Das, meint ein Maschinenbau-Unternehmer, gleiche einem „gerätetechnischen Offenbarungseid".

Bei den Herstellern von Werkzeugmaschinen wächst denn auch die Angst vor der Abhängigkeit. Bei den elektronischen Steuerungen haben die Japaner bereits die Führung. „Wenn es die Werkzeugmaschinenindustrie nicht mehr gibt", warnt Verbandschef Helmut von Monschaw, „dann ist es nur eine Zeitfrage, wann die anderen Industrien auch kaputtgehen."

Natürlich können die Europäer nicht auf allen Gebieten führend sein. „Das Gebilde Nippon Incorporated einzuholen", meint Professor Ruge, „können wir uns abschminken." Doch Spitzen-Know-how in einigen Schlüsseltechnologien ist notwendig, damit die europäische Industrie nicht erpreßbar wird.

Ganz frei von Angst dürften die Europäer längst nicht mehr sein. Aber immer noch versuchen Politiker und Manager, die Gründe für den Siegeszug der Japaner und ihren bereits erreichten Vorsprung zu verharmlosen oder durch chauvinistische Bemerkungen vom eigenen Versagen abzulenken.

So verglich Frankreichs Premierministerin Edith Cresson die Japaner gern mit „arbeitswütigen Ameisen", die „Tag und Nacht darüber nachdenken, wie sie uns austricksen können". Beliebt ist auch der Vorwurf, die fernöstliche Exportmaschine walze mit unfairen Handelspraktiken die westliche Wirtschaft platt.

Natürlich haben die Japaner einige Märkte mit Dumpingmethoden aufgerollt, und natürlich hat Japan zu lange seine Märkte gegenüber ausländischen Konkurrenten abgeschottet. Sicher ist auch, daß japanische Arbeiter mehr Stunden im Büro und am Fließband verbringen als ihre europäischen und amerikanischen Kollegen.

Doch die Rabulistik der Edith Cresson geht am Thema ebenso vorbei wie die Tendenz deutscher Politiker, das Problem zu verharmlosen. Japans Erfolgsformeln sind heute vor allem strategische Weitsicht und unternehmerische Geduld sowie der enorme finanzielle Einsatz, mit dem die Spitzenstellung in der Hochtechnologie erkämpft wird.

Japanische Unternehmen beispielsweise investierten zwischen 1984 und 1990 rund 26 Milliarden Dollar in ihre Halbleiterindustrie. Europas Unternehmen steckten im gleichen Zeitraum nur etwa 7 Milliarden Dollar in die Chip-Fertigung (siehe Grafik Seite 151).

Hinzu kommen kulturelle Unterschiede in der Art, Handel und Wirtschaft zu betreiben. Für Japaner ist die Wirtschaft ein Kampf, in dem es darum geht, zu siegen und der Beste zu sein. Das gilt, wie der knallharte Verdrängungswettbewerb in Japan zeigt, gegenüber einheimischen Konkurrenten ebenso wie gegenüber Ausländern.

Der 1991 verstorbene Soichiro Honda war ein typischer Vertreter dieser japanischen Unternehmer-Mentalität. Ende der Fünfziger trieb Honda seine Motorradproduktion so gewaltig in die Höhe, daß schließlich der damalige Marktführer Tohatsu in die Pleite rutschte und 45 weitere japanische Motorradhersteller die Produktion aufgaben.

Solche Verdrängungsstrategien, hinter denen der feste Glaube an fortgesetztes Wachstum steht, werden durch die Normen der japanischen Gesellschaft gefördert. Weil die Banken vor allem das Wachstum und nicht das Profitstreben finanzieren, ist das ganze Denken und Planen japanischer Manager einseitig auf Expansion geeicht. Kredite bekommen nur Firmen, die sich durch Wachstum hervortun.

Mit herkömmlichen Methoden ist Japans unbändiger Drang an die Spitze längst nicht mehr zu stoppen. Seit immer mehr westliche Firmen auf japanische High-Tech-Komponenten angewiesen sind, schaden höhere Zölle und Dumpingstrafen den westlichen Abnehmern oft mehr als den Asiaten. Zunehmend greifen auch Einfuhrbarrieren ins Leere, da die Japaner große Teile ihrer Produktion nach Amerika und Europa verlegt haben.

„Die Japaner sind besser als wir", hat denn auch Frankreichs Finanzminister Pierre Bérégovoy erkannt. Die Europäer, rät Bonns Außenminister Hans-Dietrich Genscher, sollten „von den visionären, globalen Strategien der japanischen Konkurrenten lernen".

Es reiche natürlich nicht, warnt der Münchener Unternehmensberater Roland Berger, „wenn europäische Manager einfach den Kimono überziehen". Sie müßten die Inhalte verstehen, die zur fernöstlichen Überlegenheit geführt hätten. Ihre prekäre Situation hätten die Europäer zu einem beachtlichen Teil selbst verschuldet.

Die Liste der Fehler und Versäumnisse ist lang. Sie reicht von der allzu großen Nachsichtigkeit westlicher Politiker gegenüber den japanischen Einfuhrbarrieren bis hin zu schweren Defiziten und falschen Schwerpunkten in Forschung und Entwicklung.

So hat beispielsweise das Bundesministerium für Forschung und Technologie viele Milliarden in wirtschaftlich unsinnige Projekte wie den schnellen Brüter in Kalkar oder die Weltraumforschung investiert. Auch für die kommenden Jahre hat Forschungsminister Heinz Riesenhuber Milliarden für das Abenteuer im All reserviert – „ohne klare wissenschaftliche oder wirtschaftliche Ziele", wie SPD-Chef Björn Engholm meint.

Gleichzeitig werden die Landwirtschaft und sterbende Industriezweige wie der Kohlebergbau, die Werften und die Stahlindustrie mit gewaltigen Summen subventioniert. Allein die direkten Agrarzuschüsse des EG-Haushalts und seiner Mitgliedstaaten betragen rund 134 Milliarden Dollar, mindestens noch einmal den gleichen Betrag bezahlen die europäischen Verbraucher durch überhöhte Preise.

Dagegen gibt die EG gerade drei Prozent ihrer Subventionen für Energie, Industrie und Technologie aus. Die Mikroelektronik bekommt nur zwei Promille der EG-Subventionen.

Dabei ist die Schwäche der Europäer nicht die Folge mangelnder Subventionen. Sie ist vor allem auf fehlende Einsicht in die Notwendigkeiten einer modernen Wirtschaft zurückzuführen: Noch heute sehen viele Wirtschaftstheoretiker keinen Unterschied darin, ob eine Volkswirtschaft Kartoffelchips oder Computerchips produziert.

Noch bis vor kurzem waren Chips bei den Gewerkschaften und bei vielen Politikern als Jobkiller verschrien. Hochbezahlte europäische Manager, die in Japan inzwischen gern als „alternde Primadonnen" bezeichnet werden, verpaßten in ihrer Ignoranz und Arroganz gegenüber den japanischen Erfolgen jahrelang ihre Chancen.

Erst allmählich wird deutlich, daß es nicht reicht, so Daimler-Benz-Chef Edzard Reuter, „mit den Fingern zu schnalzen und den frechen Newcomer zu beschimpfen". Noch schwerer fällt die Einsicht, daß die Europäer, so ein VW-Manager, „die letzten Jahre strategisch verschlafen" haben.

Etliche Firmenlenker sind inzwischen aufgewacht. So suchen europäische Automanager die kostensparenden Produktionsmethoden der Japaner nachzuahmen, begreifen Computer- und Halbleiterhersteller die Notwendigkeit von Fusionen. So werden demnächst die Daimler-Benz-Töchter AEG und Deutsche Aerospace auf dem Gebiet der Mikroelektronik zusammenarbeiten. Als Kooperationspartner des neuen Verbundes ist die US-Firma Intel im Gespräch.

Nun drängen auch die ehemaligen Hoflieferanten der Postverwaltungen auf einheitliche europäische Normen in der Telekommunikation. Nun erkennen Forschungsleiter, daß die Zeit zwischen Entwicklung und Produktion drastisch verkürzt werden muß.

Aus eigener Kraft werden die Europäer den Anschluß an die Weltspitze nicht mehr schaffen. Kooperationen mit japanischen und amerikanischen Unternehmen sind ebenso unverzichtbar wie ein größerer Beitrag des Staats.

Dabei geht es, wie das Beispiel Miti zeigt, nicht um milliardenteure Forschungsprogramme oder Subventionen für sterbende Industrien. Notwendig ist eine europäisch abgestimmte Industriepolitik. Es geht, wie etwa EG-Forschungskommissar Filippo Pandolfi fordert, um strategisch plazierte öffentliche Aufträge, um neue Technologien und Märkte zu erschließen.

In der SPD, aber auch bei der CDU mehren sich zum Entsetzen von Wirtschaftsminister Jürgen Möllemann und anderer strenggläubiger Liberaler die Befürworter einer solchen Politik. SPD-Chef Engholm etwa fordert eine „interdisziplinäre Verantwortungsgemeinschaft, einen runden Tisch, an dem Politik, Wirtschaft, Gewerkschaften, Verbände und Wissenschaft ihren Platz haben".

Auch in der Industrie finden solche Ideen immer mehr Anhänger. „Die reine Lehre der Marktwirtschaft", meint IBM-Chef Henkel, „hilft hier nicht weiter." Die Franzosen, sagt Grundig-Vorstand Junginger, „bringen durch ihre protektionistischen Parolen die Industriepolitik in Verruf – doch sie ist notwendiger denn je". Staatliche Investitionsprogramme in Bereichen, in denen die Europäer noch gut im Rennen liegen, wären nach Ansicht vieler Manager dabei ein vernünftiger Weg.

In Betracht kommt zum Beispiel ein europaweites Glasfasernetz für die Breitband-Kommunikation oder ein computergesteuertes Verkehrsleitsystem für die überlasteten europäischen Straßen. Dadurch würde die Schlagkraft der Europäer erhöht und gleichzeitig die Infrastruktur für das kommende Jahrtausend geschaffen. Doch angesichts der Belastungen im deutschen Osten sind die Chancen für milliardenschwere Beschaffungsprogramme gleich Null.

Die Japaner kennen dieses Handikap. „Das Haus der deutschen Volkswirtschaft", sagt ein japanischer Unternehmensberater, „ist unterspült und weist schon Erosionen auf." Nun bremse das Engagement im Osten die dringend notwendigen Sanierungsmaßnahmen.

Aus der Sicht der Japaner ist der Ausgang des Technologie-Marathons deshalb schon klar: „Ihr baut Straßen und Häuser", bekam der SPD-Politiker Klaus von Dohnanyi kürzlich von einem Japaner zu hören, „und wir investieren in Hochtechnologie – im Jahr 2000 sehen wir uns wieder."

b) nicht dokumentierte Belege:

T 12: Ferroelektrische Speicher mit Langzeitgedächtnis/Neuartige Chips bewahren Daten, wenn der Strom ausfällt, F.A.Z., 27.5.90

T 13: Der maßgeschneiderte Chip/Kundenspezifische Schaltkreise ersetzen zunehmend Standard-Bauteile, Süddeutsche Zeitung, 22.11.90

T 14: Neuer Chip für blitzschnellen Daten-Zugriff, Die Welt, 14.3.89

T 15: Super Boom bei Chips, Hamburger Abendblatt, 11.5.96

T 16: In Europa läuft erster 4-Megabit-Chip vom Band/Bundeskanzler Kohl startet Serienfertigung im IBM-Werk Böblingen, Süddeutsche Zeitung, 4.7.89

T 17: Elektronik. Projekt Mega, Spiegel, 29.10.84

T 18: Was in den fingernagelgroßen Teilchen steckt, Hamburger Abendblatt, 7.6.94

T 19: Machtfaktor Chips/Europäer bei der Aufholjagd, F.A.Z., 20.3.90

T 20: Auf dem Wege zum 4-Gigabit-Chip, F.A.Z., 5.8.92

T 21: SAMOS stellt Rekorde auf/Im neuen 1-Mio-Bit-Chip ist Platz für 100 Textseiten, Die Welt, 7.7.84

T 22: Chips durch Röntgenstrahlen belichten, F.A.Z., 24.10.85

T 23: Computer. An der Schmerzgrenze, Spiegel, 23.12.85

T 24: Prozessoren. Winzlinge für die Logik, Wirtschaftswoche 4.11.88

T 25: Speichern in der dritten Dimension/Siemens stellt Labormuster eines 4-Megabit-Chips vor, Süddeutsche Zeitung, 23.3.87

T 26: Bulkware. Flops mit Fehlern, Die Zeit, 2.12.94

T 27: David hilft Goliath/Ein Ingenieur aus Konstanz bringt mit einem neuen Mikroprozessor die Industrie auf Trab, Die Zeit, 11.12.87

SPRACHE IN DER GESELLSCHAFT
BEITRÄGE ZUR SPRACHWISSENSCHAFT

Herausgegeben von Jörg Hennig, Erich Straßner und Rainer Rath

Band 1 Rolf Haubl: Gesprächsverfahrensanalyse. Ein Beitrag zur sprachwissenschaftlichen Sozialforschung. 1982.

Band 2 Maria Biel: Vertrauen durch Aufklärung. Analyse von Gesprächsstrategien in der Aufklärung über die freiwillige Sterilisation von Frauen in einer Klinik. 1983.

Band 3 Rainer Rath (Hrsg.): Sprach- und Verständigungsschwierigkeiten bei Ausländerkindern in Deutschland. Aufgaben und Probleme einer interaktionsorientierten Zweitspracherwerbsforschung. 1983.

Band 4 Heimke Schierloh: Das alles für ein Stück Brot. Migrantenliteratur als Objektivierung des "Gastarbeiterdaseins". Mit einer Textsammlung. 1984.

Band 5 Marita Tjarks-Sobhani: Schule lernen. Eine Beschreibung von Aneignungsprozessen situationsbezogenen Sprachhandelns. 1985.

Band 6 Jens Petersen: Sprache in der gesellschaftsorientierten Öffentlichkeitsarbeit. 1986.

Band 7 Ulrike Mühlen: Talk als Show. Eine linguistische Untersuchung der Gesprächsführung in den Talkshows des deutschen Fernsehens. 1985.

Band 8 Eva Neugebauer: Mitspielen beim Zuschauen. Analyse zeitgleicher Sportberichterstattung des Fernsehens. 1986.

Band 9 Wolfgang Ebner: Kommunikative Probleme tagesaktueller Berichterstattung im Fernsehen. Dargestellt am Beispiel der LANDESSCHAU BADEN-WÜRTTEMBERG. 1986.

Band 10 Friederike Batsalias-Kontés: Sprechhandlungen griechischer Grundschüler in deutscher und griechischer Sprache. Eine empirische Untersuchung. 1988.

Band 11 Jobst Thomas: Denn sie leben ja voneinander. Analyse von Sport-Interviews im Zweiten Deutschen Fernsehen und im Fernsehen der DDR. 1988.

Band 12 Andreas Narr: Verständlichkeit im Magazinjournalismus. Probleme einer rezipientengerechten Berichterstattung im Hörfunk. 1988.

Band 13 Matthias Woisin: Das Fernsehen unterhält sich. Die Spiel-Show als Kommunikationsereignis. 1989.

Band 14 Nobuya Otomo: Interlinguale Interferenzerscheinungen im Bereich der Aussprache bei ausländischen Studenten. Untersucht bei Japanern und Englischsprachlern. 1990.

Band 15 Annette Verhein: Das politische Ereignis als historische Geschichte. Aktuelle Auslandskorrespondentenberichte des Fernsehens in historiographischer Perspektive. 1990.

Band 16 Ludwig Kohlbrecher: Differenzen. Untersuchungen zum Sprachbau der Geschlechter. 1990.

Band 17 Peter-Alexander Möller: Bedeutungen von Einstufungen in qualifizierten Arbeitszeugnissen. Möglichkeitsbedingungen zur Identität sprachlicher Zeichen als Problem einer pragmalinguistischen Untersuchung von normierten Texten. Eine empirische Fallstudie. 1990.

Band 18 Ulrich Nill: Die "geniale Vereinfachung". Anti-Intellektualismus in Ideologie und Sprachgebrauch bei Joseph Goebbels. 1991.

Band 19 Ute Burmester: Schlagworte der frühen deutschen Aufklärung. Exemplarische Textanalyse zu Gottfried Wilhelm Leibniz. 1992.

Band 20 Kirsten Brodde: Wer hat Angst vor DNS? Die Karriere des Themas Gentechnik in der deutschen Tagespresse von 1973 – 1989. 1992.

Band 21 Josef Schu: Kinder als Erzähler – Erwachsene als Zuhörer. 1994.

Band 22 Stephan Stein: Formelhafte Sprache. Untersuchungen zu ihren pragmatischen und kognitiven Funktionen im gegenwärtigen Deutsch. 1995.

Band 23 Varietäten der deutschen Sprache. Festschrift für Dieter Möhn. Herausgegeben von Jörg Hennig und Jürgen Meier. 1996.

Band 24 Christa Baldauf: Metapher und Kognition. Grundlagen einer neuen Theorie der Alltagsmetapher. 1997.

Band 25 Wolfgang Krischke: Zur Sprache der fachexternen Massenkommunikation. Mikrochips als Pressethema. 1998.

FSC
www.fsc.org
MIX
Papier | Fördert
gute Waldnutzung
FSC® C083411

Kolibri 360 GmbH
Ferdinand-Jühlke-Straße 7
99095 Erfurt, Deutschland
produktsicherheit@kolibri360.de

Druck:
CPI Druckdienstleistungen GmbH
im Auftrag der
Kolibri 360 GmbH
Ferdinand-Jühlke-Str. 7
99095 Erfurt